南方科技大学社会科学高等研究院系列丛书

章辉 著

缪斯的乐园
休闲审美与创意环境

南京大学出版社

图书在版编目(CIP)数据

缪斯的乐园：休闲审美与创意环境 / 章辉著. ——南京：南京大学出版社，2020.7
（南方科技大学社会科学高等研究院系列丛书）
ISBN 978-7-305-23282-4

Ⅰ. ①缪… Ⅱ. ①章… Ⅲ. ①闲暇社会学－美学－研究 Ⅳ. ①B834.4

中国版本图书馆CIP数据核字(2020)第083417号

出版发行　南京大学出版社
社　　址　南京市汉口路22号　　邮　编　210093
出 版 人　金鑫荣

丛 书 名　南方科技大学社会科学高等研究院系列丛书
书　　名　缪斯的乐园——休闲审美与创意环境
著　　者　章　辉
责任编辑　张婧妤

照　　排　南京南琳图文制作有限公司
印　　刷　江苏凤凰数码印务有限公司
开　　本　787×960　1/16　印张 16.25　字数 250千
版　　次　2020年7月第1版　2020年7月第1次印刷
ISBN 978-7-305-23282-4
定　　价　78.00元

网址：http://www.njupco.com
官方微博：http://weibo.com/njupco
官方微信号：njupress
销售咨询热线：(025) 83594756

* 版权所有，侵权必究
* 凡购买南大版图书，如有印装质量问题，请与所购图书销售部门联系调换

南方科技大学社会科学高等研究院系列丛书

编 委 会

主　编：周永明

编　委：（以姓氏笔画排列）

　　　　万书元　　王立新　　王晓葵
　　　　吴　婧　　邱泽奇　　张凤阳
　　　　张江华　　陈　捷　　郑维伟
　　　　荆志淳　　段异兵　　唐际根
　　　　高丙中　　潘立勇　　戴吾三

休闲审美与文化创意

（总　序）

潘立勇[①]

"休闲、审美、创意"为南方科技大学社会高等研究院学术丛书的一个专题系列，研究主旨也即围绕这三个关键词系统展开。

当代中国社会发展和产业转型升级的重要关键在于创意，文化产业的前景也取决于创意。这个问题已被国人和学界普遍关注，但迄今还缺乏深入而系统的研究，尤其是多学科交叉的综合系统研究。这项研究对于促进当代文化创意产业的发展，具有重要的理论和现实意义。

文化创意离不开休闲的环境和心境，也离不开审美的思维。休闲是文化创生和造化的时空基础，也是创意的人本心理基础，审美则是文化创意的心理动力机制。劳动和勤奋只是提供文明物品的制造和积累，休闲和审美才能提供文化发展的创意。不是"劳动创造了美"，劳动只是制造物品，或是进化了能创造美的主体；而是"休闲创生了美"，形成了审美思维，审美思维又化生了创意。休闲为文化创意之境，审美为文化创意之灵；反过来，创意又成为休闲与审美生生不息之易。

休闲与审美有着共同的本质，即人的"自在生命的自由体验"[②]。自在、自由、自得是其最基本的特征，这也正是文化创意的人本基础。从本体上说，一切创造均是发现，创意之"意"，本体就在，唯主体自在，方能切近"意"之本在；唯主体自由，方能充分释放信心和灵心，进而选择万物存在与呈现之无限可能；从工夫上说，创意

[①] 潘立勇，男，1956年生，文学博士。南方科技大学社会科学高等研究院特聘研究员，浙江大学旅游与休闲研究院学术委员会主任、浙江大学人文学院哲学系美学/休闲学博士生导师，本系列丛书专题主编。

[②] 潘立勇：《审美与休闲——自在生命的自由体验》，《浙江大学学报(人文社科版)》，2005年第6期。

之新，取决于主体灵心透彻敏感，本心明觉，良知独照，方能撇开成见俗见的遮蔽，澄明万事万物多样之新，自得创意之见。

一、休闲与文化创意之境

由王文革领衔主编的《文化创意十五讲》认为，大凡与文化、与精神有关的发现、发明、创造的活动，都可以称之为文化创意，这是对文化创意所做的一个广义性的描述。文化创意是难以进行严格的定义的，因为文化创意本身就是拒绝各种制约和束缚而追求自由和超越的活动。① 王文革认为，文化创意：是发现，也是发明。文化创意是一种"发现"。世界万物都以一种自然的、自在的方式存在，只有我们人才能探究世界万物的奥秘，发现世界万物的关系，同时赋予世界万物以存在的意义。文化创意可以是一种"发明"。……就是依据各种文化材料创造出本来没有的文化产品、文化成果。②

其实，从本体论上说，任何"发明"都是"发现"，都是本然之在的澄明与呈现。人们容易承认，万有引力是本然就在的，只是牛顿把它发现了；相对论也是本来就在的，只是爱因斯坦把它发现了；但作为创造好像是人凭空地先创后造出来的。其实从哲学本体上来讲，任何创造都是发现，不但任何被造者都有可造的本体先在，而且任何被创者也都是它自身本真而独特的呈现。按朱熹的说法，椅子的理在椅子造出来以前就已经存在。同理，乔布斯的苹果在创造以前，这个苹果的所创之理也早就在了。我们要创造的意，本然就存在的，我们要做的是如何发现它，或者说如何让它本真而又独特地呈现出来。

休闲是文化创意之境。从哲学上说，这个境，既是本体之境，闲为本真，"物态本自闲"（元好问《颖亭留别》），万事万物本然闲适自在，其最闲之态即是最佳之境，我们要做的只是去发现这个最佳之境；也是工夫之境，休闲通过"心闲"和"自适"解除主体自身束缚和遮蔽，使主体最大可能地、无限地接近事物最佳的本然之境，并使之"各得其分"（朱熹《周易本义》语）地湛然呈露。从本体论上言，人之闲与万物

---

① 王文革主编：《文化创意十五讲》，中国传媒大学出版社，2013年版，第一讲。
② 同上，第二讲。

之闲同体,"天地与我并生,而万物与我齐一"(《庄子.齐物论》),"万物皆备于我"(《孟子·尽心上》);从功夫论上言,万物之闲亦依心适而现,"勿我""勿固""勿必",本心呈露,万物毕照;创意要做的就是本心明觉,良知独照,使"物各付物",物妍自现。从现实上说,这个境既是创造主体自身的心境,也是创造主体所生存和工作的环境。创意主体的心境的三要素本人认为是"自在""自由""自得",创意环境的三要素如美国卡耐基梅隆大学教授佛罗里达教授提出是"3T",即技术(technology)、人的才能(talent)和宽松愉悦的环境(tolerance)。

在西方,约翰·赫伊津哈认为游戏状态使人更本真、更自由,从而具有创造力;奇克森特米哈伊认为"畅"是一种在工作或者休闲时产生的一种最佳体验,和马斯洛提出的"高峰体验"有类似之处,都是人在进入自我实现状态时体验到的一种极度兴奋而喜悦的心情,这种心理体验状态最容易出创造性成果;马克思断论艺术、科学和其他公共生活都是在自由时间创造和展开的;凯利认为休闲是人类谋求和创造"未然"的开放空间,为人们提供了以自身为目的,进行创造、发展和"调整认同"的机会。这些观念都表达了西方哲人对休闲与创意之间的关系的思考。

在东方,老庄提出"虚静""无为",由此达到"无不为"。虚是"离形去知",消解主体的任何感性和理性的前在,还主体一个婴儿般的本真;静是"无为不作"(《庄子.知北游》:"至人无为,大圣不作。"),消解主体的任何刻意和做作,还主体一个混沌般的自然;正是因为"无为",方能"道法自然""万物并生"而"无不为"。按这种智慧,创意正在虚静自然的休闲境域不经意之间产生。苏轼《送参寥(禅)师》曰:"欲令诗语妙,无厌空且静。静故了群动,空故纳万境。"空者,心虚而无欲也;静者,心定而不乱也。有此二心境,即可化腐朽为神奇,平凡中见大美。李渔《闲情偶寄》认为"若能实具一段闲情,一双慧眼,则过目之物尽在画图,入耳之声,无非诗料"。这些观念均体现了东方(中国)哲人和文士对休闲与创意之间关系的智慧。

休闲是创造的最佳境域。创造是两个含义的叠加,一个是创意、一个是制造,是创意地制造。劳动(尤其是惯常的体力劳动)及其努力或勤奋(惯常的工作状态),主要参与和提供制造及其成果,"天道酬勤",酬的是成果的累积,并非是创造的飞跃。我们以前接受了太多的正面偏见,思维被限制在里面。励志故事借托李白的佚事告诉我们"只要功夫深,铁棒磨成针",其实,铁棒是永远磨不成针的,再磨下去也是一根铁棒,它没有改变物质的形态、没有改变物质的属性,不会也不可能产生质和态的飞跃。我们常说"劳动创造了美",其实,劳动至多是制作了美物(有时还可能制作丑物),美意和美态是在休闲情境中创造的。历史往往很不公平,劳动人民辛辛苦苦制作了很多物品,但文化和知识恰恰如凡勃伦在《有闲阶级论》中说的,是那些有闲阶级在有闲状态创造的。当原始人与动物在生存竞争中疲于奔命的时候,当劳苦者整日忙忙碌碌谋于生计的时候,甚至当不愁温饱的富人满心思工于算计的时候,他们都不可能创造文化,至少不可能有文化创意。"人倚木而休",这是一个非常伟大的创史时刻!这是一个非常动人的创意境域!"人倚木而休",在这一刻,人可以思考,可以体验,可以表达;也正是在这一刻,思想产生了,哲学产生了,文学产生了,艺术产生了,科学也产生了;创意也产生在这种时刻。当你能休闲下来"玩物适情"(朱熹注"游于艺"语)的时候,你就可能"思接千载,视通万里"(刘勰《文心雕龙》语),意如泉涌,就可能"无入而不自得"(阳明《传习录》语),创意万化。诚然,从人类历史的进化而言,"人"能"倚木而休"本身是劳动发展了生产力,为人提供了自由时间的成果;原初是劳动的进步为人提供了可在满足基本生存之外自由自配的时间,这种时间正是最初的休闲,而这种休闲正是文化产生和发展的契机和源生、化生之境。文化产生和发展离不开休闲,文化的创意和飞跃,更离不开休闲的情境。坦言之,财富也是如此,劳动可以制造和积累财富,不可能创造财富,财富的创造基于灵动的智慧。

本人给休闲的基本定义是"自在生命的自由体验",这点是与审美相通的。审美与休闲有几个相通点,一个是自在,一个是自由,一个是自得,而且都伴随着愉悦,然后有所创造。

第一是自在,自在不是他在,也不是被在。我们"他在"的状态太多了,我们习以为常地活着的并非是真正的自己。相反,旅游作为国民休闲的最基本方式,具有"遁世"效应,能给人"遁世体验",能还你本真的自己。在旅游的异地和非惯常境域中,你没了熟悉的面孔,没了熟悉的环境,没了常规的束缚,甚至没了固定的身份!那时的你会感到特别的自在、特别地有异样感觉、特别地想异样表达、特别有特殊发现。你甚至会想,我怎么会变成这样?我还是我吗?其实,恰恰是那个时候,你才是本真的你!我们经常"被在",被几千年的文明在,被政治的规矩在,被道德的训条在,被先验在,被教育在,被得本我真己不在了。以致乎"五色令人目盲,五音令人耳聋"(《道德经》第12章),这是很悲哀的事情。人最痛苦的是自觉不自觉地"被在",人的存在被工具化,人的活动被功利化,人的思维被片面化;如此,人的创意本能就会被严重压抑,从而丧失文化创意的自信与自觉。人自身都不自在本真,何来与物无隔,率性创意!

中国文人和艺术家历来喜欢喝点酒,酒能解除人为或自为的束缚,使人回到自在的状态,使人回到:你就是你,你是本真的你,你是纯粹的你,你不是作为社会符号的你,你不是思维和成见规定的你。于是,李白斗酒诗百篇,张旭酒后向壁写千张,王羲之酒后挥毫成《兰亭序》杰作。这就是自在的重要!你不自在你就不可能创新,你于自在状态才可能与创新的本在之意无限地接近,并使之鲜明而独特地呈露。"洒落为吾心之体,敬畏为洒落之功"(阳明语),吾心洒落,本体朗呈;游戏中无善无恶,心物一体;心无外役,只眼别具;创意之境,尽在对酒当歌,挥洒自如中!

这里借用两段引文,一是美国创意集团主席奇科·汤普森说的:"在我的创意研讨会上,我曾经对最有利于激发创意的时段进行了非正式的调查。从后往前数,排列最靠前的10个时段如下:10.进行体力劳动的时候;9.在听别人说教的时候;8.半夜突然醒来的时候;7.运动的时候;6.读闲书的时候;5.参加无聊至极的会议的时候;4.入睡或醒来的时候;3.坐在马桶上的时候;2.上下班的时候;1.洗澡或冲凉的时候。"[①]二是美联储主席艾伦·格林斯潘说的:"我对经济发展的最佳构想常常是在我泡澡的时候产生的。"[②]两位不约而同地提到,他们的最佳创意时刻是"洗澡或冲凉的时候",这正是人最放松、最自在的时候!

最近微信上热传哈佛的一份研究表明(此研究论文曾发表于美国《科学》杂志):"太忙会使人变傻",更谈不上创意和创造。人需要一份闲心,"闲",让心灵获

---

① [美]奇科·汤普森著:《真是一个好创意!:创造卓越创意的思维方法》,北京:电子工业出版社2010年,第11页。

② 同上,第26页。

得一种放松、解放。"忙"一方面让我们的生活枯燥乏味,另一方面阻碍了我们心灵的释放和明觉;更重要的是,忙和焦虑会使人失去创意和决策所需的心力,这种心力被研究的主导者哈佛大学终身教授 Sendhil Mullainathan 称之为"带宽(bandwidth)"。而立之年就几乎拥有一切的 Sendhil Mullainathan,觉得自己唯一缺少的就是时间。最终,他竟发现自己面临的问题和穷人的焦虑惊人地类似。穷人们缺少金钱,而他缺少时间。两者内在的一致性在于,即便给穷人一笔钱,给忙得焦头烂额的人一些时间,他们也无法很好地利用这些资源。一个穷人,为了满足生活所需,不得不精打细算,最终没有任何"带宽"来考虑投资和发展等事;一个过度忙碌的人,为了赶任务截止期限,不得不被看上去最紧急的任务拖累,而没有"带宽"去思考更长远的发展,两者殊途而同归地因缺乏休闲而不可能创意。其实,马克思早就说过,忧心忡忡的穷人和满眼是厉害计较的珠宝商都不能发现珠宝的美。他们的生存是无法或不会休闲地"活着",他们的境域和心态都不可能发现或创造真正的美。

老庄很早提出"无用之用",休闲就在于"无用之用"。创立普林斯顿高等研究院的亚伯拉罕·弗莱克斯纳(Abraham Flexner,1866—1959)以他的实践证明了"无用知识的用处"及休闲对于创意的重要。在他创立的普林斯顿研究院,没有各种行政委员会,没有例行公事,教授们甚至没有任何教学任务。据说,爱因斯坦和同事们——那其中包括20世纪最优秀的一批科学家:维布伦(O. Veblen)、亚历山大(J. Alexander)、冯·诺依曼(J. von Neumann),等等,每天经常做的事,就是端着咖啡到处找人海阔天空地"闲聊"。在1939年那篇著名的文章《无用知识的用处》中,弗莱克斯纳这样写道:"在我看来,任何机构的存在,无须任何明确或暗含的'实用性'的评判,只要解放了一代代人的灵魂,这所机构就足以获得肯定,无论从这里走出的毕业生是否为人类知识做出过所谓'有用'的贡献。一首诗、一部交响乐、一幅画、一条数学公理、一个崭新的科学事实,这些成就本身就是大学、学院和研究机构存在的意义。"弗莱克斯纳强调,"我希望爱因斯坦先生能做的,就是把咖啡转化成数学定理。未来会证明,这些定理将拓展着人类认知的疆界,促进着一代代人灵魂与精神的解放。""把咖啡转化成数学定理",就是在休闲中创造发现。

第二是自由,社会能保证个体的自在状态,这是社会的自由;个体能自信并保持自己的自在状态,这就是个体的自由。按深层心理学的"冰山理论",我们的潜能被冰山压在下面,能意识到,或者能呈现的只是一个小点,就是这一小点又被许多压抑阻碍了。如王文革所述,有"已有知识、经验的压抑""心理的压抑""功利性的压抑""文化传统、文化氛围的压抑""语言的压抑""信息的压抑",等等。[①] 在社会、在生活中,也许你自己都没有意识到,好多东西我们自己没法体会到,我们被套住了,我们成了"套中人"。《庄子.达生》云:"以瓦注者巧,以钩注者惮,以黄金注者殙。其巧一也,而有所矜,则重外也。凡外重者内拙。"这表明,对成功的刻意和对失败的恐惧担忧以及对得失的计较,均是构成自我压抑的重要因素,更何况来自政治、道德、文化、理念的压抑。

一个健康、文明、合理的社会应该做的事情是让我们每个人都能自在地生存,自由地表达。这是非常重要的! 就社会来说,我们需要自由宽松的创意氛围;就个体来说,我们需要自在的创意心态。自在、自由状态下,才能自得。只有在自由状态下,人的潜能,包括思维的潜能、情感的潜能、创意的潜能,才能无限地发挥出来;有了自由,人才能本真地选择,挥洒地创造。

微信热传的另一则信息引起我极大的关注。"一群奴才和奴隶是建造不出金字塔的"! 这是2003年埃及最高文物委员会通过对吉萨附近600处墓葬的发掘考证,认定400多年前,即1560年,瑞士钟表匠布克在游览金字塔时,做出的这一石破天惊的推断。他的推断是:金字塔是由当地具有自由身份的农民和手工业者建造的,而非希罗多德在《历史》中所记载——由30万奴隶所建造。布克1536年因反对罗马教廷的刻板教规入狱,由于他是一位钟表制作大师,囚禁期间,被安排制作钟表。在那个失去自由的地方,布克发现无论狱方采取什么高压手段,提供什么制作设备自己都不能制作出日误差低于1/10秒的钟表;而在入狱之前,在自家的作坊里,布克能轻松制造出日误差低于1/100秒的钟表。布克越狱逃跑,又过上了自由的生活后,在更艰苦的环境里,布克制造钟表的水准,竟然奇迹般地恢复了。

---

① 王文革主编:《文化创意十五讲》,中国传媒大学出版社,2013年版,第二讲。

此时，布克才发现真正影响钟表准确度的不是环境，而是制作钟表时的心境。正因为如此，布克才大胆推断："金字塔这么浩大的工程，被建造得那么精细，各个环节被衔接得那么天衣无缝，建造者必定是一批怀有虔诚之心的自由人。难以想象，一群有懈怠行为和对抗思想的奴隶，绝不可能让金字塔的巨石之间连一片小小的刀片都插不进去。"也就是说：在过分严格监管的地方，别指望有奇迹发生，因为人的能力，唯有在身心自在和谐的情况下，才能发挥到最佳水平。唯有自由的人，才有感悟的闲暇、创造的动力和快乐。

同理，弗莱克斯纳认为，正是凭借这份自由，卢瑟福和爱因斯坦才能披荆斩棘、向着宇宙最深处不断探寻，同时将紧锁在原子内部无穷无尽的能量释放了出来。也正是凭借这份自由，玻尔和密立根了解了原子构造，并从中释放出足以改造人类生活的力量。因此，人类真正的敌人并非是无畏且不可靠的思想家，无论他的思想是对还是错。真正的敌人是那些试图为人类精神套上桎梏让它不敢展翅飞翔的人。

第三是自得，自得是自在之得，也是自信之得，是顺其自然、水到渠成，又卓尔不群的灵光凸现。光凭努力和勤奋不足以发现和创意，需要杂念具息，良知独照，才能不经意之间自得天地别出之意，自得发现、发明和创意之机。牛顿坐在苹果树下，由一颗苹果的下坠顿悟万有引力。凯库勒喝了咖啡在休息，朦朦胧胧中看到一条蛇形在眼前转起来了，他发现了"苯"分子结构。魏格纳斜靠沙发，在睡意蒙眬中看地图，突然发现大西洋两岸的非洲和南美洲凹凸线非常吻合，便联想到了大陆漂移，并进而证明了"大陆漂移说"。好多学科发现就是在自在的状态自得的，当然，这种"自得"需要基础，牛顿是个伟大的物理学家，像我这样的凡人，一箩筐苹果掉下来也不可能发现，不可能悟到。但是，这个自得之境非常重要，就是非常自在、非常自由的状态；这个自得之心也非常重要，就是敢于、善于并坚定于独得的发现。

世界和事物如何本真而独照地呈现？王阳明与朱熹的思路不一样。朱熹认知世界的方式是格物，一件件去格。王阳明起初笃信朱学，按照朱熹的路子做实验，在自家庭院格毛竹之理，结果格了七天失败了，因为竹子上根本没有理。然后他转到心，他认为格物是"正物"，让物依其所在，依其本真呈现出来。他要做的事情就是"本心明觉",本心照亮世界。天地没有灵明,天地的灵明就是我的灵明;草木没有灵明,草木的灵明就是我的灵明;所有的物都没有灵明,都是我的本心灵明照亮的。这个世界就是向我本心呈现的。每个人都有本心,本心是世界的本体,每个人都是一个独自的世界,这就是阳明的"存在"。这与海德格尔的理念是相通的,后者认为世界是向人无遮蔽的、本真的、独特的呈现。说到创意,这个"意"是本来就在的,这种理想的状态是本然就在的,我们要做的是把自己太多的遮蔽去掉,保持本真的心态,保持独特的目光,无限地接近或进入世界、宇宙和事物的本真而独特的状态。

创意自得需要"独知"。在阳明看来,良知既是天理,又是个体内在真切的"独知":"人虽不知而己独知者,此正是吾心良知处。"(《传习录》下)"良知即是独知时,此知之外更无知。"(《答人问良知二首》,《全集》卷2)在这一点上,良知作为"独知"的心体正与文化创意的自得"独觉"相通,或者说,正是良知的"独知"在具体而独特的境域中通过"尔心一念"、"尔心一觉"呈现为个体"独觉"自得的文化创意。

创意自得需要直觉。本心良知正是一种"虚明照鉴"的直觉,良知照物,无思无虑。按阳明的说法"良知之发见流行,光明圆莹,更无罣碍遮隔处,此所以谓之大知"。(《传习录》中)"从目所视,妍丑自别,不作一念,谓之明。从耳所听,清浊自别,不作一念,谓之聪。从心所思,是非自别,不作一念,谓之睿。"(《旧本未刊语录诗文汇辑》,《全集》卷32)所谓"不作一念","光明圆莹,更无罣碍遮隔处"的"大知"或"明觉",正是破除了"理障"和"相缚",无思无虑、莹明透彻、应物见心的直觉自得。

创意自得需要自信。阳明所谓"狂者胸次"就是一种自信境界,它的基本特征就是顶天立地、自然洒落、无须假借、"吾性自足"。弟子王畿曾这样引述阳明的"狂者胸次":"就论立言,亦须一一从圆明心中流出,盖天盖地始是大丈夫所为,傍人门户,比量揣拟,皆小伎也。"(《王学质疑·原序》阳明自己有诗云:"影响尚疑朱仲晦,支离羞作郑康成;铿然舍瑟春风里,点也虽狂得我情。"(《月夜二首》,《全集》卷20)"人人自有定盘针,万化根缘总在心;却笑从前颠倒见,枝枝叶叶外头寻。"(《咏良知四首示诸生》之3,《全集》卷20)"无声无臭独知时,此是乾坤万有基;抛却自家无尽藏,沿门持钵效贫儿。"(《咏良知四首示诸生》之 4,《全集》卷 20)正因为阳明"自有定盘针",心中有"独知",方能顶天立地"无入而不自得",才能在历史上卓绝不群,留下独特的理论与智慧。"沿门持钵""傍人门户"的庸人绝不可能有文化创意的出息。阳明所谓良知"独知""自得"的思想和智慧,对于我们当代文化创意,还有着直接的启示意义。

乔布斯有名言,"活着就是为了改变世界",他是不从众、不随俗,追求个人的风格的典范,这是文化创新所需要的自信。他于 2005 年在斯坦福大学的演讲中说道:"你们的时间有限,所以不要浪费时间在别人的生活里,不要被教条所局限,盲从教条就是活在别人思考结果里……最重要的,是要拥有追逐自己内心自觉的勇气,你的内心与自觉多少已知道你自己想成为什么样的人"。我们可能不会有乔布斯那样的成就,但我们可以有乔布斯那样的自信与自得,这是文化创意的心理和人格基础。

在我看来,这个世界对于我的意义取决于我对世界的感受或明觉,真正有本体意义和生存价值的感受是基于本心的、个性的、独特的;创意是个体对世界的自由的、独特的超越感受和表达,这种感受和表达不从众,不随俗,甚至不寻求众人或权威的认同,正是独特的感受和表达,构成了丰富多彩的文化创意世界。

二、审美与文化创意之灵

叶朗先生提出"文化创意产业是大审美经济"。我们也可以说,文化创意是审美思维,或者至少说,审美思维是文化创意的灵感或灵心机制。王文革认为:作为一种创造性的思维活动,文化创意也是意味着对现实的一种超越。……文化创意不仅是一种思维活动,也是一种审美的创作活动。所以说,文化创意通向审美之境。[①]

前面强调,任何所创之"意"从本体上说是本在的,但从工夫上说,需要通过"心上工夫"(阳明语)使之呈现或澄明。因此,"意"还是需是要创的过程。休闲提供了

[①] 王文革主编:《文化创意十五讲》,中国传媒大学出版社,2013 年,第二讲。

一个创造的境域,审美提供了创造和创意的思维机制。形象思维或审美思维对于创造的重要,历来为中外学人关注,古往今来,创造灵感的激发均源于休闲和审美的情境。可以说,审美就是文化创意之灵。这个"灵",既是灵魂之"灵",又是灵感之"灵",更是灵心之"灵"。

审美对于文化创意的意义,可以从两方面来考察。

首先,创意的动力,往往来自对美的本然追求。法国著名数学家彭加勒有这样一段脍炙人口的名言:"科学家并不是因为大自然有用才去研究它,他研究大自然是因为他感到乐趣,而他对大自然感到乐趣是因为它的美丽。如果大自然不美,那它就不值得认识,如果大自然不值得认识,就不值得活下去……理性的美对自身来说就是充分。与其说是为了人类美好的未来,倒不如说,或许是为了理解,为了理性美本身,科学家才献身于漫长和艰苦的劳动"。[①] 无论是自然界现象的奇丽多彩,还是自然界结构的和谐有序,都能激发科学家们探索的欲望,形成其持久的创造动力,激活其天才的创造性思维,终至获得科学的成就。德国天文学家开普勒因欣赏哥白尼体系之美,迷醉于天体运行的简单和谐而发现著名的行星运动三大定律,德国物理学家海森堡因震惊于自然界内部数学结构之美创立量子力学矩阵理论,这种例子不胜枚举。他们的共同特征是出于对科学研究的对象美的追求而终至发现真的规律。

苏联科学家亚历山大德罗夫曾说道:"大概所有认真从事科学,尤其是从事数学的人的经验说明,认识标准离不开审美标准,离不开在那些最终被认识的新规律性所突然表现出来的美的面前流露出来的狂喜。"[②]审美标准在科学认识中具有积极意义。一项科学理论能否成立或能否为人们所接受,不但要看它是否满足真的要求,而且要看它是否拥有美的形式,符合美的规律。于是,追求科学理论的美的表达,也就成为科学创造的重要动机,而且事实上对科学理论美的追求,导致了许多科学真理的发现。这就是科学研究中的"臻美"原理。

门捷列夫本着科学研究应在多样性中寻求统一性,并实现完美性表达的科学

---

① 转引《物理学和美》,《文艺评论》1988年第5期。
② [苏]米·贝京:《艺术与科学》,文化艺术出版社,1987年,第220页。

美学信仰,制订了著名的元素周期表,当实验测定的个别元素,如玻的原子量的"真"与元素周期表的完美性发生冲突时,他从维护周期表的完美性出发,大胆地对玻元素的原子量作了修正,后来更精确的实验证明他的修正是对的,而且这个美妙的周期表的建立启发后来的化学科学家发现了许多新元素。狄拉克在提出相对性电子波动方程时同样遇到了"真"的挑战,当时物理学界所知正负电荷粒子之间并不符合狄拉克方程要求的对称性,但狄拉克本人和不少物理学家不愿意因此而放弃这个方程,因为它太美了。几年后美国物理学家安德孙在宇宙线中发现了正电子,使得狄拉克方程的数学形式美成了物理世界的真。回顾研究动机时狄拉克表示"这个工作完全得自于对美妙数学的探索",他认为:"一个方程的美比之它能拟合实验更加重要……因为(对实验的)偏离可能是由于一些未被注意到的次要因素造成的……似乎可以这样说,谁只要依照追求方程美的观点去工作,谁只要具有良好的直觉,谁就确定地走在了前进的路上。"[1]

其次,创意需要想象和审美思维。物质波动说的创造人布洛伊这样说:"想象力让我们立刻以能显示出某些细节的直观图象的形式想象到物理世界的一部分,直觉以某种与艰难的三段论法毫无共同之处的、没有现实深度的内在顿悟的形式暴露给我们。想象力和直觉是智力本身固有的条件;它们过去和现在每天都在科学创造中起着重要作用。"他还指出:"就其方法来看,当那些摆脱了旧式推理的沉重枷锁的能力(人们把它们叫想象、直觉和灵感)表现出来的时候,科学只有危险的、突然的智力跳跃的方法才能取得比较重大的成果。"[2]

凯库勒发现"苯"分子结构是借助想象,魏格纳证实"大陆漂移说"也是借助想象,乔布斯创造苹果更是借助想象。没有想象,苹果的出现不可想象!与前人不同,乔布斯颠倒了工程师和设计师的工作程序。以往一般情况是工程师制作遇到问题让设计师去设计解决,而乔布斯的做法是让设计师先去尽情地想象,设计师想象出美丽的图景后由工程师去制作执行。他的想象非常大胆,有时简直匪夷所思。然而正是这种匪夷所思的审美灵感,使苹果以既美观、又舒适、更实用的身姿横空

---

[1] [英]狄拉克:《美妙的数学》,《自然科学哲学问题丛刊》,1983年第4期。
[2] [苏]米·贝京:《艺术与科学》,北京:文化艺术出版社,1987年,第225页。

出世,彻底地改变了世界和生活方式。这些例子表明,在科学研究和文化创意中艺术想象、美感直觉等是如何激活着创造性灵感,启发他们获得划时代的科学发现和文化创意。

20世纪80年代,浙江大学潘云鹤主持了一个"985"国家重大项目,即"形象思维的基础研究",他研究的结论是,逻辑思维不能提供创造,逻辑思维是线性思维,逻辑思维只能在原有基础上提供推论;创造机制是形象思维提供的,形象思维是团块思维,是云状思维,在碰撞中它会不断变化,产出火花,于是乎,它会提供创意。①

海德格尔曾经说艺术思维可以消解物质世界的"座架"性,让世界本真地呈现,因此它可以通向真理。我们毫不怀疑,审美思维可以打破理性和惯性造成的现实存在的唯一性、僵硬性、物理性,用另一种眼光看世界,使世界呈现迥然不同的姿态和色彩。唯有审美思维才是一种灵心,那是一种能够突破常规进行有效合理创造的心理——思维能力。审美思维能发挥个体丰富想象、敏锐感知事物、进而抓住事物的关键和本质从而创造出新的作品。

三、创意与休闲、审美之易

休闲和审美为文化创意提供了时空和心理基础及机制,反过来,创意又激发着休闲和审美内容和方式的不断更新变易,《易经》云"生生之谓易",创意即休闲和审美"生生之易"。

休闲的资源,无论是自然的还是人文的,都可能被穷尽;审美的形态和感受,都可能让人产生疲劳。唯有创意是无限的,因此,美国人喊出了"资源有限,创意无限"的口号,英国人直接提出并创造了创意产业和创意经济。与此相关,创意农业、创意工业、创意设计、创意景观、创意产品、创意演艺、创意旅游、创意养生、创意体育、创意休闲等概念应运而生。

我们认定,创意之"意"是本然、潜然地存在,但它转化为实然,实现为应然,需要"创"的工夫。按王阳明的说法,本体与工夫密不可分,本体是工夫的理论悬设,

---

① 潘立勇:《美学在科学领域中的作用》,《文艺研究》1993年第5期。

工夫是本体的现实呈现。"创"是不断变易、不断生成的过程。

世界存在多样性,这为人们的创意提供了无限的可能。我们需要的是独特的、创造性的选择和创制。诚然,事物的存在都有它的合理性,事物的状态都有它的可存性。然而,"生生为之易",人们的需求在变易,人们的感觉在变易,唯有与时俱进,不断创新,方能满足人类的持续生存体验与感受。唯其日创日新,方其生生不息。

人类每一次的发展都离不开创意,休闲与审美也是如此。创意既在内容,也在形式上更新着休闲与审美。审美与艺术上的经典不是一成不变的,经典也在与时俱进。毕加索的几何体画、凡·高的印象系列,他们的经典意义首先在于形式上的创新,全面地改变了绘画的表现角度和手法,给视觉艺术开启了一个全新的时代。加缪、卡夫卡的或荒诞、或隐喻的作品,其经典意义在于理念上的创新,推翻了人们惯常的思维和理解,揭示了一个颠倒而真实的世界。"微时代"的休闲创意,也全面地颠覆与改变了人类惯常的休闲内容和方式。

因此,在精神领域,创意是传统的叛逆,是常规的打破,是破旧立新的毁灭与创造,是超越自我、超越成规的导引;在经济领域,创意是智能产业神奇组合的魔方,是投资未来、创造未来的过程。"生生为之易",对于休闲与审美,创意正是一种能点石成金、化腐朽为神奇的"易"。

我们可以和前人有不同的见解和信念:天道未必酬勤,游戏无妨人生。一味辛辛苦苦未必有创造,终身埋头勤奋未必有创意;自在洒落、对酒当歌,本心明觉、良知独照,也许创意就在其中。

如上所述,文化创意离不开休闲的环境、心境;审美思维是文化创意的心理动力机制。因此,我们需要深入系统分析休闲、审美与文化创意的本体基础、内在关系及其动力系统,探索与揭示休闲和审美对于文化创意的内在心理、外部环境、动态设计等系统性原因和机制,运用哲学、美学、艺术学、设计学、心理学、社会学、文化学等多种学科及交叉方式开展相应研究。

我们需要考虑和研究这么几个问题,一个是创意的主体,创意主体的存在方式怎么样,思维方式怎么样?自身又是如何被创造,如何化生?第二个是创意的环境,创意需要什么样的制度保障?创意的空间是怎么样的?第三个是创意的作品及其产生过程,如何设计?如何营造?最后,创意有哪些经济效应?创意经济的如何产生和运行的?创意的主体、环境、过程、产品、效应形成一个系统的问题链,"休闲、审美、创意"构成一个动态系统;休闲、审美提供了创意的境域和思维机制,反过来,创意及其成果又推动休闲和审美发展。这是我目前对这个问题的基本思考。

应周永明教授之约,本人利用在南方科技大学社会科学高等研究院兼职的机会,协作相关学者同仁着重研究如下问题:

1. 中外有关休闲、审美与文化创意关系的理论;
2. 休闲审美与创意思维;
3. 休闲审美与创意环境;
4. 休闲审美与创意设计;
5. 休闲审美与创意景观;
6. 休闲审美与创意旅游;
7. 休闲审美与创意教育;
8. 休闲审美与创意养生。

在此基础上形成一套学术丛书作为最终成果;同时,举办两个学术会议,即2017年4月上旬的"审美与文化创意高层学术论坛"和11月中旬的"休闲与文化创意国际学术会议"。两个学术会议均已成功举办,会议的学术成果《审美与文化创意》《休闲与文化创意》两本论文集也已先后出版。如今,多位学者共同合作的《休闲.审美.创意》学术丛书也终于付梓。然而,我们对休闲、审美、创意的系统研究还刚刚起步,路漫漫其修远兮,吾将上下而求索!

在此特别感谢南方科技大学社会科学高等研究院提供学术平台,也感谢各位作者的鼎力支持,感谢南京大学出版社及责编的辛勤付出。

是为序。

目录
Contents

绪　论　休闲·审美·创意环境 ………………………………… 1

　　第一节　创意·创意产业·创意环境·创意城市 ……………… 2
　　第二节　休闲·审美与创意之相遇 …………………………… 9
　　第三节　本书思路：三维视角与三个层面 …………………… 17

第一章　宽容政治与创意城市 ………………………………… 24

　　第一节　中国 VS 西方：宽容与休闲方式 …………………… 25
　　第二节　唐宋 VS 明清：宽容与文化命运 …………………… 29
　　第三节　SOHO：宽容政策成就的创意中心 ………………… 36
　　第四节　柏林：从宽容之城到创意之城 ……………………… 41

第二章　多元文化与创意土壤 ………………………………… 46

　　第一节　从《没有纽扣的红衬衫》说起 ……………………… 48
　　第二节　文化熔炉指数与同性恋指数 ………………………… 56

第三节 "不和谐"与文化碰撞 …………………………… 62

第四节 不可忽视的"草根文化" …………………………… 66

第三章 休闲空间与创意条件 …………………………… 71

第一节 "中世纪":理想的城市休闲空间 …………………… 73

第二节 从"单核心城市"到"多核心城市" ………………… 78

第三节 宋代"瓦舍":游戏的人,游戏空间 ………………… 83

第四节 "微空间"的"咖啡馆效应" ………………………… 88

第四章 江山之助与创意背景 …………………………… 94

第一节 "江山之助"方能"兴会飞舞" ……………………… 96

第二节 现代创意产业中的"山水情结" …………………… 100

第三节 生态规划:"明日的田园城市" …………………… 106

第五章 缪斯女神与创意火花 …………………………… 116

第一节 "建筑不是房子",而是艺术 ……………………… 117

第二节 缪斯女神与全球创意国度 ………………………… 127

第三节 非遗审美与创意产业选址 ………………………… 133

第四节 "波希米亚人指数"与艺术家群落 ………………… 141

第六章 休闲氛围与创意园区 …………………………… 146

第一节 创意园区与"世界休闲之都" ……………………… 148

第二节 创意园区与本土休闲城市 ………………………… 151

第三节　"小宇宙"：创意园区的休闲建设 ………………………… 155

第七章　工业遗产与园区打造 …………………………………… 166

　　第一节　纽约SOHO：废弃工业区的华丽转身 …………………… 168
　　第二节　埃姆舍公园："后工业景观"理念 ………………………… 174
　　第三节　腾笼换鸟："上海8号桥"模式 …………………………… 178

第八章　休闲审美与创意市民 …………………………………… 190

　　第一节　"好客山东休闲汇"：提升休闲观念 ……………………… 192
　　第二节　文化参与和互动：培育审美市民 ………………………… 197
　　第三节　"它是一处灵感源"：博物馆建设 ………………………… 204
　　第四节　博览业改变未来：创意与体验 …………………………… 210

结　语　休闲、审美的创意之境 ………………………………… 214

后　记 ……………………………………………………………… 227

参考文献 …………………………………………………………… 229

绪 论
休闲·审美·创意环境

光阴荏苒,日月不居。时代在一日千里地飞速地发展,每个人都必须时刻注意到身边事物的改变,以实现与时俱进。在我们当前所处的时代,敏感的人们无疑能够注意到以下三方面的发展与变化:

其一,1994年,澳大利亚政府首次提出"创意国度"(Creative Nation)的说法,引起世界关注。1998年,英国政府在《英国创意产业路径文件》中第一次明确提出"创意产业"(Creative Industries)的概念。从此以后,不少发达国家和地区纷纷提出了"创意立国"的理念或确立了以创意为基础的产业发展模式,创意产业已经被提到了国家战略层面。英国经济学家约翰·霍金斯(John Howkins)指出,全世界创意经济每天创造220亿美元,并以5%的速度递增。一些国家增长的速度更快,美国达14%,英国为12%。与此同时,"创意阶层"日益崛起,"创意环境"问题也浮出水面。

其二,20世纪末,美国著名未来学家格雷厄姆·莫利托(Graham T. T. Molitor)在权威杂志《经济学家》发表《全球经济将出现五大浪潮》一文。他预测:到2015年人类将走过"信息时代"的高峰期而进入"休闲时代",一个以休闲为基础的新社会将有可能出现。目前,如何迎接全民性"休闲时代"的到来,已经成为我国各级政府所思考的重要问题。打造高品位、高质量的"休闲之都",也日渐成为众多国内城市所追求的目标。

其三,我国住房和城乡建设部前副部长仇保兴说过这样一句话:在先进国家历史上，往往都出现过一段时期的城市美化运动，而这个城市美化运动一般都在国家的城镇化率达到50%左右的时候出现。中国在2011年刚刚突破50%，政府就提出"美丽中国"的概念，"美丽城市"的提法也随之兴起。这并不是巧合，而是中国的经济、城镇化发展到一定程度必然提出的要求。

以上三方面的丕变，分别涉及创意、休闲和审美。而本书所要着重讨论的，正是休闲、审美与创意环境三方面的关系问题，以及如何利用前两者为后者服务的理论与实践。

第一节　创意·创意产业·创意环境·创意城市

首先，让我们看看何为"创意"及其相关衍生概念。业内一般认为，创意是一种通过创新思维意识，挖掘和激活资源组合方式进而提升资源价值的方法。创意是对僵死传统的叛逆，是打破常规的哲学，是不同于寻常的解决之道。创意是一种思维碰撞，是具有新颖性和创造性的想法。创意是逻辑思维、形象思维、逆向思维、发散思维、系统思维、模糊思维和直觉、灵感等多种认知方式综合运用的结果。人类自诞生开始，"创意"也就一直陪伴着人类的发展，尽管那时还没有"创意"二字。而随着社会生产力的不断发展，创意与经济的关系开始变得越来越紧密。创意能在产业中实现对设计、产品、管理、营销、体制、机制等方面的种种突破，创造高额的文化附加值和巨大的经济利益，这样的产业被称为"创意产业"。

早在17世纪，英国古典政治经济学创始人威廉·配第（William Petty）就已经发现：随着经济的不断增长，产业重心将逐渐由有形财富的生产转向无形的服务性生产。到了1940年，英国经济学家科林·克拉克（Colin Clark）根据配第的理论及新西兰经济学家费歇尔创立的三次产业分类法，揭示了不同收入下的就业人口在三次产业中分布结构的变动趋势。这就是著名的"配第—克拉克定理"：随着经济发展和人均国民收入水平的提高，劳动力首先由第一产业向第二产业转移,然后再向第三产业转移。这就是产业结构调整中所谓的"退二进三"。

1994年,澳大利亚公布了《创意之国:澳大利亚文化政策》。作为该国历史上的第一份文化政策报告,它认为:文化政策就是经济政策,文化创造财富,增加价值,并对创新、行销与设计具有不可或缺的贡献。英国政府派团赴澳考察归国后,马上成立了专门的研究指导小组,投入了大量资金及资源发展文化创意产业。1996年,为振兴英国经济,工党领袖布莱尔撰写了《新英国:我对一个年轻国家的展望》一书,提出经济社会发展的"第三条道路"理念,即所谓的"布莱尔主义",强调通过变革与创新应对全球化挑战。受约翰·霍金斯的影响,在1997年赢得大选之后,作为首相的布莱尔开始将发展创意产业列为"新英国"构想的重大策略。他上任后的第一件重要举措就是推动成立了"创意产业专责小组"(Creative Industries Task Force)并亲任主席,以推进文化、个人原创力在经济中的贡献。

至于"创意产业"的内涵,1998年的《英国创意产业路径文件》提出:"所谓创意产业,就是指那些从个人的创造力、技能和天分中获取发展动力的企业,以及那些通过对知识产权的开发可创造潜在财富和就业机会的活动。"——这是对创意产业最早的正式界定。该文件同时还将广告、建筑、艺术和文物交易、工艺品、设计、时装设计、电影、互动休闲软件、音乐、表演艺术、出版、软件设计、电视与广播等13个行业确认为创意产业。

经过布莱尔政府的特别整合与定义,原本已经存在但概念并不清晰的创意产业迅速得到很多发达国家的垂青,并在近二十年间迅猛发展,成为经济持续增长的巨大助推器。从此,该领域的理论与实践迅速风靡全球,霍金斯也由此被誉为"世界创意产业之父"。霍氏在其代表作《创意经济:如何点石成金》(*The Creative Economy*:*How People Make Money from Ideas*,2001)中指出:全球创意经济每天创造220亿美元的高附加值,并以5%的速度递增。正如美国微软总裁比尔·盖茨所言:创意具有裂变效应,一盎司创意能够带来无以计数的商业利益和商业奇迹。据调查,在美国400家最富有的公司中,有72家是文化创意产业公司。

一只有创意的茶杯,可以使低廉的成本具有高额的附加值

我们认为,创意产业最需要的是两样东西。从核心主体来说,它需要具有高度创新思维的创意人才;从外部条件来说,它需要能够适合创意人才生存和发展的创意环境。

首先,创意者无疑是创意产业的核心。加拿大多伦多大学教授、创意管理大师理查德·佛罗里达(Richard Florida)指出:"创意核心包括科学家和工程师、大学教授、诗人和小说家、艺术家、娱乐明星、演员、设计师和建筑师,也包括现代城市思想家——纪实类文学作家、编导、文化人物、智囊团、分析师和其他产生想法的人。"[1]在这些创意人才集聚的地方,就慢慢形成了"创意阶层"(Creative Class)。在佛罗里达看来,创意阶层就是所有产生新知识、新观念、新技术、新艺术的人以及管理精英的总称,他们主导着创意产业的蓬勃发展。例如,美国已有3 800万人属于创意阶层,占就业人口的30%。

不过,美国科罗拉多大学教授、德裔学者格哈德·菲舍尔(Gerhard Fischer)曾通过研究表明:创意活动并非是个人的,而是个人与所在的群体及所处的环境所共

---

[1] Richard Florida. *The Rise of the Creative Class*, New York: Basic Books, 2002: 69.

同促进而产出新的想法或成果的过程。① 因此,创意阶层智慧水平的发挥程度,还受到外部条件的制约。这就是本书所要着重讨论的"创意环境"。好的创意环境能够对个体、团队的创造起着至关重要的作用。对于"创意环境"概念的诠释,英籍德裔学者、"传通媒体"创始人查尔斯·兰德利(Charles Landry)无疑是权威之一。他指出,创意城市必须要有创意环境(the Creative Milieu)。它由软件、硬件基础设施组成。软件基础设施指的是社群结构与社会网络的系统,有助于个人之间与制度之间观念的交流。硬件基础设施指的则是建筑物与制度所形成的联结,包括研究机构、教育、文化设施、会议场所以及相关的支持服务如交通、医疗保健等。他界定说:

> 创意环境指的是一个具有必要先决条件(包括软件和硬件基础设施)的地方——不论是建筑群、都市的某一区、整个都市,或是某一区域——由于这些条件,观念与发明能够源源不断地被创造出来。这样的生活圈构成一种物理场所,在这个场所中,企业家、知识分子、社会活动家、艺术家、管理者、政治活动家或学生彼此处在一个崇尚开放心态、世界主义的脉络中,共同组成了关键大众(Critical Mass)。彼此面对面的互动创造出新的观念、事物、产品、服务以及制度,进而带动经济的成长。②

这个定义赋予"创意环境"两层维度。一是由工作、生活区域所形成的物质空间,二是崇尚开放、心胸包容的"脉络",也即一种文化宽容、自由的氛围。加拿大多伦多大学教授梅瑞克·格特勒(Meric S. Gertler)同样有类似说法:创意环境是一个开放的社会网络和多元的文化氛围,这样的网络和氛围不仅为创意人员提供了工作和生活的空间,并且还在不断吸引区域外部或行业外部的人员进入,在交流中

---

① Gerhard Fischer. *Social Creativity*, *Symmetry of Ignorance and Meta-Design*, In Proceedings of the Conference Creativity & Cognition, New York: ACM Press, 1999: 116 - 123.

② Charles Landry. *The Creative City: A Toolkit for Urban Innovators*, London: Earthscan Publications, 2000: 133.

碰撞形成更多的创意。① 佛罗里达也曾提出"创意人才生态环境"的概念。他在其名著《创意阶层的崛起》之平装本序言中说：

　　创意人才生态环境，是指对新人和新观念持开放态度的地区；在这样的地方，人们可以轻松结成社交网络，另类的观念不仅不会受到压制，还会得到扶持，形成新项目、新公司以及经济增长的来源。拥有了这种人才生态体系的地区和国家就非常易于成功地开发大多数人的各种创意才能，进而赢得竞争优势。②

　　创意性活动总是在那些能够提供广阔的人才生态体系的地区繁荣发展，因为在这样的环境中，创造力可以得到培植和支持，并转化成创新成果、新建企业、经济增长以及人们生活水平的提高。③

在佛罗里达看来，一些领导容易将吸引创意阶层的关键因素简单化。在他们眼里，吸引创意人士就像从另一座城市吸引运动产品经营商那么简单，他们要做的仅仅是提供自行车道及其他便利设施。事实上，由于创意精英人才对于工作环境及生活环境的敏感，以及对开放、包容的文化氛围的追求，他们在选择居住地时会特别在意所处环境的文化匹配性。在物质生活已比较丰富的后工业社会中，人们对工资等经济条件的关注降低，更关注聚居地的音乐、艺术等人文环境，宽容、多样的文化氛围，以及气候、绿化等生活环境。这是吸引创意阶层，产生创新，刺激经济发展的必要外部条件。

所以，作为一种综合性的文化共享空间，创意环境是产生创意的催化剂，是培养创意阶层的温室，是发展创意产业理想的伊甸园。如果一个地区缺乏这种综合的创意环境，就很难形成创意人员的聚集。有数据显示，我国苏南地区在创意环境

---

　　① Gertler, M. S. *Creative Cities: What Are They For? How Do They Work, and How Do We Build Them?* Ottawa: Canadian Policy Research Net-works, 2004: 33.
　　② [美]理查德·佛罗里达：《创意阶层的崛起》，司徒爱勤译，中信出版社，2010年版，第28页。
　　③ [美]理查德·佛罗里达：《创意阶层的崛起》，司徒爱勤译，中信出版社，2010年版，第31页。

的关键因素如创新氛围、人文环境、生活质量等指标上均高于苏北和苏中地区。①而事实上,苏南地区的创意产业也大大领先于苏北和苏中。可见创意环境的优劣和创意成果的多少呈正相关关系,一个地区的创意环境越好,越容易促使创意阶层向该地区聚集。那么,如何为创意阶层提供理想的创意环境,即适合他们工作、生活的物质环境和文化氛围?由于创意产业大多在城市里集聚和发展,而创意阶层也大多工作和生活在城市之中,因此就需要构建在精神和物质两方面对创意阶层都能产生亲和力的"创意城市"。

其实早在 2003 年四五月间,美国田纳西州的孟菲斯市所举行的创意阶层首次峰会上,就提出了"缔造创意社区"的愿景。来自美国、加拿大和波多黎各等国 48 个城市的"创意 100"成员共同写下了著名的《孟菲斯宣言》,宣言提出:

> 创意是人类的本性之一,也是个人、社区以及经济生活的重要资源。创意社区是充满活力和富于人性化的地方,是推动个人成长的沃土。它能够激发文化与技术创新的火花,创造就业机会与财富,并能够容纳各种不同的生活方式与文化。

《孟菲斯宣言》还提出"创意性生态体系"概念:"创意性生态体系可以包括艺术与文化、夜生活、音乐会、餐饮场所、艺术家与设计师、创意人士、企业家、大众居住空间、和谐的邻里社区、精神生活、教育、集群、公共空间以及第三空间。"

显然,这里所说的"创意社区",就是一种社区层面的创意环境。后来,不少学者逐渐将此概念扩大为"创意城市"。"创意城市"(Creative City)是全球城市发展新地标,其理论倡导者有英国的汤姆·坎农、彼得·霍尔、查尔斯·兰德利和美国的佛罗里达等人。城市发展问题研究专家、曾任布莱尔政府高级经济顾问的汤姆·坎农宣称:"未来城市的发展,将主要依靠人的创意和创作力来推动其在全球

---

① 丁道韧、陈万明:《创意环境差异与区域经济发展——以江苏省三大区域发展为例》,载《华东经济管理》,2013 年第 6 期。

经济中的竞争,创意的思维和理念将渗透到城市社会和经济的各个领域,创意经济将成为现代都市的灵魂。"[1]坎农也是较早将"创意城市"概念输入我国的人。他在我国承办的"首届世界大城市带发展高层论坛"(江苏南通,2004)上满怀激情地说:"创意城市,就是大城市发展中必须注重人的创造力,依靠人的力量提高城市竞争力。"[2]英国伦敦大学规划学教授、全球权威的城市规划大师彼得·霍尔(Peter Hall)在其名著《文明中的城市》一书中指出,创意城市自古就有。城市是文化诞生的摇篮,几乎人类所有的创造性都与城市有关。佛罗里达更明确认为,吸引或夺走创造性人才的是城市本身,而不是它们所在的国家或设在那些城市里的公司。

因此,只有打造创意城市,才能吸引文化创意人才与团体,进而通过创意产业的兴起赋予城市以新的生命力和竞争力,以创意方法解决城市发展的实质问题。而要打造创意城市,首先就要营造适合创意者居住,适合创意思维发生的空间与氛围。正如英国创意城市研究机构Comedia(即"传通媒体")的创始人查尔斯·兰德利所指出的那样:城市要达到复兴,只有通过城市整体的创新,而其中的关键在于城市的创意基础、创意环境和文化因素。荷兰公共建设经理伊瓦特·瓦哈根(Evert Verhagen)也指出,全球城市都在竭力谋求复兴,他所赞赏的方式是:"把城市改造成创意城市,一个大家愿意居住、愿意与其他人见面、任何人都可以使用的公共空间,一个新思想、合作和创意可以找到市场的城市。"[3]说白了,创意城市的根本问题就是如何"筑巢引凤",如何用良好的环境留住人才的问题。而事实上,我国某些业内人士在十年前也已明确认识到了这一点:

> 文化创意产业发展的关键要素也是在于如何形成创意氛围,塑造文化品格、文化精神,营造创意社区,打造创意城市。……这需要对环境(包

---

[1] Kanazawa M. *A Creative and Sustainable City*. Policy Science, 2003,5(2):12.
[2] 向勇、周城雄编著:《中国创意城市(上):创意城市发展研究》,新世界出版社,2008年版,序言第2页。
[3] 莫健伟、崔德炜主编:《文化创意空间:艺术与商业的集聚与融合》,社会科学文献出版社,2012年版,第86页。

括自然环境、人文环境、城市景观)、人物(创意人才、创意阶层、创意明星)和事件(活动、节庆)的营造。这一点,恰恰是我们今后的城市文化建设中需要特别注意的地方。①

可见,在创意经济时代来临之际,创意城市的建设已经是未来城市发展的必然趋势。那么,如何构建创意城市的环境?或者说,在各地纷纷构建"设计之都""创意之城"的热潮背后,有哪些东西是容易被我们忽视的?佛罗里达说:"建立和发展一个创意人才生态体系是一个有机的过程,不同地区在这一点上都有它们的独到之处,这里并没有放之四海而皆准的解决方案。"②在笔者看来,为吸引创意人才而打造创意城市的环境,必须着重于两种氛围和空间的构建:即休闲与审美。

第二节　休闲·审美与创意之相遇

创意产业不但离不开创意者的创新意识和创新行为,更需要有适合创新意识勃发和创新行为落实的良好环境。如果把发展创意经济作为目的,那么营造良好的创意城市环境就是实现这个目的手段之一。目前,已有不少学者分别从科技、经济、市场、知识产权、数字时代等角度来研究创意环境问题。不过,休闲与审美,作为形成创意环境的重要条件,却尚未充分地被作为一种研究视角而受到重视。

为何"休闲"对于创意环境如此重要?正如美国休闲学家杰弗瑞·戈比(Geoffrey Godbey)所言:"拥有闲暇是人类最古老的梦想——从无休止的劳作中摆脱出来;随心所欲,以欣然之态做心爱之事;……以优雅的姿态,自由自在地生

---

① 向勇、周城雄编著:《中国创意城市(上):创意城市发展研究》,新世界出版社,2008年版,序言第2页。

② [美]理查德·佛罗里达:《创意阶层的崛起》,司徒爱勤译,中信出版社,2010年版,第31页。

存。"①一般认为,在人类社会的早期阶段,工作与休闲两者是融合的,而且是一体化的,在行为方面并没有什么大的区别。后来到了古希腊、古罗马时期,人们逐渐把休闲看作是不同于工作而又高于工作的行为,是属于社会贵族阶级的特权。中世纪基督教会有关于"礼拜日"的规定是,只有这一天人们才停止劳作,得以休息和去祭奉上帝,由此开始了日常生活与休闲活动的分离。新教伦理兴起、近代工业文明兴盛以后,休闲一词的意义更是逐渐走向异化。宗教改革之后的新教伦理强调"工作伦理",休闲如同"浪费时间"一样,成为一个贬义词。工业革命后出现的"经济崇拜"和"效率崇拜"浪潮,更强化了追求效率的念头,以至人们也像利用各种资源一样去利用休闲时间:要么将休闲时间作为恢复体力与脑力,以便更有效地工作的手段;要么在休闲时间拼命地追求各种刺激和放纵自己,使余暇的利用也如同劳作一样地匆忙和紧张。

而哲学家早就提醒我们:不但要看到"忙"的价值,也要看到"闲"的价值。例如,苏格拉底说,哲学家"是在自由和闲暇中培养出来的"②。亚里士多德指出:"德性的生成和政治行为或活动都需要有闲暇。"③又说:"只有在全部生活必需品都已具备的时候,在那些人们有了闲暇的地方,那些既不提供快乐、也不以满足必需为目的的科学才首先被发现。由此,在埃及地区,数学技术首先形成,在那里僧侣等级被允许有闲暇。"④

西方哲学家们甚至早就直接指出了休闲对于创意的重要性。马克思在《政治经济学批判手稿(1857—1858)》中明确指出过:"从整个社会来说,创造可以自由支配的时间,也就是创造产生科学、艺术等的时间。"⑤杰弗瑞·戈比和托马斯·古德

---

① Geoffrey Godbey. *Leisure in your life: An Exploration*, Philadelphia: Venture Publishing, Inc., 1985:1.
② [古希腊]柏拉图:《柏拉图全集》(第2卷),王晓朝译,人民出版社,2003年版,第698页。
③ [古希腊]亚里士多德:《政治学》,颜一等译,中国人民学出版社,2003年版,第244页。
④ [古希腊]亚里士多德:《形而上学》,苗力田译,中国人民大学出版社,2000年版,第7页。
⑤ [德]马克思、恩格斯:《马克思恩格斯全集》(第46卷上册),人民文学出版社,1974年版,第381页。

尔(Thomas Goodale)也指出:"休闲是哲学之母,也是发现和发明之母。"①现实生活中许多科学家、艺术家的经历也都显示出,他们常常不是在做研究时出现灵感,而是在休闲中峰回路转,茅塞顿开。(例如,阿基米德冥思苦想浮力定律而无济于事,却在泡澡时意外地"妙手偶得"。)因此,"作为行动,休闲是存在主义的,是自我创造的;作为环境,休闲是使创造性活动成为可能的社会空间"②。从创造性思维产生的条件来说,休闲与科学、艺术创造的灵感有着密切的关系,休闲氛围对创意环境的形成具有重要作用,这是自古至今思想界的普遍认识。难怪四川省社会科学院研究员万本根等认为,成都生活方式的核心精神是:知快守慢,张弛有度。其重要特征就是:在休闲中创造,在创造中休闲。

阿基米德的灵感源自休闲活动

坎农向人们描绘了一个"创意城市"的理想状态:在创意城市里,人们可以自由选择做什么工作,在哪里工作,在哪里生活。——这种状态就是休闲。在休闲的状态里,创意阶层的思想得以自由、放松,他们以欣然之态做心爱之事,其效果无疑就是激发想象力、创造性和催生创意产品。正如某学者所言:"休闲不仅能使人接受多样化的教育,而且还能从培养仁爱之心、鼓励自由创造、学会体验与欣赏等方面

---

① Thomas Goodale & Geoffrey Godbey. *The evolution of leisure: historical and philosophical perspectives*, Philadelphia: Venture Publishing, Inc., 1988: 58.
② John R. Kelly. *Freedom to be: A New Sociology of Leisure*, New York: Macmillan Publishing Company, 1987: 205.

挖掘人的潜力。在休闲状态中,人们能认识和体验到在人的生活中什么是最重要的,人类如何摆脱功利主义的诱惑,为实现文化理想而努力。……休闲赋予人创造力并且使人出于非功利的自由意志从事自己最喜爱的活动,这样的状态往往能催生出文化精品。"①

另一方面,从自身属性来说,创意产业里有不少行业的产品是休闲娱乐性质的。例如,1998 年的《英国创意产业路径文件》中,电影、互动休闲软件被确认为创意产业。《澳大利亚文化和娱乐分类》将创意产业分为遗产类、艺术类、体育和健身休闲类、其他文化休闲类四大类,即将休闲产业视为创意产业的主要部分。日本创意产业也被分为信息内容产业、休闲娱乐产业和时尚消费产业三大类。其中,休闲娱乐产业包括电子游戏、动画漫画、音乐伴唱、艺术鉴赏、休闲体育、教育培训、文化旅游、公营博彩以及发行彩票等,还包括个人电脑、数码相机、乐器、胶卷、绘画用品等与休闲和个人爱好相关的产品,可见内容十分丰富。据《2011 年日本娱乐休闲白皮书》的数据,2011 年日本娱乐休闲的市场规模达 67.975 0 万亿日元。其中游戏产业和动漫制作尤为突出,早在 2004 年就分别成为日本第一和第二大支柱产业。我国学者李朝鲜、方燕等著的《北京文化创意产业集群效应研究》中,北京文化创意产业共包括九大领域,其中广播、电视、电影、软件、网络及计算机服务,旅游、休闲娱乐三大领域也都直接与休闲相关。此外,李朝鲜、方燕等从北京文化创意产业九大行业划分的集聚区图表中看到,以"旅游、休闲娱乐"为主要功能的集聚区共 10 个,占全部集聚区(共 30 个)的 1/3。既然创意产业本身就具有很大程度的休闲属性,那么创意者也必须在一个休闲的环境中,身临其境地体验休闲状态的各种感受,全面而深刻地领会休闲的本质和特征,只有这样才能很好地揣摩消费者的休闲娱乐心理需求,以促进产品的设计和开发。还有,现代工作方式越来越强调团队协同工作,创意产业也不例外,尤其在大型的创意产业集群中更是如此。这就有一个如何沟通、协调团队工作的问题。休闲的氛围对于打造协同创意环境无疑也会起到十分积极的作用。

---

① 马谊妮、姜芹春:《休闲旅游与休闲型旅游目的地研究》,云南大学出版社,2013 年版,第 46－47 页。

为何"审美"对于创意环境也不可或缺？从创造性思维产生的条件来说，早在1767年，一位西方学者 Duff 就把创意的主要构成定义为三个层次：一是想象力，即接纳现有思路、创造新思路或者将各种思路有机结合的能力；二是判断力，即规范和掌控想象力，规整其产出的各种思路的能力；三是品位，即艺术家的内在敏感性，这种敏感性被用以区别高尚与卑劣、美与丑、庄重与滑稽。因此，主体若缺乏审美判断力，也就会缺乏创造性思维。

何况，如果说休闲是产生创意的条件，那么休闲与审美并非彼此孤立的事件，审美本身就是休闲的核心内涵与高峰体验。潘立勇先生等曾断言："休闲是人的理想生存状态，审美是人的理想体验方式。休闲之为理想在于进入了人类的自在生命领域，审美之为理想在于进入了生命的自由体验状态，两者有着共同的前提与指向——自在生命自由体验。审美是休闲的最高层次和最主要方式。"①的确，虽然不是所有休闲活动都有审美因素，但事实证明，审美体验才是休闲体验中最令人满意的高峰体验，是其最有价值的部分。在某知名高校的一项社科项目调查中，休闲体验被分为情绪体验、审美体验、健康体验、认知体验、个人价值体验和全体关系体验六类。而问卷显示，审美体验满意度的单项得分最高。② 这也在某种程度上解释了为什么凡勃伦（Thorstein B. Veblen）在对有闲阶级的炫耀性消费进行批评的同时，倡导休闲生活采取一种"非物质"（"准学术"或"准艺术"）的方式进行，以满足人在精神上、审美上、文化上的需求。综上，营造休闲氛围与休闲空间本身也离不开审美。

再从创意产业自身的属性来说，我们发现，《英国创意产业路径文件》中13个行业被确认为创意产业，大多数行业也与审美有着直接的关系。《澳大利亚文化和娱乐分类》将创意产业分为四大类，其中遗产类和艺术类均涉及审美。前文所提到的日本创意产业中的休闲娱乐产业，其包括的许多具体项目既和休闲相关，也和审美相关。而日本创意产业中的时尚消费产业（主要包括时尚设计、美容、化妆品

---

① 潘立勇、陆庆祥：《中国传统休闲审美哲学的现代解读》，载《社会科学辑刊》，2011年第4期。
② 王娟、楼嘉军：《城市居民休闲活动满意度的性别差异研究》，载《华东经济管理》，2007年第11期。

等),更是直接和审美相关。我国当代业内专家也指出,"创意产业有四个本质特征:第一是基于个人创意和创意阶层,是一种智慧产业、知识产业、版权产业和审美产业"①,"文化艺术产品是文化工作者思想感情、审美观念和艺术水准的结晶,……决定文化商品价格的主要不是它的物质载体,而是它本身所具有的思想内涵和审美价值"②。这也就是说,创意产品本身常常是审美的对象。从我国现实情况来看,据李朝鲜、方燕等著的《北京文化创意产业集群效应研究》,2013年北京文化创意产业中艺术品交易这一领域的收入增长速度最快,增速达到55.7%,旅游、休闲娱乐和文化艺术两个领域的收入增长率紧随其后,分别为13.6%和12.9%。通过比较还发现,仅有艺术品交易和旅游、休闲娱乐两个领域的收入增长速度高于文化创意产业的整体收入增长速度。这也充分证明了创意产业越来越具有艺术性或审美性质。可以想见,营造审美的城市环境,既可以提高市民的休闲质量,更可以为创意产业提供审美素材和艺术资源。而在一个环境单调平庸、缺乏美感的城市空间中,则很难想象可以创造出审美产品。美国著名社会哲学家、城市城市规划学家刘易斯·芒福德(Lewis Mumford)在谈到未来城市时早就提醒我们:

> 不要把工作仅限于今天狭窄的视野,而是预见到在我们整个集体都可获得的范围之内更高的生活标准——要求空间和美,而不仅仅是经济性。……一个城市的核心,它满足了对于集中化的需要,对于开敞性的需要,以及对集体秩序和美感的需要:一个在其中个体多种需求与公共生活互相之间能够得到有效协调的环境。
>
> ——《城市文化》第七章《新城市秩序的社会基础》③

---

① 向勇、周城雄编著:《中国创意城市(上):创意城市发展研究》,新世界出版社,2008年版,序言第1-2页。
② 向勇、周城雄编著:《中国创意城市(上):创意城市发展研究》,新世界出版社,2008年版,第209-210页。
③ [美]刘易斯·芒福德:《城市文化》,宋俊岭、李翔宇、周鸣浩译,中国建筑工业出版社,2009年版,第482页。

在全球范围,对于创意城市而言,审美环境成功的例子比比皆是。例如,美国纽约市中心,有著名的中央公园(Central Park)。这个占地340万平方米的巨型绿地公园,是世界上最大的人造自然景观之一,被称为纽约的后花园。在纽约人长期的精心保护下,园内拥有优美的景观和良好的生态系统,分布着大大小小的池塘和树林,栖息着几百种鸟类,吸引着无数创意者在这里游览、娱乐、休息和构思。又如以创意产业闻名全球的城市香港,在1991年所修订的城市规划条例中,就明确地规定了非建设性用地的组成,包括景观保护区、生态敏感区、郊野公园、绿带等。审美环境可分为自然审美环境和艺术审美环境,后者也是至关重要的。某学者在谈到英国创意产业迅猛发展的原因时指出:

> 英国是一个历史悠久,文化积淀深厚的国家,文化的气息深入到这个国家的每一个角落、每一个家庭的日常生活中,成为一种象征,一种渗透到民族骨子里的气质。英国的传统农业文明和现代工业文明都非常发达,孕育出丰富多彩的民族文化。一说到英国,就会联想到的是经久不衰的莎士比亚戏剧、耳熟能详的世界级名作家和诗人夏洛特、狄更斯、拜伦、雪莱以及他们广为传诵的名作、震撼人心的威斯敏斯特大教堂、随风摆动的苏格兰短裙和悠扬的风笛、心神向往的中世纪风情城市爱丁堡,等等。这些得天独厚的文化资源是英国文化创意产业发展的巨大优势,给英国文化创意产业发展提供了一个良好的平台和强大的基础支持,是英国文化创意产业强大竞争力的有力保证。①

显然,英国创意产业充分利用了本国丰富的传统艺术审美资源,或者说,富有民族特色的审美资源给他们的创意产业提供了生长环境。此外还有人认为,澳大利亚所具有的丰富而独特的自然风光、风土人情、土著文化、多元民族、古老和现代艺术等自然资源和文化资源,为其创意产业发展提供了有利条件。利用审美资源,

---

① 聂聆:《中国创意产业贸易发展研究》,人民出版社,2015年版,第243页。

无疑是英国和澳大利亚发展创意产业的成功经验。因此，审美氛围对创意环境的影响也得到了理论和实践的双重证明。

此外，默克塔瑞、艾伦萨洛蒙和苏桑（Mokhtarlan, Iian Salomon & Susan）根据休闲动机将休闲分为六个概念性的类型：体育锻炼；精神锻炼；学习；审美或创意制作；社交；地位或自我认同的提高；放松，暂时逃避。[①] 汀斯里和艾迪瑞直（Tinsley & Eldredge）列出一份含有 82 种休闲活动的清单，并通过聚类分析将这 82 种休闲活动分为 12 类，其中就有"创意"活动（烹饪、绘画等）一类。[②] 在联合国制定的《国际标准行业分类》第 4 版中，将主要的娱乐休闲活动归类到"艺术、娱乐和文娱"这一大类当中，其中包括创意、艺术及文化娱乐的活动。[③] 以上种种，也都足以说明休闲、审美和创意三者实为你中有我、我中有你的关系，相互融合而密不可分。

其实也不难发现，休闲、审美、创意，三者之所以能翩然相遇，原因就在于它们的本质都是"自由"。如果说，创意需要自由是显而易见的，那么休闲的本质恰恰就是自由——"休闲和自由一般被认为是同类概念，休闲的各个范畴几乎没有不具备自由性质的"[④]。而作为休闲的最高层次的审美，其本质也是自由。正如黑格尔所言："审美带有令人解放的性质，它让对象保持它的自由和无限……无论就美的客观存在，还是就主体欣赏来说，美的概念都带有这种自由和无限。"[⑤]

《孟菲斯宣言》向我们倡导："致力于提升地域品质。尽管来自环境和历史的特色如气候、自然资源、人口等很重要，但是其他的关键特色如艺术与文化、开放、环保的空间、充满活力的城市中心和学习中心等都能够进行营造和加强。这样做能够带来更多机会，使创意发挥应有的效用，从而令社区比以往更加富于竞争力。"无

---

① Mokhtarlan, Iian Salomon, Susan. *The impacts of ICT on leisure activities and travel: A conceptual Exploration.* Transportation, 2006, (33): 263–289.

② Howard E. A. Tinsley, Barbara D. Eldredge. *Psychological Benefits of Leisure Participation: A Taxonomy of Leisure Activities Based on Their Need-Gratifying Properties.* Journal of Counseling Psychology, 1995, 42(2): 123–132.

③ 中国标准化综合研究所：《国际标准行业分类》（第 4 版），商务印书馆，2002 年版，第 112–135 页。

④ 马谊妮、姜芹春：《休闲旅游与休闲型旅游目的地研究》，云南大学出版社，2013 年版，第 51 页。

⑤ [德]黑格尔：《美学》（第 1 卷），朱光潜译，商务印书馆，1949 年版，第 147 页。

疑,这里就涉及休闲和审美问题。佛罗里达在《创意阶层的崛起》一书中也认为,创意阶层的存在是与特定的社会、人文环境相关的,在他们集聚的区域会形成一种独特的文化情调和生活方式,比如:洋溢咖啡馆、街头音乐家、小画廊和小酒馆混合风情的街头文化;有咖啡馆、餐厅、酒吧、小画廊、书店、小剧场等混合的文化空间;有源自历史建筑、街坊感情和独特文化景观的美学感。这也告诉我们,创意环境的形成与休闲和审美密切相关。而反观我们的现实生活,却往往和休闲与审美渐行渐远。有学者发出这样的拷问:

> 为什么越是现代化,居民出行、交友、身心放松地在街上散步的自由却越少、越困难?个人生活受到外界的干扰(比如噪音、城市热岛效应、污染、犯罪)等越来越大,而且还无可奈何?人与人的防范心理加强,人际关系越来越疏远?人变得离自己越来越远,人与自然不仅不能融为一体,连交流也变得十分困难,城市中人为的自然,仿佛只是一种点缀,只能看不能动?生长在这种钢筋水泥建筑海洋里,玩着游戏机长大的孩子们,根本无法体验大自然带给人的快乐,以及人与自然交流所激发出来的创造性。……毫不夸张地说,现代城市环境正在使现代化城市人迅速异化。[1]

其实,以上所言就是休闲审美与创意环境的问题。它正日益制约着创意阶层的从业选择,也日益影响着创意产业的健康发展。

第三节 本书思路:三维视角与三个层面

综上所述,本书试图解答以下问题:创意阶层需要什么?创意环境如何构建?创意城市如何打造?结合创意的性质和时代特点,我们认为,要从休闲和审美两方

---

[1] 王颖:《城市社会学》,生活·读书·新知三联书店,2005年版,第153页。

面出发,才能为创意提供良好的外部条件。

接下来的问题是,采用怎样的思路进行具体阐释?本书的主要理路是:从休闲学、美学和文化创意理论三维视角出发,对创意城市、创意园区和创意人才三个层面进行分析。

首先得谈谈所谓"休闲学"(Study of Leisure)。由于认识到休闲与人类文明、社会进步的重要关系,认识到休闲理想与社会现实的矛盾,西方在一百多年前就已经正式开始了"休闲学"研究。鉴于古希腊思想家亚里士多德对休闲问题早有理论探讨,他被誉为"西方休闲学之父"。1899 年,美国著名经济学家托斯丹·凡勃伦出版了名著《有闲阶级论》。由于这部书讨论了休闲与经济的关系问题,故而被视为现代休闲学诞生的标志。凡勃伦也因此被称为"美国休闲学之父"。凡勃伦之后,荷兰的约翰·赫伊津哈(Johan Huizinga)、德国的约瑟夫·皮珀(Josef Pieper)也被认为是享誉世界的现代休闲学者。当代的后继者则有以美国的约翰·凯利(John R. Kelly)、托马斯·古德尔、杰弗瑞·戈比、克里斯多夫·爱丁顿(Christopher Eddington)、加拿大的罗伯特·斯特宾斯(Robert Stebbins)、法国的罗歇·苏(Roger Sue)、英国的肯·罗伯茨(Ken Roberts)等为代表的一大批当代知名学者,世界休闲组织(World Leisure Organization)等国际性权威机构也应运而生。

相比之下,我国休闲学的开展已落后了很多。不过值得欣慰的是,改革开放以来,西方休闲学理论不断得到译介,国内学术界纷纷响应,逐步掀起了"休闲学"研究热潮。相关论文、专著如雨后春笋不断涌现,截至 2019 年 1 月 23 日,以"休闲"为主题字段输入中国知网,1979—1999 年共发表相关论文 1 408 篇,2000—2009 年共发表论文 15 491 篇,2010—2018 年共发表论文 39 747 篇,可见数量巨大,并呈直线上升趋势。就专著而言,2000 年,云南人民出版社首先推出了成思危等主编的"西方休闲研究译丛"共 5 本(包括杰弗瑞·戈比的《你生命中的休闲》和约翰·凯利的《走向自由——休闲社会学新论》),在国内学术界引起了热烈反响。近年来,被引入的国外译著一直络绎不绝,而国内学者撰写的休闲学专著也不断得到出版,保守估计也至少在百种以上。

同时,我国休闲学相关研究机构也纷纷成立,例如 1995 年成立的"北京六合休闲文化策划中心",成为国内最早从文化哲学角度研究休闲的民间学术机构。2002年,中国艺术研究院中国文化研究所成立了"休闲文化研究中心"。2007年4月,国内首家省级休闲文化研究机构"四川省休闲文化研究会"成立。同年11月,"中国自然辩证法研究会休闲哲学专业委员会"成立。这其中,最值得一提的是2002年世界休闲组织、浙江大学、杭州市政府等联合发起成立的"浙江大学亚太休闲教育研究中心"(APCL)。它以浙江大学庞学铨教授为中心主任,凝聚了楼含松、潘立勇、王玲玲、刘慧梅、黄健、何春晖、周玲强、周永广、蒋岳祥等一批高素质的休闲学人才。2007年,浙江大学在哲学一级学科下设置了国内第一个休闲学博士点和硕士点,由APCL负责办学和管理,并于次年招生。截至2016年7月,APCL已招收了休闲学硕士24人(含外国留学生3人)、休闲学博士20人,博士后3人,企业博士后10人,可谓人才济济。由以上机构发起组织的相关研讨会,也持续不断地在全国各地频繁召开。

近年来,休闲学研究开始频繁出现在国家社科基金和自然基金项目之中。据笔者初步统计,2011—2018年获得国家社科基金立项的项目中,标题中含"休闲"关键词的约有40余项(其中还包括重点项目);2011—2018年获得教育部人文社科基金的立项中,标题中含"休闲"关键词的也大约共有35项。至于在省级、市级、校级立项的休闲研究类课题,则更加不可胜数。可以说,休闲学研究已得到学术主流的认可。因此,用休闲学理论来进行本书的研究,乃是顺理成章之事。其中,约翰·凯利的休闲与创造的关系理论、赫伊津哈的游戏理论等,尤其成为本书的重要借鉴。

第二个视角是美学。较之"休闲学",美学是一门古老的学科,但由于其现实指向性,它能够不断结合现实生活而加以发展和创新。近年来,"生活美学"在我国得到广泛讨论和研究,这是美学从象牙塔走向现实生活的可喜现象。我们认为,创意产业所需要的美学,不是抽象的本体论层面的思辨性美学,而正是来自生活而服务于生活的生活美学。正如祁述裕所指出的:"推进创意设计与实体经济融合不仅要在传统产业领域倡导创意引领和创新驱动,在市场方面推进跨界融合和多元并存,而且要在生活领域贯彻美学理念……"①,"当前,转变经济发展方式,扩大消费,均需要为回归生活美学原则提供支持。只有当经济社会转型与日常生活结合,为普通民众接受,政策效用才能最大化。以生活美学为基本原则的审美规范,强调美学体现在日常生活中,体现在衣食住行的各个方面"②;还有人提出:要把文化创意产业提升到生活美学的高度。……一是用"生活美学"链接大众市场,从而打破文化创意产业的小众化市场局限;二是用"生活美学"吸引多层次人才参与文化创意旅游的创新创业,从而突破文化创意产业设计化的人才局限;三是将"生活美学"的理念贯彻创意设计、创意生活、创意休闲各领域,从而延展文化创意产业链园区化的空间。③故而,美化日常生活环境,挖掘民间审美元素,保护艺术家群落,培育普通市民的审美意识等的相关理论和实践,均成为本书重点关注的内容。

第三个视角是文化创意理论。由于该理论发源于西方,故而本书多关注国外相关代表人物的理论。举凡美国城市洛杉矶学派的"城市便利论",佛罗里达的"3T"理论,以及彼得·霍尔、查尔斯·兰德利、汤姆·坎农、安迪·普拉特等人的文化创意理论乃至《孟菲斯宣言》的相关思想等,都为本书所借鉴。此外,尽管刘易斯·芒福德、埃比尼泽·霍华德、沃伦·汤普森等在发表其城市理论时尚未出现创意城市、创意产业等概念,但这些理论对本书依然有着积极的启发意义,故而我们也多有采用。同时,国内近年也涌现了一批研究文化创意产业的专家,如易华、向勇、周城雄、莫健伟、崔德炜、褚劲风等,本书对他们的专著(或主编的著作)中的一些相关论断也有所采纳。

最后再谈谈本书的研究对象。创意环境是本书的主要研究对象,不过它是一个抽象概念,必须加以具体化,即在什么层面加以言说的问题。据《中国城市化率统计数据(1949—2016)》显示,中国 2016 年的城市化率为 57.35%。而发达国家

---

① 傅才武、许启彤主编:《文化创意、产业融合和城市发展——2014 年长江文化创意设计与相关产业融合发展学术研讨会文集》,中国社会科学出版社,2015 年版,第 55 页。

② 傅才武、许启彤主编:《文化创意、产业融合和城市发展——2014 年长江文化创意设计与相关产业融合发展学术研讨会文集》,中国社会科学出版社,2015 年版,第 58 页。

③ 王慧敏、王兴全主编:《上海文化创意产业发展报告(2015—2016)》,社会科学文献出版社,2016 年版,第 246-247 页。

则高于这个数字。即是说,如今多数人已居住在城市之中。而目前的创意阶层,也大多倾向于集聚在大城市之中。城市代表了一种文化资源、人力资源等在内的资源集中性。马克思和恩格斯早就对城市问题有过较为精辟的阐述。他们在《德意志意识形态》中写道:"城市本身表明了人口、生产工具、资本、享乐和需求的集中;而在乡村里所看到的却是完全相反的情况:孤立和分散。"①创意产业是一种脑力劳动,一种精神性生产。马克思和恩格斯把精神劳动的高贵职责赋予了城市。他们在《德意志意识形态》中发人深省地写道:"物质劳动和精神劳动的最大的一次分工,就是城市和乡村的分离。"②可见,发展精神活动的职能应主要由城市而不是乡村来承担。故而,本书拟以城市为主来展开相关论述。

芒福德睿智地把城市看成一个生物有机体,认为它能够产生各种文化产品,孕育各种创新和创意:

> 城市这个环境可以促使人类文明的生成物不断增多、不断丰富。城市这个环境也会促使人类经验不断化育出有生命含义的符号和象征,化育出人类的各种行为模式,化育出有序化的体制、制度。城市这个环境可以集中展现人类文明的全部重要含义;同样,城市这个环境,也让各民族各时期的时令庆典和仪节活动,绽放成为一幕幕栩栩如生的历史事件和戏剧性场面,映现出一个全新的而又有自主意识的人类社会。
>
> ——《城市文化》导言③

城市是自然界万般事实中的一种;从这个概念上说,它与一处洞穴、一串游弋的鲭鱼或者一座蚁冢,并无差别。但是,它同时又是一个有灵性的艺术品,在它的共享的社会框架内,包含有众多比较简单、比较个性化的艺术形式。人类的精神思想是在城市环境中逐渐成形的,反过来,城市

---

① [德]马克思、恩格斯:《马克思恩格斯全集》(第3卷),人民出版社,1960年版,第57页。
② [德]马克思、恩格斯:《马克思恩格斯全集》(第3卷),人民出版社,1960年版,第56-57页。
③ [美]刘易斯·芒福德:《城市文化》,宋俊岭、李翔宇、周鸣浩译,中国建筑工业出版社,2009年版,第1页。

的形式又限定着人类的精神思想；因为空间——像时间一样——同样在城市环境中被艺术化地予以重新安排着……建筑物的穹窿，尖塔，轩敞的大道，幽秘的庭院，都讲述着这样的故事，不仅讲述着城市的各种不同的物质设施，还讲述着有关人类命运的各种不同观念和思想。……所以，如同人类所创造的语言本身一样，城市也是人类最了不起的艺术创造。

——《城市文化》导言①

可见，城市环境对创意能否产生，以及如何产生具有决定性作用。据此，我们认为以城市为对象来研究创意环境较为合适。没有创意环境的城市，就是芒福德所言的"死亡城市"（Necropolis）；而具备了良好创意人才生态环境的城市，就是创意城市。

我们认为：创意城市必须首先是休闲城市和审美城市。我们所关注的就是，一个城市应如何通过培育休闲与审美的氛围，打造休闲与审美的空间来留住创意人才，为其创意思维的产生提供土壤？换句话说，也就是一个城市应如何通过提升休闲和审美，而成为集聚创意人才的创意城市？

此外，当前城市里日益诞生创意产业集群（创意园区）。如果说城市是创意产生的大环境，那么创意产业园区就是创意产生的"小宇宙"。如何打造创意园区，为创意阶层创造良好的生态环境，也自然成为本书所讨论的主要话题。最后，考虑到创意阶层这个核心主体，如何在城市中以休闲氛围和审美空间来熏陶、教育市民，为未来培养更多的创意人才，也在本书讨论之列。故而从研究对象来说，创意城市、创意园区和创意人才，成为本书所分析的三个层面。

由此，本书将以休闲学和美学的双重视角，探索创意环境的理论与实践。第一章至第五章，主要以创意城市为大环境，研究休闲与审美的关系。具体而言，第一章讨论宽容、开放的政治氛围与宽松的政策对于创意城市的重要性，并展示宽容所

---

① ［美］刘易斯·芒福德：《城市文化》，宋俊岭、李翔宇、周鸣浩译，中国建筑工业出版社，2009年版，第4页。

成就的创意区域之案例;第二章讨论多元文化对创意城市的意义、反映多元文化的两种指数、文化碰撞与草根文化的重要性;第三章讨论如何打造理想的城市休闲空间,如何合理规划城市的规模与布局,以及营造游戏空间、微空间等具体问题;第四章讨论自然美对创意的激发作用,反思破坏城市生态与景观的行为,列举当前创意产业利用自然美的成功案例并思考城市应如何保护、营造自然美;第五章讨论艺术美(建筑审美、表演艺术审美、非遗审美)、艺术家群落对创意的贡献,反思破坏城市人文景观的行为,以及探讨城市应如何保护、开发、利用艺术美资源,如何培育、营造艺术美氛围,如何利用艺术家群落以促进创意产业。第六章与第七章,主要以创意集群(创意园区)为着眼点,研究休闲、审美与创意产业的关系。具体而言,第六章讨论创意园区应如何选址,以及如何在园区内部营造休闲氛围,构建休闲空间;第七章专门讨论作为艺术美特殊形态的工业遗产审美与创意的关系,以及如何利用工业遗产打造创意园区。第八章,主要针对一般市民,从具体途径来讨论如何通过休闲教育和审美教育提升市民素质,扩大创意人群,并专门涉及博物馆和博览业建设。

21世纪标志着创意经济之潮的来临。2004年12月15日美国竞争力委员会(the Council on Competitiveness)在《创新美国:在竞争与变化的世界中繁荣》(*Innovate America: Thriving in a World of Challenge and Change*)报告中指出:"21世纪是创造力的世纪。创新和创意是美国的灵魂,是确保其在21世纪领导地位的非常重要的手段。"报告认为,21世纪比以往更加重视创造。劳动者和消费者都面临着新的意识、技术和创新内容,他们被要求有更多的创意。

光阴如白驹过隙,时不我待。城市的发展应该适应这种潮流,抓住机遇,为创意阶层提供发展的最佳空间,以此来吸引创意阶层,从而推动一个地区或一个城市的经济繁荣。愿本书能为这一伟大的事业贡献绵薄之力。

第一章
宽容政治与创意城市

正如兰德利所认为的,进入创意时代,文化从经济发展的边缘向核心位置转移,地区发展很大程度上取决于对文化和人才的包容性、同情心。具有包容性的文化环境等非正式制度代表了一种正外部性,它能为创意和创新活动提供平台。美国城市社会学的洛杉矶学派(L. A. School)在20世纪90年代提出"城市便利论"(Urban Amenity Theory),认为城市发展的推动力在于受过高度教育的劳动力向便利性高的城市——富于宽容度、多样性、有多种生活方式可供选择的城市——集中的趋势。作为"城市便利论"的支持者,佛罗里达指出,创意阶层的重要特点之一就是尊重与发展个性,喜爱开放和多样化的社会环境,这一点反映在国家政治层面就是:"每一个国家都需要为创意活动提供广泛的支持,并且推出政策来让更多的公民进入创意产业……在创意经济中,任何一个不能持续地构建创意优势的国家都将被甩在后面。"[①]

休闲的环境是创意产生的基本条件,它首先需要国家层面有一种宽容的政治氛围作为保障。宽容是一种正能量。只有在政治的宽松与容纳下,主体才可能具有休闲的心态,自由、开放地从事创意活动;也只有在政治宽容和政策宽松的国度里,才有可能出现创意城市。纵观当今世界,凡是创意产业集中的城市和地区,无不是在宽容政治的春晖之中、休闲放松的心态之下,喷薄着各种奇思妙想。反之,

---

① [美]理查德·佛罗里达:《创意阶层的崛起》,司徒爱勤译,中信出版社,2010年版,第34页。

没有一个自由思维、自由表达和自由讨论的环境,创意思维就会被压抑,就没有发展的机会。但凡政治氛围封闭、保守的地区,创意产业也就很难产生。

第一节　中国 VS 西方:宽容与休闲方式

在汉语里,"闲"字构词能力极强,可以和许多词搭配成为新词。而每当它与另一个词搭配时,也常能从某一侧面说明"闲"的本质含义。例如,当"闲"与"安"搭配时,表明"闲"是一种心灵的安稳放松状态;而当"闲"与"趣"组合时,则表明"闲"是一种愉悦的感受。在谈到休闲与创意问题时,我们的脑海里自然闪现出了"闲"与"宽"的组合。事实上,"宽闲"是古代汉语的常见词汇,这一用法至迟在汉朝就已出现。例如,东汉郑玄将《诗经·郑风·溱洧》中的"女曰观乎"一句解释为"欲与士观于宽闲之处"(《毛诗传笺》)。

的确,"宽"在某种程度上是"闲"之成立条件:"宽"方能得"闲",得"闲"也就意味着环境的"宽"。如果没有宽容的风气,处处受到限制或歧视,则休闲不可得,至少难以尽兴。创意人才由于自身的特点,常常会更注重娱乐、休闲、艺术类活动,尤其喜欢一些另类的,带有刺激性、冒险性、彰显个性的活动,如泡吧、攀岩、街舞等。如果城市风气不够宽容,就会阻碍创意人才的进入。我国创意产业的发展起步较晚,和对休闲的理解与现实态度不能说完全无关。

长期以来,由于某种"正统"观念的影响,"休闲"二字在国人的词典中一直带有贬义色彩。我们总是习惯性地将"休闲"与"游手好闲""好逸恶劳"联系起来,而忽视了它作为一种实现自我价值之生活方式的正当性,以及作为民族、国家的文化之基础的重要性。而西方文化自古希腊哲学家开始,就一直高度重视休闲对于个人成就与社会文明的价值。总体上,我国传统观念把光天化日之下做的事称之为"正事",把关起门来所做的事称之为"闲事",二者是相对立的概念——"正事"是大多数人公认的"光明正大的事情""应该做的事情""正确的事情";"闲事"则被认为是"上不了台面的"乃至"见不得天日的",去做这些事情是很不值得的,也是一般被人看不起的。"正事""闲事"的价值判断可谓泾渭分明。中国传统文化主流仅仅把休闲看作人的自然欲望,认为它必然与"道"相违背。《尚书·旅獒》中就有"玩物丧志"的说法,宋代理学家程颐甚至提出"子弟凡百玩好皆夺志"(《端伯傅师说》,《河南程氏遗书》卷第一)的极端观点。故而,传统对休闲的态度一直强调"以道制欲"(《荀子·乐论》),认为仅有主动追求(至少是客观符合)社会道德规范和有利于个人修养的休闲方式才值得肯定。而西方文化则普遍认为休闲是上帝赋予人的神圣权利,休闲、游戏对个人来说是快乐的源泉,对社会来说是孕育文明进步的契机。在他们眼中,休闲无禁区,能够满足个人快乐需要的活动只要不妨害社会都应该被积极肯定。

故而,西方人的休闲活动强调个性,追求快乐,通过丰富的拓展活动、冒险活动来挑战极限,彰显自我。泡吧、摇滚、滑板、攀岩、蹦极、赛车、冲浪等休闲活动均源于西方。而由于传统上对于休闲持有保守、封闭态度,中国人的休闲伦理总是强调休闲要合乎礼,崇尚静,并反对冒险,导致活动方式枯燥单一且缺乏活力。在南宋民间休闲中,曾有弄潮之风俗,可惜遭到官方的禁止。据吴自牧记载,弄潮者被政府称为"无赖不惜性命之徒"而受到制裁:

> 其杭人有一等无赖不惜性命之徒,以大彩旗,或小清凉伞、红绿小伞儿,各系绣色缎子满竿,伺潮出海门,百十为群,执旗泅水上,以迓子胥弄潮之戏,或有手脚执五小旗浮潮头而戏弄。向于治平年间,郡守蔡端明内翰见其往往有沉没者,作《戒约弄潮文》云:"斗、牛之外,吴、越之中,惟江涛之最雄,乘秋风而益怒。乃其俗习,于此观游。厥有善泅之徒,竞作弄潮之戏,以父母所生之遗体,投鱼龙不测之深渊。自谓矜夸,时或沉溺,精魄永沦于泉下,妻孥望哭于水滨。生也有涯,盍终于天命;死而不吊,重弃于人伦。推予不忍之心,伸尔无家之戒。所有今年观潮,并依常例,其军人百姓,辄敢弄潮,必行科罚。"
>
> ——《观潮》,《梦粱录》卷四

在这则案例中,中国人保守、求稳的心态表现得十分明显。现代学者楼嘉军不无感慨地说:"历史的发展终究没能让'弄潮'这项水上活动成为现代冲浪或其他形式的水上极限娱乐活动的先驱。虽然,每当我们议论起古代的休闲活动主题时,会令我们感到不少遗憾,可是古代中国休闲活动主题发展过程中所产生的这种现象,确实反映了社会历史发展进程中的某种必然性,揭示出农耕经济对社会休闲活动的发展所产生的严重的束缚作用,进而使我国古代休闲活动的主题难以随历史演进而得到与时俱进的升华。"[①]在传统保守观念的影响下,现代中国人的休闲方式长期以来一直以"一杯茶,一支烟,一张报纸看半天"的平稳作风为其典型写照,缺乏生机与活力。《孟菲斯宣言·纲领》的第五条"重视冒险精神"鼓励人们由"不做"到"敢做",勇于迎接挑战,挑战传统思维,第六条鼓励人们"敢于与众不同"。这种倡导,看来并非空穴来风。

在休闲时代到来的今天,"休闲学"被学术界从西方引入,"休闲"观念成为一种时尚而被热议。然而,历史的惯性仍然导致休闲受到各种因素的影响,包括历史的、现实的、主观的、客观的因素。纵观我国十三亿人口,休闲观念和休闲方式存在着很大的差异。很多人(尤其是一些老年人、老干部)常常局限于自己的角度看问题,总觉得某种休闲方式(如喝茶、看报)是应该的、合理的,甚至是唯一正确的,而另外的休闲方式(如夜生活、交谊舞、八分钟交友、网上交友、攀岩、蹦极、摇滚、灵修、按摩等)似乎就很有问题,甚至是不可思议的。于是,经常会有一些应该如此如此,不应该如此如此的关于休闲的先入之见或说教,以一种排他的态度来对待"另类"的休闲方式。

实际上,每个人的休闲观念、休闲方式往往不是全面的而是带有成见与偏好的。这种成见与偏好,既来源于一个人所生存的文化环境、社会角色、自我认同、经济条件和以往的生活经验,同时也反映了休闲活动的主体特性,折射出主体差异。加之文化传统和现实因素的影响,社会各群体往往又是有意无意地去捍卫某些休闲方式,而排斥另外的休闲方式。如此一来,一些人就自然而然地会觉得某些休闲

---

① 楼嘉军:《休闲新论》,立信会计出版社,2005年版,第17页。

方式是好的,而另外的休闲方式似乎就不怎么好,并以自己喜欢的方式去排挤别的休闲方式。其实,各种体验因人而异,只要不违反法律和伦理道德,很难说哪一种休闲方式更为优越。对休闲方式的不宽容,于创意环境的健康发展有害而无益。有学者指出:

> 休闲不仅是一种体验,也是一种自由。这种自由不仅仅是从束缚下解放出来的自由,而且是探索的自由。既然是这样一种自由,就意味着休闲应该有一个相对开放的空间,允许进行各种各样的尝试,使人从各种尝试中去重新有所发现、有所创造、有所感悟,不能认为在某一社会条件下,休闲的内容、方式、意义似乎都已经给定,无须再进行新的尝试,也不会有新的意义。事实上,许多新的休闲方式,都是那些不那么"安分守己"的人有意无意之中"玩"出来的。……所以,要促进休闲社会的全面发展,创造日益丰富的休闲方式和休闲内容,需要创造一种宽松的伦理氛围,形成一个具有广泛包容性的社会生态,承认生活方式和休闲方式的多样性及选择的多元性,尊重彼此的生活习惯、个人爱好和价值选择,这样,全社会的休闲生活才会丰富和生动起来。更重要的是,一种宽松的社会氛围是休闲的社会基础,因为它与人们的自由相关。只有享有充分的自由,才会有真正高质量的休闲。[①]

休闲和个人自由、自主是密切相关的,没有自由就无所谓休闲。因此,需要发展对个人权利和自由给予充分的尊重和保障的休闲文化,防止公共权利过多地渗入个人生活的空间。防止有些人以各种堂而皇之的理由干预和控制别人的私人生活,侵犯个人的合法权利。另外对个人合法的生活方式、享乐方式、交往方式,应该创造宽松的环境,给予多样的选择自由,要杜绝"大一统"的思维模式,摒弃非此即彼的机械思维,少指责一些"异端",多一分宽容和包涵,创造一种民主、和谐、宽松的社会氛围,把

---

① 罗伟:《闲雅与人生:休闲的伦理学考察》,经济日报出版社,2008年版,第98页-99页。

各种人的利益和生活方式实现好、维护好、尊重好。有必要达成一种关于以伦理谅解为前提的共同生活基础的最低共识,并寻求一种能经受住不同生活态度和行为方式之间张力的政治文化,只有这样,人们才能各得其所,各取所好,在一个彼此尊重,充满多样性的社会中实现多元共存,自由自在地幸福生活。①

显然,对休闲活动而言,国人的伦理观念也需要与时俱进。因为即使是人类伦理也并非是一成不变的。早在1928年,胡适就曾在《科学的人生观》一文中指出:"照生理学、社会学来讲,人类道德、礼教也是变迁的。……以二十年、二百年或两千年以前的标准,来判断二十年、二百年、两千年后的状况,是格格不相入的。"②在"男女授受不亲"的古代,交谊舞是不可想象的,而现在则司空见惯。从总体风气而言,在当代的国内城市中,南方城市比北方城市在休闲观念上更为前卫和开放,人们的休闲活动也更为丰富多彩。笔者比较了历年各类"中国十大休闲城市"排行榜,上榜的城市大多数为南方城市,尤其是东南沿海城市。而事实也证明,创意产业也是在这个地域发展得较好。创意人才能留在这一带安居乐业,与当地宽松、时尚的休闲氛围不无关系。

第二节 唐宋 VS 明清:宽容与文化命运

没有宽容的环境,就没有丰富多彩的休闲方式;而对于现代创意产业来说,如果没有宽容的环境,"头脑风暴"(brain storm)也将难以呼啸而来。创意在产品形态上的特点就是:特别关注自身的独特性和差异性。这一特点必然要求创意者本身具有独特不群的个性,自由奔放的思维,也必然要求全社会为创意阶层提供宽容

---

① 罗伟:《闲雅与人生:休闲的伦理学考察》,经济日报出版社,2008年版,第212页。
② 胡适:《中国文化的反省》,华东师范大学出版社,2013年版,第120页。

的工作、生活环境。正如佛罗里达所言:

> 创意人才是高度流动的。……一些地区吸引和调动创意人才的能力强,而另一些地区的能力较弱,究竟是哪些内在条件或者说人才生态体系特征决定了这一能力的大小呢?……一个地区的宽容度和开放度——我喜欢称之为"对外来人士的低门槛"——是一项关键要素。①

显然,宽容才能使人心闲,心闲才能酝酿创意。那么,"宽容"这一习焉不察的名词(也是本章的核心概念)究竟有怎样的内涵,并且具体体现在哪些方面呢?

1925年,荷裔美国作家亨德里克·威廉·房龙(Hendrik Willem Van Loon)出版了一部具有世界影响的书,它的名字就叫作《宽容》(*Tolerance*)。乍看起来,人们很难将书名与世界史著作联系起来。事实上,房龙在书中指出了在人类文明发展进程中,新事物与世间的不宽容所做的长期而艰难的斗争。房龙借此书、此名,大力倡言思想的自由,主张对异见的宽容。该书曾引用《大英百科全书》关于宽容的定义:"允许他人自由行动和自由评议,耐心并不带偏见地容忍与本人或公共舆论相左的意见。"②而细读《宽容》

房龙的名著《宽容》

一书便可发现,房龙所说的宽容主要不是个人之间的大度与谅解,而是一个作为愿景的政治概念。房龙还声称:"总有一天,宽容将会成为法则。"③如今,为实现宽容政治所做的斗争仍在世界各个角落不断继续着。

---

① [美]理查德·佛罗里达:《创意阶层的崛起》,司徒爱勤译,中信出版社,2010年版,第28页。
② [美]房龙:《宽容》,张蕾芳译,译林出版社,2013年版,第9页。
③ [美]房龙:《宽容》(英文版),中央编译出版社,2010年版,第396页。

事实上,英文的"宽容"一词,乃是从法语和拉丁语中借鉴而来的,其最早产生于16世纪西方宗教分裂的历史背景之下,最直接的理解就是对异己信仰的容忍。此后,"宽容"一词被广泛应用到哲学、政治学、社会学、伦理学和经济学等学科中,并形成了许多内涵丰富的思想。

在本书看来,宽容首先是对不同价值观、人生观、世界观所采取的一种兼容并包的政治态度,以及相应而采取的一系列宽松的公共管理制度。胡适曾言:"没有容忍,就没有自由。容忍是一切自由的根本"①,"容忍就是自由的根源,没有容忍,就没有自由可说了。至少在现代,自由的保障全靠一种互相容忍的精神,无论是东风压了西风,还是西风压了东风,都不是容忍,都是摧残自由"②。显然,宽容意味着自由,宽容政治意味着给予自由,而休闲的本质恰恰也就在于体验自由。自由的氛围是孕育创意的基础。因此,宽容与休闲、创意的联系就在于:只有在具有宽容政治的地方,才能营造休闲的氛围,使人通过自由选择、自由组合、自由扬弃而生发出新的思维和创意。创意的过程实际上就是"试错"的过程,没有对错误的原谅和允许,人们就会因为怕犯错而失去创意的动机。

纵观全球大力发展创意产业的国家和大大小小的创意城市,无不是对另类文化和相异价值观持有宽松态度的。因此,所谓"创意城市",从某种程度上来说也即是"宽容城市"和"休闲城市"。佛罗里达和艾琳·泰内格利曾提出"欧洲创意指数",它由"欧洲技术指数""欧洲创意人才指数"和"欧洲包容指数"三部分组成。"欧洲包容指数"包括:1. 态度指数,即调查对少数人群的态度;2. 价值指数,即一个国家将传统视为反现代的或世俗价值观的程度,它旨在调查一个地区的人民对宗教、民族、执政当局、家庭、女权、离婚以及堕胎等问题的取舍和价值取向;3. 自我体现指数,即代表一个国家对待个人权利和自我体现的重视程度。它由一系列提问得出,包括对自我体现、生活质量、民主、休闲、环境、信任、政治异议等的态度,并调查地区内大学演讲、企业论坛、演唱会、竞选周期、选民活动等的次数和规模。

---

① 胡适:《中国文化的反省》,华东师范大学出版社,2013年版,第30-33页。
② 胡适:《中国文化的反省》,华东师范大学出版社,2013年版,第41页。

"欧洲包容指数"评比结果显示,态度指数、价值指数和自我体现指数最高的均为瑞典,而佛罗里达等人在《创意经济的欧洲》报告中得出的最终结论恰恰也是:瑞典是最有创意的国家。2004年,香港大学文化政策研究中心受中国香港特区政府委托而设计出的"香港创意指数",被认为是亚洲研究创意城市提供了一个可供参考的、较为科学全面的方法分析体系。该指数包括创意的成果指数、结构/制度资本指数、人力资本指数、社会资本指数、文化资本指数等几大方面。其中,"结构/制度资本指数"中也包括"言论自由"的内容。以上均可见宽容、自由对塑造创意经济的重要性。

宽容也意味着开放。美国威斯康星大学经济系荣誉教授高希均认为必须掌握四个关键因素:新的社会、新的优先次序、新的机会和新的灵魂。关于"新的社会",高先生解释说:新的社会是指开放的社会;没有开放的社会,就没有新经济。北京大学肖怀德博士在谈到台湾创意产业的成功经验时也说:"自由开放的氛围和市场环境是艺术创作和创意人才集聚的重要保障。"[①]从地方的层面来说,开放、容忍的社会环境,是创意城市必备的条件之一。以欧洲为例,在2015年城市规划评比中,鹿特丹被评为欧洲最佳城市。评委们称"鹿特丹更为年轻、开放、包容的社区环境更能产生创新的建筑、城市设计和新的商业模式"。而瑞典首都斯德哥尔摩之所以成为音乐产业的核心,也归因于开放的创意环境的存在非常适合唱片音乐产业的转包活动(包括全球性的转包活动)。而如果一个城市处处设防,到处是围墙、栅栏、防盗网、摄像头、保安和监控,对于创意阶层来说就显现出一种狭隘、不友好的姿态,容易制造紧张感,窒息灵感的生长。有海外经历的人通常能够发现,西方发达国家的许多城市,大学都没有围墙。人们可以自由地进入,在知识的神圣殿堂里提升大脑,寻找灵感。而近年笔者在我国不少城市想参观一些高校时,却常常有被拒之门外的经历,有时即使出示身份证件也不行。这种经历不但发生在一些边远地区,也发生在苏州这样的大都市。城市应该如何营造开放的姿态?有人的举例

---

① 肖怀德:《从"多元文化"到"创意台湾"——台湾文化创意产业考察透视与案例研究》,载《现代传播》2012年第4期。

不无借鉴意义：

> 行走在堪培拉（按：澳大利亚首都）的每一条街道上，你还会惊奇地发现，这里几乎见不到任何建筑围墙，……市政府有规定，不得在机关、住宅、公共场所建立围墙，于是人们便用花草、树木取而代之，……让全世界的旅游者耳目一新，惊叹之余流连忘返，感觉到这样的城市才是最适合于人们生存的城市。①

从国家的层面说，宽容则意味着打开国门，以博大的心胸，实现同他者的交流。如果固守本民族文化而拒绝同其他文化对话，则为浅陋狭隘，故步自封。封闭性思维的典型特征就是：只认为自己的文化"优秀"，对其他文化都带着"批判"的眼光；只对其他文化一分为二，从不对自己一分为二；只对自己取得的成绩沾沾自喜，不了解也不愿了解他人的进步和成就。封闭的政治格局也会给创意产业带来致命的影响，在保守狭隘的视野中，人们唯有陈陈相因，墨守成规，心态无法洒脱奔逸。创意思维也只能是无源之水，无本之木。

但自古以来，宽容并不是一个容易得到的东西。胡适曾言："在宗教自由史上、在思想史上、在政治自由史上，我们都可以看见容忍的态度是最难得、最稀有的态度。……容忍'异己'是最难得、最不易养成的雅量。"②从房龙的《宽容》一书中可知，对西方文明来说，它几乎一直是一个奢侈品。回顾我国历史，唐太宗倡导"勿上下雷同"的观念，宋太祖规定"不得杀士大夫及上书言事人"，形成了宽容与开放的良好氛围，从而造就了丰富多彩的盛世文化景观。而明太祖"寸板不许下海"的闭关锁国，以及清雍正、乾隆二帝频频发动的骇人听闻的"文字狱"，则导致了近世社会文化的日益衰落凋零。这足以证明，政治宽容与一个国家的文化命运之关系。正如某学者所指出的：

---

① 向勇、周城雄编著：《中国创意城市（上）·创意城市发展研究》，新世界出版社，2008年版，第67页。
② 胡适：《中国文化的反省》，华东师范大学出版社，2013年版，第32－33页。

> 政治本身需要倡导宽容与和解,这自古以来就一直是一种普世性的价值,存在于政治的内核之中。……在现代政治生活中,对不同政治观点和行为的容忍水平,不仅将衡量一国的进步程度,而且将决定这个国家能否适应一个文明世界的生存法则。①

在文化创意产业领域呼唤宽容、宽松的环境,对我国当代具有现实意义。有学者曾指出这样的现象:"我国因为长期将文化生产和消费意识形态化,而形成了监管过严的格局,这一点禁锢了文化创意产业的发展;过分的意识形态化监管还导致我们的文化意识和价值取向的狭隘化,民族意识和阶级意识掩盖了我们对普世价值、人类精神的宣扬和尊重,进而导致我们的文化产品和消费与世界格局的疏离。"②稍有阅历的人无疑会发现,在将意识形态强调到极端的"文化大革命"时期,也恰恰是我国文化创意最低谷的阶段,全国的文化产品几乎只有"八个样板戏"。因此,构建宽容、自由、开放的创意环境,至为重要。这除了有赖于政府、政治家的眼光、心胸之外,提高现代公民素质也同样重要。因此,重视文化教育,尤其是高等教育,是营造开放、宽容的创意环境的有效手段。这是因为,大学是充满理想主义的所在,在这里,师生可以充分享有追求真理、激发思想、探索知识、发展能力的自由和空间。佛罗里达指出:"大学还能够创造进步的、开放的、包容的人文环境,吸引和保留创意阶层成员。……大学可以帮助其所在的地区广泛建立更高品质的社区。"③我国学者也指出:"自由、容忍是大学的传统。大学的开放性、容忍度和自由度,使其成为创意阶级梦寐以求、心向往之的乐土。"④

举凡当前全球的著名创意城市,例如纽约、波士顿、芝加哥、洛杉矶、旧金山、柏林、伦敦、巴黎、东京等,无不拥有一定数量的世界著名大学。可以想见,正是在这种环境下,创意阶层才能够充分地找到知音,获得尊重,寻找到自己存在的意义和

---

① 刘波:《倡导宽容政治与和解精神》,载《经济观察报》,2007年10月15日。
② 易华:《创意人才和创意产业、创意城市发展》,中国物资出版社,2011年版,第71页。
③ [美]理查德·佛罗里达:《创意阶层的崛起》,司徒爱勤译,中信出版社,2010年版,第339页。
④ 向勇、周城雄编著:《中国创意城市(上)·创意城市发展研究》,新世界出版社,2008年版,第174页。

价值。就我国来说,为何创意人才喜欢选择京津沪、长三角、珠三角地区,其中一个原因就是这些地区高校林立,高学历人才众多,因此开放度、宽容度相对较高。以杭州为例,该市拥有以中国美术学院、浙江大学、浙江工业大学等为代表的36所高等院校,早在2008年前后在校生就将近40万,其中与文化创意产业相关的在校生达12万。因此,杭州涌现出以马云为代表的一批"土生型"创意产业领军人物和以姚非拉等为代表的一批"引进型"创意产业领军人物,就不足为奇了。

而在高等教育欠发达地区(如云南、青海、海南等地),创意阶层则较少问津,大规模的创意产业也很难发展。细究起来,部分的原因是:这些地区的高校,不但呈现出教育资源的缺乏,更显示出管理方式的落后。管理阶层很少积极思考如何为了引进人才而创造宽松的环境,反而宁可为了固守一些陈旧僵死的条规而牺牲人才。他们没有注意到大学管理与政府管理的根本差异,根深蒂固的行政化、官本位、科层制,抑制了创新人才的引入和创造性活动的开展。

宽容是城市的基本品格,宽容也是城市的活力所在。"市长最应张扬人的活力。""城市发展的基本单元不单是道路、桥梁,更包括专业人士、技术人才、科学家在内的每一个人。要建设创意城市这朵鲜花,需要一片沃土——良好的工作和生活环境。"——汤姆·坎农在"首届世界大城市带发展高层论坛"上如是说。在此形势下,杭州市某领导在《加快发展文化创意产业 大力提升城市软实力》一文中对全社会做出的如下承诺,无疑可成为我国发展创意城市的某种参照:

> 在打造全国文化创意产业中心的征途上,我们将始终坚持"环境立市"战略,以更宽广的胸怀、更宽容的姿态、更宽松的环境,热忱欢迎国内外各类文化创意企业、创意团队、产业人才以及各类基金来杭投资兴业。①

---

① 向勇主编:《中国创意城市(下):中国创意城市理论与实践》,新世界出版社,2008年版,第55页。

第三节　SOHO：宽容政策成就的创意中心

2004年,针对欧美城市转型发展的特点,佛罗里达曾提出界定创新型城市的3T指标,即人才(Talent)、技术(Technology)、宽容(Tolerance)。他的研究表明,在美国有创造力的人喜欢住在技术、人才和宽松的环境三因素排名很高的城市。

的确,城市是创意产业最集中的区域,对于所喜欢工作和生活的城市,创意人才除了要求舒适宜人的生活环境之外,更渴望宽松的人文环境。因此,对于创意城市来说,最重要的是形成宽容的政治风气,采取宽松的政策和公共管理制度,营造自由、开放的社会氛围。例如,在信息高速公路上,能否减少一些不必要的"路障"？在创意的试验领域中,能否减少一些不必要的"禁区"？城市管理能否更加灵活,减少一些不必要的"规矩"？

长期以来,香港一直号称"自由之都""全球最自由经济体",也因此而成就了其兴盛的创意产业。但邵建伟在近年撰写的《文化创意空间中的公共领域——香港中环公共空间研究》一文中指出:"与其他现代城市一样,香港政府一直为其基础设施建设、管理和经济发展成就感到自豪。但是,这种成就使得香港越来越规范化,失去原有的文化和本土特色以及本土身份,也失去了日常生活的创意。"[①]在他看来,改变这种状况的策略就是避免僵死的控制,多些灵活与自由：

> 近年来,政府不断通过制定各种政策、计划,尝试控制城市空间。立法者与大多数人通常也会遵循理性的发展规划原则。在这种趋势下,日常生活中的多元文化与创意元素显得格格不入,城市空间也因此受到诸

---

① 莫健伟、崔德炜主编:《文化创意空间:艺术与商业的集聚与融合》,社会科学文献出版社,2012年版,第227页。

多限制,变得规范化和程序化。与此同时,已经有一些学者开始不遵循这种趋势,……开始要求我们的城市空间更加灵活(或有更多自由),让人们可以开展自己的生活实践。①

莫健伟也认为,北京市"走入了以各种行政手段加以配置、重整、开发和利用'文化资源',就能产生文化产业链条及释放产业集聚效应的误区。"②因此,在产业及产业园的构建上,能否更尊重创意经济自身的规律,少一些不必要的包办代替?

还有学者认为:"我国现行文化管理体制是政府主导和政府垄断性质的,是一种'微观管理',政府文化管理部门既当裁判员又当运动员,既当管理服务者又当生产经营者,对文化产业缺乏及时有效的管理引导和支持投入。导致文化产品数量有限、质量不高、结构单一、缺乏亲和力。国办文化单位养尊处优,民营文化单位受到歧视排挤,文化中介机构发育不完全,文化产业组织体系不够健全。"③随着创意产业的全球化发展趋势,我国越来越多的有识之士开始思考如下问题:对于创意企业的具体运行而言,在行政管理上能否减少一些不必要的繁文缛节?能否顾及创意企业的行业特点而在相关规定上区别对待?创意产业不同于一般性企业集群的子集。许多创意集群,实际上已经成为融合了文化消费的文化中心而不单是为营利活动服务的。因此,能否不要机械地强迫它们接受同其他产业一样的经济分析?巫志南在《上海文化及创意产业发展研究》一文中指出:

> 文化及创意服务具有跨界特征,与宾馆餐饮、商业服务、旅游景点、工业园区、社区服务甚至农业,均可兼容、交叉、融合式发展。有必要放宽对这些相融业态从事文化及创意服务的审批,甚至地区性试点取消非限制领域的文化及创意业态的前置行业审批,代之以政策法规的底线式管理,

---

① 莫健伟、崔德炜主编:《文化创意空间:艺术与商业的集聚与融合》,社会科学文献出版社,2012年版,第217页。
② 莫健伟、崔德炜主编:《文化创意空间:艺术与商业的集聚与融合》,社会科学文献出版社,第89页。
③ 易华:《创意人才和创意产业、创意城市发展》,中国物资出版社,2011年版,第205页。

鼓励基层消费性文化及创意服务业发展。……大量新增的文化及创意服务方式,大多并不雷同于传统服务方式,一定程度上超越了行政管理相关法律法规的范围。对这些创新型文化及创意服务,应持宽容、支持、引导态度,鼓励探索和成长,帮助协调关系、化解瓶颈。适度降低文化及创意人才创业门槛和经营限制,支持兴办各类文化及创意工作室,对这些工作室的经营业务范围、注册资金可暂不作行业性要求。①

在以上方面,美国纽约曾有过非常成功的先例。第二次世界大战促使世界艺术市场的中心从巴黎转向纽约。20世纪60年代初,艺术学校在美国迅速扩张,培养出很多的艺术家,加入从欧洲和世界其他地方来的新移民中间。这时期,大约3 000~5 000名艺术家在SOHO生活,其后数量越来越大。SOHO是英语单词South Of Houston的缩写,指的是处于纽约下城Houston街南。它原来是一个废弃的、荒凉的工业区。但是,纽约市原有的分区法规不允许将工业空间转变为居住场所。实际上,所有用来居住的阁楼都是非法的。但是,由于美国对文化创意的宽容,1961年,市政府特别针对艺术家出台了一项规定,允许已登记的艺术家使用阁楼作为工作室/住所(但不能只当住所)。

1964年,纽约州的立法机关通过了一项相当于法律的章程,再次规定艺术家作为受益人必须接受政府官员的鉴定。正如每一个熟悉当代艺术家个性的人可能想象到的那样,几乎没有艺术家为获得政府鉴定而提交档案。但是,房地产商施加的压力和反应灵敏的市政府联合起来,试图要解决这个问题。1975年,市议会修正了房地产法规,允许对那些把工业用阁楼转变为住宅单元的开发商和业主实行减免税收的政策,把阁楼房地产开发的所有障碍一举扫除。

有了宽松的环境,SOHO的画廊进一步大量增加。在随后的80年代,当美国的艺术市场开始火爆,艺术品的价格稳步上升的时候,SOHO成了前卫艺术的中

---

① 莫健伟、崔德炜主编:《文化创意空间:艺术与商业的集聚与融合》,社会科学文献出版社,2012年版,第130页。

心。周边地区吸引了大批传统的艺术品买主,同时也成为中产阶级消费者们喜欢光顾的地方。

全球闻名的美国纽约 SOHO 区

SOHO 的整个发展过程表明,宽容政治在其中发挥了极其重要的作用——为了留住创意阶层,政府修改了分区法规和市政府住房供给制度,允许把工业区改为住宅。佛罗里达认为:"美国一贯拥有开放和宽容的传统,这是创意经济的基础和源泉。"①

由此可以看出,政府只有变"管人"为"服务",实现从管理型政府到服务型政府的转变,主动以宽容的政策吸引创意人才,才能搞活创意产业。正如钟志东所指出的:"在社会治理理念上,宽容的社会治理抛弃了以往的权力观念,而代之以服务理念,并且认为服务理念的贯彻是实现宽容的社会治理的最佳途径。"②而事实上,聪明的管理者会意识到,宽容政治本身就具有社会资本的收益性。正如唐志学所指出的:

---

① [美]理查德·佛罗里达:《创意阶层的崛起》,司徒爱勤译,中信出版社,2010 年版,第 34 页。
② 钟志东:《论宽容的社会治理》,载《湖北广播电视大学学报》,2008 年第 1 期。

> 宽容能够减少经济运行成本。……良好的关系网络有利于形成诸如信任等宽容要素,从长期来说,达到节省经济运行成本的目的。其次,宽容能够使资源配置更有效率。……因为宽容从某种程度上减少了经济运行的成本,为一些具体的社会机制的高效实现提供了现实条件。①

目前,在我国部分地区(尤其是边远落后地区如云南、贵州等省份)的一些事业单位(尤其是高校)里,还明显存在着故意卡住高层次人员,不让其调动的现象。这种阻挠人才自由流动的不宽容的做法,一方面暴露了狭隘的心胸,另一方面从经济学角度来说,阻碍了资源更有效率的配置,对创意环境的健康形成极为不利,也对整个社会的发展起到负面作用。

据唐志学提供的《中国主要城市宽容发展水平排名及得分情况》表显示,在被调查的 30 个代表性城市中,东部沿海城市的宽容得分普遍高于中、西部城市。东部沿海城市深圳,宽容得分排名第一。而西部城市的昆明,名列倒数第七。② 也就是说,那些创意产业发展较好的地区,同时也是宽容水平较高的城市;而那些创意产业落后地区,也恰恰是宽容水平较低的城市。具体说来,这些地区的不少单位,只图管理的方便,针对员工制定了种种限制性、惩罚性的制度,却很少(甚至从未)想过如何包容人才,如何为他们营造宽松、自由的工作环境,如何鼓励他们开发创意思维。而正是由于该地的风气保守狭隘,墨守成规,才导致创意人才望而却步。

> 海尔普斯说:宽容是文明的唯一考核。……仁政能容纳人间各种文化、智慧、理念、判断、行为、秉性、习俗,甚至一时的偏离、失误和差错,可以广集朋友、化敌为友,可以安稳民心,使国民安居乐业、充分参与、持久幸福与安康。在一切愤恨、仇视、报复、博弈、冲突中,只有宽容是最高尚

---

① 唐志学:《宽容的社会环境对中国城市创意产业发展的影响研究》,湖南大学 2012 年硕士学位论文,第 14－15 页。

② 唐志学:《宽容的社会环境对中国城市创意产业发展的影响研究》,湖南大学 2012 年硕士学位论文,第 34－35 页。

而稳健的,和前者比起来显得和谐、文雅、开明,这是文明的唯一考核。①

的确,事实已经不断证明,只有在宽容的语境中,文化的选择和主张才能较少地受到不必要的束缚,创意思维的翅膀也才能自由飞翔。一个国家要发展文化创意产业,就要鼓励创新,包容多向思维,容忍创意偏差。一个城市越开放或包容,越容易形成人才洼地,对创意人才就越有吸引力。只有栽好"梧桐树",才能引来"金凤凰",产生人才聚集效应。

第四节 柏林:从宽容之城到创意之城

时至今日,《宽容》这部被誉为"一部永不过时的思想巨著"已畅销全球近百年,它的序言甚至被选入了我国长春版初中语文八年级下册教材。而"宽容"这一核心理念,不但在政治思想领域深入人心,也日渐成为创意城市的一个重要衡量指标。

一个城市的宽松氛围,能为其文化创意提供有利的生长环境。正如我国学者左学金所言:"宽容是城市的基本品格,宽容也是城市的活力所在。"②全球城市研究专家们对城市的"宽容性"都十分在意。国际知名哲学家、社会学家贝淡宁(Daniel A. Bell)在评论蒙特利尔时称:"今天,蒙特利尔是世界上最随和、最宽容的城市之一,以其波希米亚居民和好玩的外观而闻名……"③"今天,蒙特利尔是个漂亮的、休闲的、双语的城市……"④

澳大利亚昆士兰州布里斯班创意产业园区是目前国际创意产业园区中最具创新意识与前瞻性的个案之一,曾任昆士兰科技大学创意产业学院院长的约翰·哈特利(John Hartley)等人指出:

---

① 李水山:《宽容是文明的唯一考核》,载《法制资讯》,2008年第9期。
② 左学金:《宽容是城市的基本品格》,载《文汇报》,2007年5月18日。
③ [加拿大]贝淡宁、[以色列]艾维纳:《城市的精神》,吴万伟译,重庆出版社,2012年版,第66页。
④ [加拿大]贝淡宁、[以色列]艾维纳:《城市的精神》,吴万伟译,重庆出版社,2012年版,第161页。

> 布里斯班是昆士兰州首府,……它曾经被看成是一个州的中心,比起悉尼和墨尔本这两个都市"大哥大",要少一些宽容与忍让。……20世纪80年代中期以来,特别是90年代后期以来,布里斯班已经变得多元与开放,……佛罗里达有关创意阶层的研究对"智慧之州"规划以及昆士兰创意产业发展模式产生了重大影响。
>
> ——《昆士兰模式:在创意产业园区连接企业、教育、研发、文化生产和展示》[1]

艾维纳·德夏里特(Avner De-Shalit),耶路撒冷希伯来大学社会科学系主任、马克斯·坎佩尔曼民主和人权研究所所长,和贝淡宁一起在2009年重点考察了柏林,而"宽容"成为他们考察时的关键词。

在历史上,柏林曾有数次不宽容时期。1618—1648年,起源于新教徒和天主教徒之间的相互不宽容,使以柏林为首都的勃兰登堡地区失掉了三分之一的城市。纳粹时期,更不宽容的柏林疯狂迫害犹太人,导致大量科学家、艺术家纷纷逃亡海外。二战后,柏林墙建立的同时,又造成了近30年的文化封锁和艺术凋敝。而2008年,艾维纳和贝淡宁在这里惊喜地看到另一番景象。艾维纳得出了这样的结论:

> 当代柏林或许是最令人吃惊的城市之一。来自世界各地的游客喜欢它的自由和民主精神。……柏林作为艺术、文化和自由中心的声誉日隆。除了成为文化中心外,柏林一直在进行从历史中吸取教训的迷人工程,让居民和游客了解到包括纳粹时期和东柏林时期在内的城市历史。在此过程中,这个城市成为宽容的中心。[2]

让艾维纳感到吃惊的,是柏林在宗教观念、风俗观念、生活方式、人口构成、语

---

[1] 莫健伟、崔德炜主编:《文化创意空间:艺术与商业的集聚与融合》,社会科学文献出版社,2012年版,第158页。

[2] [加拿大]贝淡宁、[以色列]艾维纳:《城市的精神》,吴万伟译,重庆出版社,2012年版,第215页。

言使用、艺术观念等各个方面的宽容度:

> 吃惊的是,在哈登堡大街的教堂对面,我们看到了色情博物馆。我认为这在耶路撒冷是不可能发生的……把性博物馆放在这种地方,城市规划者是要显示他们的现代、进步、无偏见、崇尚自由。①
>
> 在柏林,你确实会发现无政府主义者和喜欢"另类"生活方式的人。②
>
> 柏林建造的第一所大学——洪堡特大学——的对面是一个广场,名叫倍倍尔广场。……排外主义和法西斯主义焚烧启蒙书籍的地方如今成为世界主义的国际性场所。③
>
> 我们参观欧洲被害犹太人纪念碑时,回忆起腓特烈(1712—1786)常常被人引用的话:"必须宽容宗教,……谁也不对任何人造成伤害,因为人人都必须以自己的方式进入天国。"④
>
> 实际上,对艺术家来说,柏林已经成为非常有吸引力的地方,尤其是另类艺术家,或许因为柏林艺术是挑战规范和边界的。因此,柏林艺术家敢于做其他城市艺术家不敢做的事情。贝托尔特·布莱希特的挑衅性和批判性的戏剧,在米特区的造船工人大街剧院演出,上演他剧本的演出公司被命名为柏林剧团,第一个DJ者,即现场音乐表演者,就出现在柏林。……这个城市正在准备2009年国际艺术论坛,那将是实验艺术和先锋艺术的橱窗。柏林吸引另类的、大胆的艺术家的理由也是制度性的:实际上,早在20世纪70年代,西柏林就已经成为那些渴望实践其他生活方式的人的中心,如群居生活、经营左翼剧团等。⑤

---

① [加拿大]贝淡宁、[以色列]艾维纳:《城市的精神》,吴万伟译,重庆出版社,2012年版,第221页。
② [加拿大]贝淡宁、[以色列]艾维纳:《城市的精神》,吴万伟译,重庆出版社,2012年版,第227页。
③ [加拿大]贝淡宁、[以色列]艾维纳:《城市的精神》,吴万伟译,重庆出版社,2012年版,第231页。
④ [加拿大]贝淡宁、[以色列]艾维纳:《城市的精神》,吴万伟译,重庆出版社,2012年版,第235页。
⑤ [加拿大]贝淡宁、[以色列]艾维纳:《城市的精神》,吴万伟译,重庆出版社,2012年版,第242页。

德国柏林的倍倍尔广场

柏林的欧洲被害犹太人纪念碑

在从不宽容走向宽容的大幅度跨越过程中,柏林自身也获益良多。正如艾维纳所说的那样:"人们很容易注意到这个城市从宽容阶段获得的巨大好处。宽容政策带来了文化繁荣和富足,而不宽容的阶段对其发展是具有破坏性的。"①柏林墙倒塌以后的柏林,新与旧、激进与传统、自由与统一在宽容精神中日益得到碰撞与升华。联合国教科文组织于 2004 年推出"全球创意城市网络"(Creative Cities Network)项目之后的第二年,柏林即被授予"设计之都"称号。不再沉闷、压抑的柏林,取得了创意中心的声望。柏林的转型与成功再一次证明:

> 宽宏精神是一切事物中最伟大的。宽容来源于宽宏的精神境界。宽宏正因为气量大而能容纳一切,她是人类一切思维和行为方式的最高品位和境界,更是世界万物之容器,其包容精神是最高尚、开明、稳健、朴实而伟大的。
> 英国诗人华兹华斯曾说:宽容是我们最完美的所作所为。宽容作为人性的一种超越和升华,格外珍贵、难得。漫长的人类历史证明,宽容是人类文明的展现,进步的福祉,孜孜不倦地追寻和谐、文明的国度和人民极力倡导宽容,克服不宽容。②

---

① [加拿大]贝淡宁、[以色列]艾维纳:《城市的精神》,吴万伟译,重庆出版社,2012 年版,第 222 页。
② 李水山:《宽容是文明的唯一考核》,载《法制资讯》,2008 年第 9 期。

第二章
多元文化与创意土壤

　　第一章提到，宽容首先应是对不同价值观、人生观、世界观所采取的一种兼容并包的政治态度，以及相应而采取的一系列宽松的公共管理制度。此外本书认为，除了政治层面之外，宽容还应包含更广阔的文化层面——即在日常生活的文化现象中所表现出来的对不同人群及其不同生活方式的接纳和容忍，这也可以称为"文化宽容"。之所以要吁求文化宽容，乃是因为创意源自文化，不同文化背景的人拥有不同的心灵和思考逻辑，在面对同样的世界时就有可能出现截然不同的创新思维。文化宽容所追求的，是文化的多样性、多元化和开放性，它必然也是理想的创意环境所应有之意。

　　兰德利认为，创意环境有七个特点，其中之一便是"提供多样性与变异性发展的环境"。他还提出，创意城市的活力与生命力，可以根据九项准则来进行评估，其中第二项也是"多样性"(Diversity)。在他设计的"城市创新资源构成矩阵"表中，"城市社会的多元化"作为软件指标，占有重要的比重。他认为，社会文化的多样性可以促进人与人之间的交流和学习，而社会人口的条件也会影响城市的创新能量。多元化社会往往有忍让的传统，善于抓住机会，促进城市的创新活力。为什么一些城市在构建、吸引和持有创意产业要素方面比其他地区更有优势呢？佛罗里达认为，答案在于它们的宽容性、开放性和多样性。那些能够激发人们创意才能的地区不仅仅是由于宽容差异，而且是主动地去拥抱差异。容纳多样的理念和因素不仅是一个政治态度问题，更是经济发展的必要条件。

从以上理论和观点我们不难发现,多元文化对创意产业的意义有两个层面。从创意人才来说,他们的国籍、民族、性别、年龄呈现多样性,他们的个性、气质、思维方式、生活方式也呈现多元性,这都需要无差别地对其接纳和容忍。从创意产品来说,各类异质文化都应当受到尊重,因为它们是创造精神产品的不竭源泉。人类文化的发展从来就是多元的,它们互相学习、互相渗透,交相辉映。英国历史学家汤因比认为,各种文明和文化都具有同等价值,并无优劣高下之分。季羡林也曾言:"文化不是哪一个民族、哪一个国家,或哪一个地区单独创造和发展的。在整个人类历史上,国家不论大小,民族存在不论久暂,都或多或少、或前或后对人类文化宝库做出了自己的贡献。人类文化发展到了今天这个地步,是全世界已经不存在的和现在仍然存在的民族和国家共同努力的结果。"[①]因此,凡要发展文化事业的国家,必要借鉴他山之石,尊重"远道来的和尚";而要学习他人之文化,利用异地之人才,必先对多元文化持宽容之态度。

纵观西方世界,美国只有200多年的国家历史,自身的历史文化资源并不丰富,总是被视为一个文化积淀相对薄弱的国家。但是借鉴性、实验性、包容性、开放性这些特征弥补了它历史短暂、文化薄弱的缺陷,使其成为多元文化的大熔炉,成为利用和开发文化资源的典范。如果说宽容不仅仅是宽容差异,加拿大就是一个主动"拥抱差异"的国家。1971年加拿大联邦政府明确承认加拿大是一个多元文化的国家,建立了保护各种文化共存的多元文化主义政策。1972年,加拿大设立了多元文化部,负责多元文化主义政策的执行与管理。1988年,加拿大众议院通过的《多元文化法》将多元文化上升到法律层次。结果,"仅有几百年历史的加拿大却容纳了世界上最多的民族、最丰富的语言与最差异化的文化和行为模式,由此培育了宽容的城市文化,为基于多元文化的加拿大创意城市的发展提供了丰厚的文化土壤。……加拿大多元文化所鼓励和倡导的宽容,恰恰就是创造性的重要来源"[②]。法国于20世纪90年代也提出了"文化多样性"的口号。而欧洲向来有着

---

① 季羡林:《放眼宇宙识文化》,载《读书》,1990年第8期。
② 王克婴:《多元文化视角的加拿大创意城市的形成及发展》,载《北京城市学院学报》,2011年第2期。

文化异质性的烙印,这为"文化多样性"理念的推广提供了适宜的土壤。同样,"法国积极倡导'文化多样性',为法国创意理念生发提供了良好的社会环境"①。再看首先提出"创意产业"的英国,我国主流媒体认为,"文化的多样性和包容传统是英国现代创意文化产业产生、发展和成功的基石"②。

我国宋代哲学家程颢、程颐曾指出:"凡物参和交感则生"(《河南程氏遗书》卷第六),文化的活力更是取决于多元文化的共生与交感。而只有宽容,才能使各种文化的溪流交汇为海洋。只有当一个国家、一个城市变得宽容之后,才可能具有创意城市所需要的多元文化特征。也只有在不同文化的交汇碰撞中,创意思维才可能被激发出来。不过,当今世界文化宽容的现状还存在着巨大的缺陷:"君不见有的人挥舞着文化霸权主义的大棒,鼓吹唯我独尊,必欲将有异于自己的文化灭之而后快?又不见,有的人高筑起文化的壁垒,深挖沟,高筑墙,固守狭隘的民族文化,拒绝先进文明?"③因此,只有树立了正确的文化观念,创意城市才能健康地发展。

现在,就让我们从不同侧面检视世界各地的文化生活,评判其在文化宽容方面的高下得失。如果说,政治宽容体现在执政、行政人群身上,那么文化宽容则体现在全体社会成员身上,体现在他们具体的人口构成、语言使用、风俗习惯、宗教观念、艺术观念等各个方面。

第一节　从《没有纽扣的红衬衫》说起

现任中国作家协会主席的铁凝女士,曾因其中篇小说《没有纽扣的红衬衫》而名噪文坛。这篇小说叙述了这样一个现象:我国20世纪80年代中期的北方某城市,一个16岁的女中学生安然,因为穿了一件没有纽扣的红衬衫,而被人反映为

---

① 邓文君:《数字时代法国文化创意产业的创意环境构建研究》,载《深圳大学学报·人文社会科学版》,2014年第6期。
② 何流:《英国馆:6万颗种子的想象力》,载《中国报道》,2010年第4期。
③ 向勇、周城雄编著:《中国创意城市(上):创意城市发展研究》,新世界出版社,2008年版,第101页。

"奇装异服",最终被取消评"三好"的资格。而在这个天真无邪的少女看来颇为费解:"不就是红泡泡纱吗?不就是前边没扣子、后边一条拉链吗?"这其实就是一个文化宽容的问题。当时我国大部分地区风俗过于严肃保守,基本没有文化多元可言。这件"没有扣子,背后带一条拉链"的衬衫,是她姐姐从南方出差时带回来的,在当时可谓是一件创意产品了,然而就这样受到了保守观念的扼杀。而这种观念所透露出的,是一种忽视个体差别,追求整齐划一的思维定式,其实质是漠视人的个性与自由。而多元文化的实质,正是尊重个体差别,尊重个性。正如某学者所言:

> 取消或漠视人之自然差别其中就蕴含着"不宽容",它意味着就人之自然来看人人都应遵循相同的标准或规则去行动,这很显然与现代民主之宽容价值并不相容……①

说到底,创意产业的最大特点,就是敢于打破常规,崇尚标新立异,与众不同。这需要一个宽容、活跃的社会氛围。"然而,在我国却存在着对个性自由的倡导不足,对差异性、多元化的包容不够,尚未形成这样一个宽容、活跃的社会氛围等问题。"②"红衬衫禁忌"在我国曾长期存在,这种文化消费上强求一律的观念与创意思维格格不入,它导致了我国创意产业从一开始就处于滞后他人的境地。

18世纪法国启蒙思想家霍尔巴赫早就指出:差异性是绝对的,同一性是相对的;是差异性使得人类得以维持和保存。这种思想的实质就是尊重差异性,尊重多元文化。他在其名著《自然的体系》中精湛地论述道:

> 自然不能不使它的一切作品彼此有别;本质上不同的基本物质,必然由于它们的组合与特性、它们的存在方式与活动方式而形成不同的事物。

---

① 蒋小杰:《列奥·施特劳斯的现代性理论探析》,复旦大学2013年博士学位论文,第194页。
② 邓文君:《数字时代法国文化创意产业的创意环境构建研究》,载《深圳大学学报·人文社会科学版》,2014年第6期。

在自然中，绝没有、也不可能有两个事物和两种组合是数学地严格地一样的，既然地点、环境、关系、比例、变动不同，那么，由此产生的东西，彼此就决不能有完全的类似，即便在这些东西中我们以为发现了最大的一致，但它们的活动方式是必然有某些不同的。

按照这个一切都给我们证实了的原则，那么，在人类当中，是没有两个个人具有同样相貌、恰恰以同样方式去感觉、以相同的方式去思维、以同样眼光去看事物并且有同样的观念的，因而也就没有同样的行为体系。……

人的灵魂好比是乐器。乐器的弦，由于本身或由于组成它们的那些材料已经是多种多样的了，而且还要被调成不同的音调，因此，同样的拨动，每条弦就发出自己特有的声音，就是说，这些声音有赖于弦的组织、张力、粗细以及它周围的空气使它所处的那个暂时状态，等等。精神世界所呈现给我们的那样多变的景象也是如此；我们在人的精神、能力、欲望、精力、兴趣、想象、观念和意见之间所发现的那样惊人的差异，就是从这里产生的。这种差异性和他们气质的差异性是一样的巨大，和他们的相貌一样的千差万别。从这个差异性，产生了形成精神世界的生活之继续不断的作用和反作用；从这个不调和，产生了和谐，人种赖以维持和保存。……

假如一切人，在肉体的气力上和精神的才能上都一样，那么他们彼此之间就没有任何相互的需要了。①

其实，我们的老祖宗更是早就懂得了这样的道理。西周时期郑国的史伯，在分析周幽王之政时，从生命哲学的角度提出"和实生物，同则不继"的命题。他说：

---

① [法]霍尔巴赫：《自然的体系或论物理世界和精神世界的法则》（上卷），管士滨译，商务印书馆，1977年版，第99-100页。

夫和实生物，同则不继。以他平他谓之和，故能丰长而物归之；若以同裨同，尽乃弃矣。故先王以土与金木水火杂，以成百物。是以和五味以调口，刚四支以卫体，和六律以聪耳，正七体以役心，平八索以成人，建九纪以立纯德，合十数以训百体。出千品，具万方，计亿事，财兆物，经收入，行姟极。故王者居九畡之田，收经入以食兆民，周训而能用之，和乐如一。夫如是，和之至也。

——《国语·郑语》

在史伯的论述中，"同"就是单一、清一色；"同"，万物就不能生长。"和"，是多样性的统一；"和"，万物才能生长。无独有偶，到了春秋时代，齐国的晏婴在与国君论政时也比喻说，人吃饭需要"和"，不能只吃一种食物，而需要各种不同的食物；音乐也如饮食的道理，它的美也是由多种不同因素构成的：

和如羹焉，水、火、醯、醢、盐、梅，以烹鱼肉，燀之以薪，宰夫和之，齐之以味，济其不及，以泄其过。君子食之，以平其心。君臣亦然。君所谓可而有否焉，臣献其否以成其可；君所谓否而有可焉，臣献其可以去其否，是以政平而不干，民无争心。故《诗》曰："亦有和羹，既戒既平。奏鬷无言，时靡有争。"先王之济五味、和五声也，以平其心，成其政也。声亦如味，一气，二体，三类，四物，五声，六律，七音，八风，九歌，以相成也；清浊、小大、短长、疾徐、哀乐、刚柔、迟速、高下、出入、周疏，以相济也。君子听之，以平其心。心平，德和。故《诗》曰"德音不瑕"。今据不然。君所谓可，据亦曰可；君所谓否，据亦曰否。若以水济水，谁能食之？若琴瑟之专一，谁能听之？同之不可也如是。

——《左传·昭公二十年》

显然，晏子暗示我们：世间事物的运行之道，常是取和而弃同。要集中各种差异性，相互补充而达到和谐统一。此外，孔子也说过"君子和而不同，小人同而不和"(《论语·子路》)的名言。无疑,以上论断都倡导一种多样性的和谐并存。至宋代,哲学家张载还专门就差异性问题发表过和霍尔巴赫类似的观点:

> 人与动植物之类已是大分不齐,于其类中又极有不齐。某尝谓天下之物无两个有相似者,虽则一件物亦有阴阳左右。譬之人一身中两手为相似,然而有左右。一手中五指而复有长短,直至于毛发之类无有一相似。至如同父母之兄弟,不唯其心之不相似,以至声音形状亦莫有同者,以此见直无一同者。

——《张子语录·中》

遗憾的是,过去国人没有对以上思想引起重视,这导致了我们在很长一段时间里忽视多元文化,创意思维因而受阻,更没有创意产业可言。幸而,随着改革开放的深入,人民的文化观念也产生了巨大的变化。我们日益认识到:"包容的社会氛围可以让民众发现并接触到不同的文化元素,感受多元的文化形态,从不同文化的碰撞中得到启发并获取创意灵感。"[①]因此,人们对新生事物、新潮现象也变得越来越宽容了。我们可以注意到这样一种现象:在曾经保守的年代,"光头"一度成为"劳改犯"的象征。一个人如果剃了光头在街上溜达,多少会招来异样的目光。而如今,"光头"却成为个性甚至创意的某种标志。越来越多的人,尤其是艺术工作者,会选择剃光头来展示自己的"酷"或标榜自己的艺术家身份。例如20世纪90年代初著名的歌手"光头李进",就是把光头作为自己的定位,让别人印象深刻的。如今,国人对街上光头或留辫子的男士,不再会指指点点,而是习以为常了。和"红衬衫禁忌"形成鲜明对照的则是"百无禁忌的时装生活"——2007年,中国纺织工业协会主办了"时尚创意空间"活动。汉帛集团旗下品牌ARRTCO的整个橱窗主题围绕"百无禁忌的时装生活"进行,这正是观念嬗变的结果,在一定程度上体现了

---

① 邓文君:《数字时代法国文化创意产业的创意环境构建研究》,载《深圳大学学报·人文社会科学版》,2014年第6期。

可喜的文化宽容。的确,在一个处处充满禁忌的环境中,哪里还会有创意生存的土壤呢?

而许多城市在由一般城市发展为创意城市的过程中,也都经历了由不宽容到宽容,或由低宽容度到高宽容度的转变。例如,深圳作为改革开放的前沿和新兴的移民城市,不断汇集来自五湖四海的开拓者,不断融合四方文化,加之毗邻香港的特殊地理位置,使深圳成为中西文化的交汇点,这些都使深圳人对多元文化的包容水平持续提升。例如《深圳商报》指出:"对一些另类先锋的展览活动,市民从以往的排斥到现在的包容。……第六届深圳当代雕塑艺术展,许多即兴、前卫的雕塑,得到市民认可。这是对深圳市民接受度和艺术包容度的一种变相测量,也是深圳艺术氛围宽松的一杆标尺"[1],"根据相关研究,深圳的宽容指数排第一位,其创意产业的快速发展与其移民城市的开放特点不无关系"[2]。

另一个例子是北京的某些地区。有学者在言及北京文化创意产业的集聚模式时,提到宋庄原创艺术与卡通产业集聚区、潘家园古玩艺术品交易园区等典型,并指出:"这种形成模式的特点有三个关键条件:一是具有适宜特定产业发展的环境。如宋庄恬静秀美的环境、粗犷淳朴的民风为画家等艺术家的创作活动创造了良好的艺术氛围,其居民的宽容精神也是艺术家们在此聚集的重要因素之一。"[3]显然,宋庄的当地居民对多元文化持有宽容态度,才使得大量创意人乐于在此地工作和生活。

然而毋庸讳言,尽管国人早就知道"海纳百川,有容乃大"的道理,但我们的文化宽容程度和世界发达地区相比还有不小差距。现在让我们掠影一下全球著名创意地带的多元文化景象。虽然是管中窥豹,也可见一斑:

【伦敦】 伦敦有一个多样化的、复杂的、面向国际的文化景象。它有将近50个超过万人的社区,使用300种以上的语言。来自全球各地的时尚、观念、音乐和

---

[1] 杨青:《深圳文化活动愈加多元发出的信号》,载《深圳商报》,2007年12月19日。
[2] 于霞:《从创意环境谈我国创意阶层的形成》,载《广东社会主义学院学报》,2010年第4期。
[3] 王国华:《文化创意产业集聚区经营理念探析——以北京宋庄原创艺术与卡通产业集聚区为例》,载《北京联合大学学报·人文社会科学版》,2009年第2期。

艺术在伦敦汇聚,形成了富有多样性的多元文化。地方性和国际性的文化艺术活动种类繁多,既包括商业的,也包括得到资助的,还有自发的艺术产业运作。这些文化活动导致源源不断的信息流、人才流,使伦敦呈现令人惊异的繁华,并产生吸引青年和不同族群的亚文化。伦敦还致力于对黑人和亚洲文化遗产的收集与保护,并关注弱势群体,以确保他们都能参加市长所支持的文化活动。

【纽约】 纽约被称为"世界大熔炉"或"万国之国"。异常多元的氛围鼓励着革新和创造,吸引了世界各地的人到这里聚集。据最新数据显示,纽约有851万人口,来自世界各地100多个民族,其中犹太人有200万左右,非洲裔黑人有200万人左右,华人也有60多万。据说,纽约包含很多社区,世界各地的人扎堆在一个社区生活,使用各自的庙堂及学校,各自的电视台,各自的报纸,各自的墓地……但相安无事很融洽。在纽约,基本上你都能找到和你用同种语言的人。在这里,人们最大的感受是其包罗万象的感觉。生活在纽约,你会经常忘记自己是个外国人。有网友称:我在纽约的时候,房东是以色列人,楼下手机店服务员是尼泊尔人,对面饭店有中日韩,上门找我捐款的是巴拿马人,出租车司机是印度人,你每天都会遇到来自这个星球各个角落的人。纽约代表的就是这个世界所有人所有文化杂糅在一起。当你每天走在街上,看着形形色色的人,不一样的面孔,怀揣着或大或小的梦想,从世界的各个角落来到纽约,你才会被纽约的伟大所感动。

【旧金山、硅谷】 旧金山多次荣获各类创意排名和容忍度排名第一,是一座对多元文化容忍度很高的城市。那些形形色色、千奇百怪,以至于令常人无法理解的思潮和风气,多发源于此。例如20世纪50年代以愤世嫉俗为特点的"垮掉的一代"即诞生于此,60年代的"嬉皮士"则宣称这里是他们的"新纪元之都"。硅谷是世界著名的创意中心,而旧金山湾区则是其创意环境。"整个旧金山湾地区是一个高度多样化的地区,有着著名的研究型大学和随心所欲、充满冒险气质的文化;早期的嬉皮士风格的年轻企业家乔布斯和沃兹尼克不但被这里接纳,而且获得了风险资本家的青睐。……可以说,旧金山湾地区的优势来自它的包容和开放。"[1]

---

[1] [美]理查德·佛罗里达:《创意阶层的崛起》,司徒爱勤译,中信出版社,2010年版,第26页。

【蒙特利尔】 这个被联合国评定为"设计之都"的城市,始建于1642年,是一个有着将近400年历史的移民城市。它是北美大陆唯一的法语城市,超过150万的人口在日常生活中使用两种语言,很多居民说第三种语言。英语区和法语区是蒙特利尔的代表性社区。以圣劳伦大道(Boulevard Saint-Laurent)为中心,东边为法语区,西边为英语区。除此之外,还有150个不同文化的社区,如爱尔兰、意大利、犹太、希腊、阿拉伯、亚洲、拉丁美洲、海地和葡萄牙区等,涵盖世界上大部分国家和文化的风格,占人口总数的34%。

【多伦多】 数百年前,休伦湖畔的印第安人就将多伦多地区取名为"聚集之地"。今天的多伦多俨然是一个全球各族裔的聚集地,有五个唐人街、两个意大利区,还有希腊街、印度城、韩国城、犹太人市场等,140多种语言汇集在这个北美大都市中。当今的多伦多是世界上拥有最多元文化的城市之一。它更是一座充满人文艺术气息的创意活力之都,漫步在该市街头,如欣赏一幅幅徐徐展开的多彩画卷。

【温哥华】 温哥华有一个以"多元文化"命名的电视台,用六种语言播出各种电视节目。为迎接2010年举行的冬季奥运会,温哥华专门兴建了一座崇拜中心,供不同宗教信徒使用。这是加拿大宗教信仰多元性的表现。根据2001年的普查资料,温哥华创意阶层占劳动力的比例是35%。

【柏林】 艾维纳在《柏林:宽容之城》一文中这样描述柏林语言生活的多元性:"柏林建造的第一所大学——洪堡特大学——的对面是一个广场,名叫倍倍尔广场。……贝淡宁和我在站在这里的短短5分钟里,注意到人民使用的语言总共有七种,西班牙语、法语、意大利语、德语、英语、希伯来语和日语。这个地方为所有这些语言、所有这些民族和身份认同赋予了合法性。……站在这里的每个人都冻得发抖,但他们互相微笑,然后去寻找咖啡馆或饭馆以逃避这冰冷的天气。"[①]

由以上可见,一个文化宽容的社会,必然会呈现多元文化的特点。而多元文化的共存是理念碰撞和创意思维形成的重要条件。宽容的社会氛围、多元的文化品

---

① [加拿大]贝淡宁、[以色列]艾维纳:《城市的精神》,吴万伟译,重庆出版社,2012年版,第231页。

质能为来自不同国家、不同文化、不同语言、不同行业的艺术家和创作者的互相交流及创意设计的相互渗透提供机会,形成互动共生的生态环境。一个多样性、包容性的环境可以吸引更多的创意人才,壮大城市的创意阶层并增强城市的技术创新能力。"能够吸引创意人的城市并不一定是大城市,但必须具有宽容性和多样性的文化氛围。"[1]在创意经济时代,创意城市一个显著的特点就是具有文化多元性。

第二节 文化熔炉指数与同性恋指数

城市是多元文化和多样性的聚集中心,但不同的城市开放性、包容程度都不同。如何对其进行考量?英国城市论者彼得·霍尔曾在《城市的文明》一书中探讨了不同历史时期雅典、佛罗伦萨、伦敦、巴黎、维也纳、柏林六座创意城市的共同特征,认为它们几乎都是世界性的,汇聚了来自四面八方的人力资源。它们的城市政策像磁石一样,吸引了天才的移民和财富的创造者。兰德利也提出,创意城市的基础建立在七大因素上,其中包括"人力的多样性与各种人才的发展机会"。显然,不同国籍、不同民族、不同肤色、不同语言的形形色色的人们的存在,显示了一个城市的宽容与开放。作为多元文化的一个重要标志,人力资源的多样性具体表现在外来人口(移民)的数量和比重。兰德利认为,从城市发展的历史来看,外来移民(其他城市和外国的移民)在创新城市的形成过程中可发挥重要作用。他们的技能、智慧和文化价值都可以给城市带来新的想法和机会。

在《全球化的我》(The Global Me)一书中,《华尔街日报》记者巴斯卡·扎迦利也宣称:对外来移民的开放是创意和经济增长的基石。他认为,美国经济的成功表现,与整个国家对全世界范围内创意人才和富有活力人群的开放度直接相关。意大利博洛尼亚大学的经济学家詹马尔·奥塔维亚诺(Gianmarco Otaviano)与美国加州大学戴维斯分校的经济学家乔凡尼·佩里(Giovanni Peri)就美国区域种族和

---

[1] 于霞:《从创意环境谈我国创意阶层的形成》,载《广东省社会主义学院学报》,2010年第4期。

文化多样性与经济发展的正相关关系提出了理由:移民往往具有与美国人互补的才能,即使接受的教育水平相同,来自不同国家的工作者也具有不同的解决问题之道、创意力和适应性,从而促使大家互相学习。因此,兼收并蓄非常有益,可以形成一种创意生态圈,让各种思想互补共生。

基于以上思路,佛罗里达及其同事新开发了所谓的"宽容度指数",其中包含了一个重要的指标就是"文化熔炉指数"(Melting Pot Index),意在反映外来移民的集中度。他们认为,各个族群的人们普遍杂居在一起,而不是形成一块块彼此独立的领地,这样的地区非常有可能拥有一种宽容型文化。

众所周知,美国就是一个典型的移民国家。20世纪90年代见证了美国历史上最大规模的移民浪潮,有超过900万人加入美国公民的行列。今天的美国,外来移民占劳动力人口的比例超过12%,某些地区甚至超过了30%。1999年,纽约市民中有超过40%的人是外来移民,在纽约使用的语言达到800种。

佛罗里达和他的团队对移民(外来人口)比例与高科技产业的关联进行了研究。研究表明,对外来移民的开放度对于区域发展的影响是多方面的。文化熔炉指数排名前10位的地区中,有4个地区同时位列整个国家高科技最发达地区的前10名。可见,文化熔炉指数与高科技指数呈正相关。佛罗里达为我们提供了一个《移民和高科技产业》关系表[1]:

高科技指数排名	地区	文化熔炉指数排名	高科技指数排名	地区	文化熔炉指数排名
1	旧金山	4	7	亚特兰大	31
2	波士顿	8	8	菲尼克斯	21
3	西雅图	16	9	芝加哥	7
4	洛杉矶	2	10	波特兰	24
5	华盛顿特区	14	40	布法罗	28
6	达拉斯	17	41	俄克拉荷马市	38

---

[1] [美]理查德·佛罗里达:《创意阶层的崛起》,司徒爱勤译,中信出版社,2010年版,第293页。

(续表)

高科技指数排名	地区	文化熔炉指数排名	高科技指数排名	地区	文化熔炉指数排名
42	拉斯维加斯	13	46	路易斯维尔	49
43	大急流城	36	47	杰克逊维尔	34
44	普罗维登斯	6	48	孟菲斯	46
45	新奥尔良	26	49	底特律	22

移民人口就意味着多元文化。由上表可以做出这样的推理——文化熔炉指数影响着宽容度指数,而宽容度指数影响着创意产业。在人口构成多元之处,人们易于从中发现与自己兴趣爱好相一致的亚文化团体,找到文化归属感,并从中受到启发和刺激。而在移民稀少,族群单一之处,或排外之风盛行的地方,不容易产生文化的异质性交流,创意之花也难以获得生长的土壤。故而,《孟菲斯宣言·纲领》第八条所列的"影响创意发展的障碍"中就有"排外"一条。

再以加拿大为例。2004 年,乔治·华盛顿全球化研究中心的成果表明,作为世界移民的目的地,加拿大城市多伦多、温哥华、蒙特利尔和渥太华都名列前茅。与其他国家城市相比,加拿大城市不仅移民总数多,而且多样性程度高。这些城市既拥有多个民族和各种人种,而且在居住方面又呈现出民族区域性集中的特点。这种多元宽容的城市文化和多样独特的城市风情,使加拿大城市具有极强的开放性和包容性,吸引了众多的人才,在此基础上形成了加拿大的创意阶层,培育了丰富的创意能力。根据 2001 年的普查资料,加拿大各个城市创意阶层的数量与美国城市相比不相上下。"加拿大的城市如多伦多、蒙特利尔、温哥华、渥太华、卡尔加里和魁北克等,在高科技方面的发展和创意城市的建设方面可以与美国的许多城市相媲美。"[①]

再以英国为例。伦敦创意产业发达的一个不容忽视的前提就是文化的多元性、人口的多样性。作为英国民族多样性最高的城市,伦敦的创意人才主要通过国

---

① 王克婴:《多元文化视角的加拿大创意城市的形成及发展》,载《北京城市学院学报》,2011 年第 2 期。

内外的移民得到持续补充。来自世界各地的人力资源,构建和推动了这架创意机器的成功运转。在伦敦,从犹太人到印度人,到新知识工人和寻求庇护者,都在这里找到了栖身和发展的空间。这是伦敦作为一个创新国际化都市的原动力。所以,许多人才如媒体、音乐、电影人才既有伦敦自产的,也有不少是伦敦之外引进的。此外,2004年8月,阿根廷的布宜诺斯艾利斯被联合国认定为"全球创意城市网络"项目中的"设计之都"。该市是一个国际性的移民城市,它在19世纪曾经是阿根廷政府接受大量移民的重要入境口岸。20世纪的几个国内移民热潮,来自拉丁美洲国家和欧洲的人口使该市成为一个世界性的城市。这里,不同文化和不同宗教的人们在一起生活。该市获批"设计之都",与其以移民为基础的多元文化是密不可分的。

  回顾我国城市,近代上海的崛起在很大程度上也是因为它是一个高度开放的移民城市,具有多元文化和敢为人先的创新精神。这个以"海纳百川"为其精神的城市,自明清开始就一直处于中西文化交融的前沿。这种多元文化的杂交,产生了兼收并蓄、包容力强的"海派"度量。熔铸中西,为我所用,不闭关自守,不故步自封,不拒绝先进,不排斥时尚,是海派文化的特征。反映在人口结构上,就是全国各地乃至世界各地的人们携手共事,和谐共生。作为我国流动人口最多的城市,同时也是境外人口最多的城市,上海在2016年末全市常住人口约2 419万人,其中外来常住人口约980万人,占40%以上。这正是上海创意城市发展的优势所在。不过,值得忧虑的动向是:"上海目前在有关人才引进的一些制度安排比较保守,缺乏包容性。……多家研发型企业认为上海人才政策在退步,吸引的人才落户困难,因此失去很多发展机会。在一定程度上把城市发展最宝贵的人才资源挡在门外。……缺乏包容的政策无疑会严重限制上海创意城市未来的发展,弱化上海城市竞争力。"[1]事实证明,近年上海外来人口已经有下降趋势。据百度百科呈现的统计:上海2015年的外来常住人口相比2014年末减少14.77万人,同比降幅为

---

[1] 易华:《创意人才和创意产业、创意城市发展》,中国物资出版社,2011年版,第192页。

1.5%。因此,有识之士提出:"上海建设创意型城市,应该注意更加大气。"①

在显示多样性的指标中,佛罗里达还特别强调了同性恋人口比例。该比例的偏高,是有些城市对不同的性取向人群持宽容态度的标志。"同性恋"在风气保守之处曾被视为一种疾病和罪恶并加以惩处。例如,英国数学家、"计算机科学之父"艾伦·图灵,就因为同性恋而在1952年被英国警方拘捕,定罪和强制治疗,最终导致其在41岁的英年自杀。而在佛罗里达看来,"同性恋指数"却是体现一个地区多元化水平的指标,并与高科技产业呈正相关。他为此解释说:"我在这里并不是说同性恋者和波希米亚人能够直接推动区域经济增长,实际上我想说的是,一个地区拥有大量的同性恋者和波希米亚人,意味着这个地区具备一种开放和多元化的文化环境,而这种多元文化环境有利于创造力的发挥。"②

为了验证其理论,佛罗里达和同事进行了大量的统计研究。他们发现,同性恋指标获得高分的地区也是吸引创意人才的圣地和高科技产业扎根的沃土。他也为我们提供了一个"同性恋者指数与高科技产业"统计表③:

高科技指数排名	地区	同性恋者指数排名（1990年）	同性恋者指数排名（2000年）
1	旧金山	1	1
2	波士顿	18	22
3	西雅图	5	8
4	洛杉矶	3	4
5	华盛顿特区	7	11
6	达拉斯	12	9
7	亚特兰大	8	7
8	菲尼克斯	23	15

---

① 易华:《创意人才和创意产业、创意城市发展》,中国物资出版社,2011年版,第209页。
② [美]理查德·佛罗里达:《创意阶层的崛起》,司徒爱勤译,中信出版社,2010年版,第26页。
③ [美]理查德·佛罗里达:《创意阶层的崛起》,司徒爱勤译,中信出版社,2010年版,第296页。

(续表)

高科技指数排名	地区	同性恋者指数排名（1990年）	同性恋者指数排名（2000年）
9	芝加哥	17	24
10	波特兰	22	20
40	布法罗	49	49
41	俄克拉荷马市	40	40
42	拉斯维加斯	28	5
43	大急流城	32	38
44	普罗维登斯	31	32
45	新奥尔良	25	11
46	路易斯维尔	47	36
47	杰克逊维尔	38	24
48	孟菲斯	43	41
49	底特律	42	45

从上表，我们可以清楚地看到美国各大城市同性恋人数与高科技产业的正相关关系。当然，本文并非在此鼓励同性恋，而只是想呼吁一种对多元文化的宽容。在一定程度上，同性恋人群代表着这个社会关乎多样性的"最后一块领域"——一个地区既然能够接受同性恋者，那么它对其他各类人群也会持有比较开放的态度。正如佛罗里达所言："基于以上理由，对同性恋人群的开放程度就成为衡量人力资本低准入门槛的良好指标；而人力资本的低准入对于激励创意和高科技的重要作用是毋庸置疑的。"①

在本节最后，我们不妨用《孟菲斯宣言·纲领》的第三条"拥抱多样性"来结尾："多样性中孕育着创意和创新，并且能够产生积极的经济影响。不同背景和经历的人们带来不同的思想、感情、智慧与观点，极大地丰富了社区的多样性。创意思想正是以这种方式繁荣发展起来，并且缔造充满活力的社区。"

---

① [美]理查德·佛罗里达：《创意阶层的崛起》，司徒爱勤译，中信出版社，2010年版，第295页。

第三节 "不和谐"与文化碰撞

多元文化共存必然导致文化的碰撞与交流。而创意之所以产生,便常常是源于不同文化之间碰撞出的火花。在一个多样性的文化系统中,多种文化因素之间不断冲突、融合和分化,这正是创意产生的土壤。在一个创意城市中,多元文化带来了形形色色的文化信息。多种人才和文化背景的整合,会带来动与静、文与理、严谨与浪漫、理念与操作的碰撞,形成各种各样的头脑风暴,让创意一族在紧张与放松、压力与兴奋的交替中,激发出最大的创造热情。而在一个静止、僵死的文化环境中,虽然貌似"稳定",但也就缺乏活力,缺乏新思维。瑞典学者安德森(A. E. Andersson)提出创意环境形成所需要的六个关键条件,其中两条就是:"多样化的环境"和"结构性的不稳定或对未来的不确定性。"[1]前面提到兰德利提出创意环境有七个特点,其中最后一条是:"创意环境具有结构的不稳定性。"在《城市的文明》一书中探讨了不同历史时期欧洲六座创意城市的共同特征后,彼得·霍尔也得出这样的结论:天才的成长需要特殊的土壤,创意城市的环境须是社会和意识形态剧烈动荡的中心。高度保守、极其稳定的社会不是产生创意的地方,拥有高度创意的城市,在很大程度上是那些旧秩序正在遭受挑战或刚被推翻的城市。[2]

创意的产生,有时候确实需要在束缚的脉络里制造结构的不稳定,环境运作本身需要创造"既成事实"和"理想状态"的不平衡。我国封建社会的文化产品有陈陈相因、墨守成规的缺陷(例如八股文等),部分的原因就在于,封建社会是一个牢牢建立在儒家伦理、三纲五常基础上的超稳定结构,由于缺乏变化,缺乏文化碰撞,人们的思想也就容易僵化,缺乏新意。故而,创意的产生需要一定程度的文化碰撞。各种不同文化因子之间的碰撞和交流,才能形成一个开放的、有活力的文化体系。

---

[1] Andersson, A. E. *Creativity and regional development*, Papers of the Regional Science Association, 1985, 56: 5-20.

[2] Peter Hall. *Creative and Economic Development*, Urban Studies, 2000, 37(4): 639-649.

甚至有学者认为,越是在多元的、冲突的环境中,越容易产生创造性。这就牵涉到如何辩证看待"和谐"的问题。

在国内普遍倡导"和谐社会"的今天,我们也要看到,由于文化的异质性,不同文化之间并非总有互相融合的可能。有些文化类型之间彼此可以共存共处,但未必能在方方面面都实现和谐。而恰恰是这种"不和谐"的观念、思想,能够产生文化碰撞,从而诞生创意。这正如一个诗人在内心和谐满足的状态下往往缺乏灵感,而在思想冲突、纠结的状况下,反而能思如泉涌。在这方面,芒福德早就启发我们:

> 良好的伙伴关系并非社会人的全部义务,而且一些最高级的精神产物并非源自少量心满意足的精神状态,而是来自大量挫败、敌意、沮丧、痛苦等的精神状态:克赫勒特与以赛亚,欧里庇得斯与莎士比亚,但丁与马基雅弗利,提供了在耶路撒冷、雅典、佛罗伦萨和伦敦存在更高层次不和谐的证据。心理成长比肉体满足更加重要;在设计城市时,我们必须提供一种足够宽泛和丰富的环境,并且永远不要让它退化到一种"典型社区"。
>
> ——《城市文化》第七章《新城市秩序的社会基础》[①]

的确,假如屈原不是置身在充满冲突的环境中,想象力丰富的《离骚》《天问》就不可能产生。假如杜甫一直仕途顺利,心气平和,就不会诞生反映民生疾苦的《三吏》《三别》。所谓"愤怒出诗人""国家不幸诗家幸,赋到沧桑句便工"所指即此。现代青年所喜闻乐见的摇滚乐,其实就源自艺术家们与现实的冲突和碰撞。向勇等曾以摇滚乐为例,来说明创意阶层的某些价值观念:

---

① [美]刘易斯·芒福德:《城市文化》,宋俊岭、李翔宇、周鸣浩译,中国建筑工业出版社,2009年版,第511页。

创意阶层喜爱摇滚乐，表面看来，这只是他们业余生活兴趣的表现，但是，如果从深层去探讨他们喜爱的原因，就可发现，这一大众的艺术形成其实是折射出了他们的精神风貌和价值观念。我们可以从三个方面去探讨。其一是摇滚乐的产生，是对社会现实的一种抗争。摇滚乐诞生于20世纪50年代初，它的产生和人们对战争的质疑与反抗以及对和平的渴望是分不开的。……摇滚乐正是对紧张战争状态的模拟与揭示，以此来对心灵的紧张状态进行纾解和缓冲，进而表达对战争和残酷政治的反抗与颠覆。摇滚乐自诞生之日起，就亦步亦趋地投影了半个多世纪的时代风韵，折射了半个多世纪的时代心声……我们可以从一些乐队名称和歌曲中找到历史的足迹，如 U2、"刺杀肯尼迪"、《革命》《权力之于人民》《战争贩子》《折卸原子弹》等。其二，摇滚乐是对传统的挑战和破坏。从摇滚乐的发展过程看，它先是作为青年人热爱的一种音乐形式，继而成为青年文化运动的一部分，最终成为一种世界文化现象，它的产生和发展与此前此后的一代代文化斗士对传统所进行的无畏冲击和破坏是分不开的。从文化层面上看，摇滚已不仅仅是一种音乐形式，它已成为一种精神或存在状态——颠覆、疯狂、激情、理性、先锋、边缘、纯粹等诸多特质的混合体，因而我们可将具有上述特质的人或事物称为"具有摇滚精神"或"摇滚化的"。从这个意义上讲，曾对艺术史构成过巨大颠覆作用的毕加索可称为摇滚的先行者，思想极端与疯狂的福柯是一个具有摇滚状态的思想家，充满激情的拉丁美洲革命者切拉瓦格是一个摇滚者；……其三，从摇滚乐的演出现场看，每一个"自我"都能得到充分的发挥。在摇滚现场，没有一个必须被支配的中心，每个人都是一个中心，表演者与观众的视角是互相交织、互相碰撞的，观众常常是摇滚的激活体；在摇滚中，本能、直觉、意志力这些构成非理性主义的基本元素被体现得淋漓尽致；摇滚演出是一种特殊的空间碰撞，在此空间中摇滚的参与者都暂时被一种新的空间所唤醒，迷失的人们又重新标定了自己所处的空间的位置——"看，我就在这里，我依然存在着"；在摇滚中，音乐的传统属性——高度理性、高度抽象、高度严谨——被彻底摧毁,而代之以肆意表现、高度具象、肆意嚎叫的一种东西。①

无疑,没有文化冲突就不会有摇滚这种创意型的音乐艺术。可以想见,在一个创意城市里,在一个多元文化社会中,由于文化交流乃至文化碰撞,市民自身的性格、气质、内涵也会变得更为多面和丰富,这将有利于各类创意形式的滋生。例如上海的新天地,就是利用古老的石库门街区对话西方潮流文化和现代时尚元素,碰撞出了艺术文化上的火花,成为上海的标志性创意旅游景点。

仔细分析起来,文化碰撞内涵极广,它至少包括:传统文化与新兴文化的碰撞(又可细分为传统道德与市场经济的碰撞、传统伦理与现代婚恋观的碰撞、传统审美与时尚审美的碰撞,等等),城市文化与乡村文化的冲突,本土文化与西方文化的碰撞,等等。例如,没有传统道德与市场经济的碰撞,就不会有电影《父子老爷车》《二子开店》;没有城市文化与乡村文化的冲突,就不会有开先声的小说《陈奂生上城》和电视剧《外来妹》;没有本土文化与西方文化的碰撞,就不会有电影《喜福会》《刮痧》,以及红极一时的小说和电视剧《北京人在纽约》。正如有人提出的那样:"思想碰撞+文化交融=创意"②。

就创意城市而言,纽约可称为文化碰撞的最典型之地。全世界的文化在这里交流,相互冲撞,相互激荡,相互促进,共同支持着美国自身文化的健康发展。我国范围内,香港具有最典型的文化碰撞特征。由于历史渊源与地理条件的关系,香港形成了东西文化共存的独特环境,是一个多元文化汇集与交流的国际大都市。由于香港社会高度开放和自由,极具包容性,易于产生文化的碰撞和创意思想的激发,有利于创意人才进行大胆尝试和创新。今天的香港特区,是国际上最为成熟的创意产业集聚地之一。我们耳熟能详的各种香港原创的歌曲、电影、小说、电视剧等文化产品,可以说不少都获益于在香港所发生的各种文化碰撞。此外,香港还经

---

① 向勇、周城雄编著:《中国创意城市(上):创意城市发展研究》,新世界出版社,2008年版,第111-112页。

② 黄文:《思想碰撞+文化交融=创意》,载《音乐周报》,2012年5月30日。

常举办各种旨在促进文化碰撞的会展、活动等,例如近年有 2016 年在香港艺术中心启幕的《文化碰撞:穿越东北亚》展览等。

总之,火花的产生需要不同石块之间的摩擦、碰撞。没有文化的碰撞就没有创意的火花。来自不同国家、不同文化、不同行业、不同价值取向的人们相互交流,不同类别的创意设计和各种交流信息相互渗透,形成既竞争又合作的关系,这样才能保持文化的活力。从理论上来说,我国具有一个多民族国家所拥有的民族开放性和包容性,各民族鲜明文化形态和文化传统在历史发展的过程中不断融合、碰撞,互相汲取营养。如果能在包容世界文化、鼓励前卫艺术等方面再进一步,则更能为本国文化创意产业引进他山之石并促进本地化融合提供便利的条件。

第四节　不可忽视的"草根文化"

2005 年,国内娱乐界火了一个人,他就是郭德纲。姑且不论他的相声艺术境界高低如何,其从业理念颇却值得人们回味——他反复强调自己是一个"非主流相声演员"。言下之意,他代表的是"民间立场"和"草根文化"。事实上,我们不难看出,真正的高手在民间,不竭的创意也在民间。过分地强调"主流",必然会造成某种程度的整齐划一,影响创意思维的产生。因此,要营造创意环境,就不可忽视"民间立场""小众立场"和"草根文化"。在这方面,祁述裕提出:

> 鼓励草根文化、亚文化的创造和发展。草根文化首先具有乡村的、群众的、基层的和基础的特征,最符合大众的文化口味和需求。其次,草根文化一般产生于与大众生产生活最为接近的民间,其创造者往往是最为广泛的大众。鼓励草根文化的发展往往是激发大众创造性思维和创新动力的重要方式。最后,草根文化也具有很高的社会经济价值,往往是诸多创意的源泉。如近年来,国家大力支持的藏羌彝文化产业走廊、丝绸之路文化经济带等,都是力图以创意使民族民间草根文化活起来,发挥其应有的社

会经济价值。同样的,亚文化往往是与主流文化、大众文化相异的文化,鼓励亚文化的发展,则可以在源头上提升社会的创意氛围、创新动力。①

上海社会科学院文化创意产业研究基地的《上海文化创意产业发展报告(2015—2016)》也提出:"营造创意创新氛围。为各类文化创意人才,尤其是草根的创业、创新、创意营造宽容宽松的氛围,厚植城市的创意土壤,形成'大众创业,万众创新'的局面。"②

对于"草根文化",有两个方面值得注意。第一个方面是要善于发现、利用当代民间高手的灵感。汤姆·坎农在"首届世界大城市带发展高层论坛"上说过,"城市不仅仅是砖块,更应该是人民释放创造力的舞台——这是城市发展中的软因素,塑造城市的生命和未来。"

英国伦敦在文化发展的规划中,十分关注另类文化,对聚集着无数前卫艺术家和音乐人的康登(Camden)区域给予发展空间和扶持,促进区域文化的多样性和多样化发展。而我国的现状是,民间自由艺术家生存状况堪忧。他们缺乏社会的温暖和政策的倾斜,很大程度上处于自生自灭的状态。时至今日,人们一提到"北漂艺术家""流浪歌手",都会持有几分同情态度,这也证明了民间艺术生存的困境。另外,民间的创意产品多半出于自娱自乐,常常以网络、自媒体为载体,以幽默、搞笑为手段,但不能说其中没有严肃的东西,也不能因涉嫌"恶搞"而将其一棍子打死。例如,湖北人胡戈2005年凭借《一个馒头引发的血案》而走红网络,可见民间创意力量的强大。继《馒头》之后,网络上又相继出现了《无极帝国时代版》《无极大腕版》《无极漫画版》,还有模仿鲁迅《纪念刘和珍君》的《纪念陈凯歌君》和脱胎于《吉祥三宝》的《吉祥馒头》。先不谈这些作品是否造成了对当事人的侵害,单是它们遍地开花的事实,就足以显示民间创意强大的生命力。然而胡戈的"创意",最终使代表某种"主流"的大导演陈凯歌勃然大怒,险些被其以侵权罪而告上法庭。对

---

① 傅才武、许启彤主编:《文化创意、产业融合和城市发展——2014年长江文化创意设计与相关产业融合发展学术研讨会文集》,中国社会科学出版社,2015年版,第57页。
② 王慧敏、王兴全主编:《上海文化创意产业发展报告(2015—2016)》,社会科学文献出版社,第23页。

此,有学者指出:

> 发展创意产业,就是要动员全民创意,并提炼其中的精髓部分,使其为创意产业发展服务。……缺少了民众的土壤,好的创意也无从谈起。胡戈的《馒头》一出,陈凯歌便忙着声讨。其实,对待"草寇",除了"围剿"之外,还可以"招安"。"草莽英雄""江湖游侠"也可以收编、合作。不可否认,胡戈是个创意人才,那么何不将其收入麾下,让他也为电影事业效"犬马之劳"呢?事实上,胡戈的《馒头》对《无极》的票房起到了一定的催化作用,很多网友都承认,是因为先看了《馒头》才对《无极》产生了兴趣而走进电影院的。试想,如果陈导演的下一部影片采取全新的宣传策略,让胡戈先推出网络搞笑版进行前期宣传,那就可能会取得令人满意的票房。此外,也可以利用许多先期作品进行低成本的集成创新,合作双赢。①

英国康登区域给我们的启示在于:应正确认识民间另类文化和亚文化所具有的重要作用,坚持文化开放发展、协调并进,着力营造城市氛围,在全社会形成宽容的文化氛围,鼓励民间文化的自由创作和管理,给予另类文化发展空间。

第二个方面是挖掘民间非物质文化遗产,重视民间艺人。在这方面,日本政府较有先见之明。他们早就制定了一系列具体政策,包括重新挖掘、振兴具有地方特色的文化遗产、民间艺术、传统工艺和祭祀活动等;制定长期规划,对具有地方特色的文化艺术提供综合援助,中央政府与地方政府联手举办全国规模的文化节等。而在某些特定的历史时期,我国许多民间文学、民间习俗、民间艺术、民间工艺不但没有很好地被保护和利用于文化产业,反而被当作"四旧""封建迷信"或"封建糟粕"而遭到批判、封杀,面临失传和毁灭。明眼人不难发现,这当中其实含有大量宝贵的草根文化和民间创意。当世界各国在忙不迭保护这些文化时,我们却在对它们予以抛弃和毁灭,这不能不让人叹息。幸而自 2004 年 8 月开始,我国加入了联

---

① 易华:《创意人才和创意产业、创意城市发展》,中国物资出版社,2011 年版,第 5 页。

合国教科文组织的《保护非物质文化遗产公约》,并逐步开始设立各种法规对非遗文化加以大力保护和传承,各级文化部门也大力提倡对非遗文化进行挖掘和利用。我国目前还确定了不同层级的非遗传承人名录,对这些民间艺人予以礼遇、保护,以及文化产业方面的支持。学者蒋三庚就曾明确认为,创意生产者不但包括画家、作家、编剧、动画制作人员和各类设计师,同时也包括民间艺术家和民间手工艺人。因此,重视民间艺人的草根文化,就是在培育创意环境。

民间文化、草根文化、非遗文化可以说是创意产业的肥沃土壤。比如,中华文明在历史的发展中从未中断,很多基于民俗、神话传说的传统节日,在活动经济和假日经济的产业开发方面具有重要的价值。中国人在长期的生活中积累了各种各样的娱乐和休闲方式,其中有许多一直延续至今,可以为文化创意产品的开发提供重要的资源。

又例如,就民间文学而言,白蛇传说、梁祝传说、孟姜女传说、董永传说、西施传说、济公传说、阿诗玛、杨家将传说、刘伯温传说、黄大仙传说、观音传说、木兰传说、徐文长故事、刘三姐歌谣、盘古神话、嘎达梅林、梅葛、司岗里等大量非遗文学作品,如今都被转化为了各类文化创意产品(电影、电视剧、歌曲,乃至各类文具、玩具、生活用品等),创造了大量的文化附加值。例如,广西非遗刘三姐歌谣,在20世纪60年代就被创意成了电影,风靡至今。作为刘三姐的故乡,阳朔地区在2003年以前的广西旅游传统上只是作为中转站而非目的地。但自从张艺谋导演的《印象·刘三姐》首演以后,阳朔的旅游形势发生了根本改观,有很多游客专门到阳朔去观看该演出。阳朔抓住时机发展了民居旅游、乡村旅游等形式,农家乐也纷纷发展起来。"印象·刘三姐"也是对刘三姐歌谣的创意发展。

值得注意的是,相关创意产品中有些还是被国外较早开发的。例如1998年6月,美国迪斯尼公司根据我国的木兰传说,创意出品了电脑动画电影《花木兰》。该片在全美首映的周末三天票房纪录就达到2 300万美元,在全球共计取得了3亿元的票房。因此,对于广大的草根文化和民间宝藏,决不能简单地扣以"落后""愚昧""迷信""封建""愚忠""愚孝""非主流"的帽子加以排斥,而是应当合理地加以保护和利用。

多元化是当今世界文化发展的一个重要趋势。早在2005年联合国教科文组织第三十三届大会上通过的《保护文化内容和艺术表现形式多样化公约》就表明,文化多样性已成为国际社会文化发展繁荣的重要特征,它与世界多极化和经济全球化特征并列,形成世界的三大潮流。

有人说:"建筑使城市巨大,文化使城市伟大。"①我们不妨可以修改为:"多元文化使城市伟大。"或者说,"多元文化使城市具有创意"。而我国的创意文化产业若要繁荣,就必须倡导多元文化,不断培育一大批蕴含多元文化的城市,通过提高自身的包容精神、增强文化的多样性来吸引创意阶层,并广泛培育具有多元文化意识的市民,允许个人彰显才智和创新意识。我们要充分认识到,在创意城市的建设中,每一类当地人群都是潜在的创意主体,每一种当地文化都是潜在发光的宝藏。

总之,宽容是文化之母,宽容使文化海阔天空。大至一个国度,小至一个城市,如果在文化上不能兼容并包,则人民无法感到轻松自由,创意思维更无从酝酿。我们要呼唤更多的文化宽容,让各种文化、亚文化同在蓝天白云下自由地生长。正如芒福德所指出的:

> 人们将不得不详尽地发掘现代人生活的潜力,以便描绘出现代社区。简而言之,那些辛勤工作,详细计划,为了社区生活创造牢固结构的人们必然希望将各种形式的文化结合在一起:作为关心地球的文化;作为为了有效满足人类需求而严格把握运用能源的文化;作为照料身体,养育儿童,培养每个人在知觉上、感情上、思想上、表演上的全部才能的文化;作为将权力转化为政体,将体验转化为科学和哲学,将生活转化为艺术统一体和意义,将整体转化为一套价值标准的文化。人们情愿为它,而不是为了誓言——信仰而献出生命。
>
> ——《城市文化》第七章《新城市秩序的社会基础》②

---

① 傅才武、许启彤主编:《文化创意、产业融合和城市发展——2014年长江文化创意设计与相关产业融合发展学术研讨会文集》,中国社会科学出版社,2015年版,第50页。
② [美]刘易斯·芒福德:《城市文化》,宋俊岭、李翔宇、周鸣浩译,中国建筑工业出版社,2009年版,第516-517页。

第三章
休闲空间与创意条件

"创意环境是具有特定物理空间和文化共享空间的综合空间,是一个寓感性和理性、物质和意识为一体的创意场,分自然创意环境和社会创意环境。自然创意环境是以自然环境、城市建筑、街区景观为构成要素的城市生活环境,如适合创意阶层审美品位的休闲咖啡馆、俱乐部等,具有可复制性"①,宽容政治与多元文化在思想氛围上给予了创意城市以休闲和宽松,对于城市居民而言,接下来需要的是休闲的自然环境与物质空间。事实上,休闲本应就是城市的基本功能之一。早在1933年,作为世界首个城市规划大纲的《雅典宪章》就提出:"居住、工作、游憩与交通四大活动是研究及分析现代城市设计时最基本的分类。"站在新时代的高度审视中国城市,人们已经不单纯羡慕城市的制造能力。一个新的转变是:城市的文化品位和休闲功能越来越被看重,这也逐步成为评判城市活力、潜力、影响力的一个重要指标。

而创意阶层不可或缺的就是休闲空间与休闲活动。哲学家罗素曾说过:"有些人在做一件重大的决断之前,觉得必须'睡一觉再说',真是再对也没有。"②这实质上指出了休闲是思维活动的重要外部条件。鲁迅在谈及宋代话本时曾说:"宋都汴,民物康阜,游乐之事甚多,市井间有杂伎艺,其中有'说话',执此业者曰'说话

---

① 邓文君:《数字时代法国文化创意产业的创意环境构建研究》,载《深圳大学学报·人文社会科学版》,2014年第6期。

② [英]罗素:《罗素论幸福》,傅雷译,团结出版社,2005年版,第246页。

人'。……"①虽寥寥数语,却也道出了休闲活动对于文艺创作的激发作用。正如某学者所言:"创意阶层注重休闲活动。自由的工作方式和弹性的工作时间使得创意人员的工作时间和休闲时间的界限进一步模糊。创意阶层的休闲消费活动具有明显的个性化特征,他们对休闲娱乐活动有更多的选择,而且是更具有体验性精神享受的特征。他们会积极主动地参与到休闲活动中,如有趣的音乐、画展、电影以及各种充满活力的、多种多样的文化休闲活动。创意工作者对户外休闲活动也非常感兴趣,比如自行车、攀岩、潜水、滑雪等。他们渴望刺激,希望自己拥有高素质、高品质的休闲体验。因为这些丰富的生活体验,是他们创意的源泉,同时也能体现出他们的独立性和个性化。总之,创意阶层参与这种休闲活动更注重精神需求和生活品质,让生活艺术化在多样的体验中激发创造性。"②《杭州富阳文化创意产业发展规划(2010—2015)》中也明确提出"运动休闲催生创新创意"③的理念。

在休闲事业政策上,政府要确保一定的财政支出,并鼓励社会捐助重点高雅文化设施、基础休闲设施、大众休闲场所建设,形成免费或成本价的公共休闲产品。而作为创意条件的城市休闲空间,必须规划合理,设施完备,才能让创意阶层安居而后乐业。当前城市建设中一个突出的问题就是:在利益驱动下,商业空间日益膨胀,休闲空间日益萎缩。因此,要不断加强城市的硬环境和软环境建设。要改善城市的基础设施,保证宽敞的市容环境和顺畅的城市交通;要大力建设博物馆、电影院和剧院,以提高城市文化品位;要改善娱乐、休闲、住房等一系列基本社会服务,以提升生活质量和幸福感。

英国著名的文化产业学者安迪·普拉特(Andy C. Pratt)提及"实践和参与艺术、体育活动会产生互相包容的社会环境"④的观点。也就是说,休闲娱乐能有助于包容。故而,休闲空间和娱乐设施更显得必要,它能有助于形成宽容、和谐的社会氛围。

---

① 鲁迅:《中国小说史略》,广西人民出版社,2017年版,第122页。
② 于霞:《从创意环境谈我国创意阶层的形成》,载《广东省社会主义学院学报》,2010年第4期。
③ 富阳文化创意产业办公室等:《杭州富阳文化创意产业发展规划(2010—2015)》,第3页。
④ 莫健伟、崔德炜主编:《文化创意空间:艺术与商业的集聚与融合》,社会科学文献出版社,2012年版,第54页。

一览全球大大小小的创意城市可知,凡是文化艺术、休闲设施比较集中、成熟的地区,也是创意企业易于产生集聚的区域。休闲空间的设计在欧美等发达国家,早已成为一种产业,也被广泛地应用于多个领域。而在我国,休闲产业刚刚起步,除了学习之外,根据中国的国情打造休闲空间尚处在一种探索阶段。不断开发休闲空间的功能从而为创意产业服务,也是对城市管理者和建设者提出的一项更高要求。

第一节 "中世纪":理想的城市休闲空间

北京大学城市与区域规划系教授王缉慈女士在《关于以房地产开发驱动创意产业的冷思考》一文中明确指出:"创意产业具有空间集聚特征,需要政府和相关的非政府机构深入思考具有创造力的人群的区位需求,研究他们喜欢到什么地方去工作、创业、生活。"[①]无疑,现代化的休闲空间正是创意人才所需要的。正如美国女作家亚莉珊卓·史达德尔所感受到的:

> 到各个城市旅行,也会让你了解到各个城市的不同面貌。有些城市让人很想亲近,有些城市却让人心生恐惧,避之唯恐不及。一个城市给人的感觉取决于它的建筑,城市的建筑和公共空间,可以呈现出这个城市的生活水准,这通常是八九不离十的。在意大利和法国到处都有广场,人们可以在广场上找位子坐下,悠闲地看着人潮来来往往。我相当欣赏这些公共空间的设计,似乎是为了满足我们对悠闲及社区感的需要而建造的。当我坐在一个广场的时候,我会觉得自己在参与这里的生活。每次我和女儿布鲁克一起旅行,我们就喜欢在街道上闲逛。这有一种令人期待的神秘感,因为不晓得会在路上看到什么。有时候走累了,就找个地方休

---

① 莫健伟、崔德炜主编:《文化创意空间:艺术与商业的集聚与融合》,社会科学文献出版社,2012年版,第5页。

息,看看风景,看看人潮,非常惬意。①

因此,城市不仅要有发达的经济,还要有一定的休闲资源、休闲文化,才能让人乐于亲近,从而带来创意。但这是一个容易被管理者忽视的问题。目前我国一些城市只满足于解决民众的温饱问题,对民众休闲空间的规划还有待加强。

那么,一个理想的创意城市,应具有怎样的休闲空间呢? 作为有机规划和人文主义规划思想的城市学大师,芒福德在其名著《城市文化》中,系统总结了西方城市规划的发展过程,对欧洲中世纪的城市规划极为赞赏。他所挖掘的欧洲中世纪城镇案例,给世人以不少启示。我们将其总结归纳认为,首先城市要具备宽阔的空间,以提供充足的休闲服务。芒福德在《城市文化》第一章《保护和中世纪城镇》中指出数百年前欧洲城市规划的科学性——空间开阔,易于休闲:

> 一直到 17 世纪末期的无数绘画和规划图,都向我们讲述了,城市里安排这类开阔空间的做法是多么普遍的事情。……总而言之,就城市的可用开放空间总面积所达到的水平来说,中世纪城镇为其全体居民保有的开放空间面积的确达到了最高标准,超过了以后任何时期城镇的开放空间面积水平,……②

其实,我国古代城市规划也毫不逊色。隋朝的大兴城,唐朝的长安城,都规划了开阔的空间,保证市民有充足的休闲空间。大兴城基于汉代的长安城,在著名设计师宇文恺的设计下,充分利用地形的优势,增大了立体空间,显得更加雄伟壮观,成为当时世界上最大的城市,比同时期的拜占庭王国都城大 7 倍。唐长安城基于隋大兴城修缮和改建,面积多达 83 平方公里,比现今的西安旧城大 7~10 倍。太极宫、华清宫、大明宫和兴庆宫,是皇亲贵族的休闲空间;芙蓉苑和杏园,是官宦集

---

① [美]亚莉珊卓·史达德尔:《简单生活》,李佩味译,哈尔滨出版社,2005 年版,第 186 页。
② [美]刘易斯·芒福德:《城市文化》,宋俊岭、李翔宇、周鸣浩译,中国建筑工业出版社,2009 年版,第 50 页。

中的休闲场所;慈恩寺、玄都观、曲江风景区、乐游原风景区、东郊的"灞柳风雪"景观,则是百姓所能享受到的休闲资源。

其次,创意城市的道路、街区设计应当是具有趣味性的,而不能整齐划一,呆板机械而毫无生趣。芒福德这样指出中世纪城市的特点:

> 在中世纪的城市,城市平面很少呈现几何形,其中斗折蛇行、拐弯抹角、出其不意、变化无穷,而绝不讲求空间连续性,这些才是这些城市的特征。而晚期巴洛克城市设计中的通向固定目标的视觉轴线、直线的运用,都是机械运动在城市设计中的体现……
> ——《城市文化》第一章《保护和中世纪城镇》①

事实上,我国古代的一些城市也是如此。以宋代的临安为例:它"不是严格的中轴对称布局;……居住区与商业区无明显隔离,有的南北分段布置,有的并列混杂"②;而古代的江南市镇更是形态多种多样,空间布局很少呈现机械雷同。例如,它们在总体布局上可呈现带形、十字形、星形、团形等多种形态。居民住宅除了普通住宅外,还有各种形态的店铺式住宅和深院大宅。沿河空间有露天式、廊棚式、骑楼式、过街楼式、披檐式以及一些混合形式。居民还会将住宅枕水而筑,临水开门开窗,设水埠或建筑内凹,纳水入内,形成了别具情趣的临水空间。在这里,有万巷盘曲的块面空间、千街傍水的线性空间、路津枢纽的点状空间和因地制宜的园林空间。游憩其中,让人兴味盎然。

但现代以来,城市规划越来越机械,"千城一面"日益严重,道路、街区的设计缺乏生趣,一些大城市(如北京、西安等)的街道过于整齐,呈现严格的四方形、棋盘式布局,这都会使人们"审美疲劳",兴致索然,也无疑都在某种程度上有损于创意环境的培育。在《城市文化》第四章《大都会的兴衰》中,芒福德早就呼吁:"摆脱大都

---

① [美]刘易斯·芒福德:《城市文化》,宋俊岭、李翔宇、周鸣浩译,中国建筑工业出版社,2009年版,第42页。
② 郭谌达、焦胜:《两宋都城东京和临安城市布局比较》,载《中国科技论文》,2015年第19期。

市秩序的僵死的形式,在更广泛的地区框架内,把保存下来的力量用在对大都市真正的优点进行社会利用,这可能是我们的文明最紧迫的任务,……"①

再次,城市应具有完备的休闲、娱乐设施。芒福德在《宫殿对于城市的影响》(见《城市文化》第二章《法庭、游行行列和首都》)一文中,指出了巴洛克宫廷生活对于欧洲城市在休闲与娱乐设施方面的重大影响。事实上,宫廷生活也历来是我国传统休闲文化的重要部分。但封建帝王往往不能与民同乐,对于城市、民间的休闲建设起不到积极的作用。正如有学者所举例的:"唐代初期的太极宫、盛期的大明宫、中期的兴庆宫分别代表了唐朝宫廷娱乐的三个阶段,……三大宫殿是专供统治阶级游乐的场所,因而可以体现出帝王游乐的些许特质,奢侈、华丽、休闲、隐蔽性,往往与世隔绝,显示其高贵,与平民百姓的出游形成鲜明对比。"②如今,我们则可以利用旧日的楼台宫殿,将其改造为提升全民休闲空间的场所。在这方面,一些城市都做得很好。例如西安市在昔日唐代宫殿的遗址上建成兴庆宫公园、大明宫国家遗址公园。其中,后者的发展定位还是"建设集文化、旅游、商贸、居住、休闲服务为一体的、具有国际水准的城市新区"。还有南京在昔日明朝宫殿遗址上建成的明故宫公园,如今已经是市民展示风筝文化的著名休闲场所。

芒福德在《城市文化》第四章《大都会的兴衰》中说:"事实上,只有那些接受过度拥挤的现实并赋予其相应形态的大都市休闲地才是成功的。比如,柏林的万湖浴场,或者长岛的琼斯海滩,一个巨大的绵延的海岸线,笼罩在辽阔的天空下,组织有序,治安管理非常有效,成千上万的小汽车停放有序,巨大的休息亭,高而尖耸的救生塔上是人数众多恪尽职守的救生员,成千上万的浴者一边晒太阳一边彼此观望。一大群人的奇观,也许这是都市所提供给我们的最接近真实生活的方式,按照美学原则强化和秩序化了的生活。"③可见,大城市虽然拥挤,但

---

① [美]刘易斯·芒福德:《城市文化》,宋俊岭、李翔宇、周鸣浩译,中国建筑工业出版社,2009年版,第336页。
② 刘兰宇:《唐代长安旅游文化研究》,华中师范大学2014年硕士学位论文,第19页。
③ [美]刘易斯·芒福德:《城市文化》,宋俊岭、李翔宇、周鸣浩译,中国建筑工业出版社,2009年版,第292页。

如果在科学合理的规划下具备了良好的休闲空间和娱乐设施,也可以成为民众的宜居之处。

最后,除了有让人"身闲"的空间之外,城市还应当具有让人"心闲"的场所。事实上,"心闲"(即精神的休闲)恐怕是"身闲"的先决条件。当代学者指出宗教对于精神放松的作用:"宗教休闲是一种偏重内心精神境界的境界性休闲,……人们在进行宗教休闲时,其日常功利意识在宗教之光的照耀下烟消云散,心灵被带入到一种远离尘世喧嚣的安宁、圣洁、无染、光明的深层审美状态。"[1]而芒福德早就注意到宗教场所对人精神放松的作用:

> 追求文明彼岸性的宗教,对此岸性中现世生活的最重要贡献,恐怕就是它对城市发展所做的贡献。……它对世俗趣味的戒绝,它的出世退隐的处世态度,都是它的彼岸性的表现。……在这种退隐幽避状态中,人的内心生活得以充实提高。……这种关注内心状态的普遍做法,最终的报偿是人们获得了理想和想象:白昼里种种俗不可耐的念头,被梦想中充满激情的幻觉和理想所点化。
>
> 而如今呢?如我们后来看到的,我们的建筑物已经由岩洞进化到了花园别墅,由纪念碑进化到了舒适的住所。但是,若把我们的房屋在白昼里四敞大开,你会惊讶地发现,我们忘却了许多综合需要:需要安静,需要幽暗,内心需要私密空间,需要退避的场所。而修道院不论在公用或者私用形式上,都满足了城市人的各种综合需要,是一处很便利的场所。设想,如果丧失了独处和默想的机会,丧失了享受私密空间的机会,若无从躲避好事者的耳目和无关紧要的刺激以及世俗应酬,……没有这种私密空间的居家环境,犹如兵营般枯燥无味。
>
> ——《城市文化》第一章《保护和中世纪城镇》[2]

---

[1] 吴树波:《宗教休闲的审美分析》,载《社会科学辑刊》,2011年第4期。
[2] [美]刘易斯·芒福德:《城市文化》,宋俊岭、李翔宇、周鸣浩译,中国建筑工业出版社,2009年版,第32-33页。

故而,我们认为,创意城市(尤其是新兴城市、特区等)应适当具备一些宗教场所,以便让特定人群寻求精神超越,体验心灵的休闲。事实上,如今不少佛教寺院正在纷纷推出旨在让市民们体验"心闲"的活动,参与者也日益增多。再推广去说,如今"灵修"一词颇为热门,而其含义也日渐超越了宗教概念。有人提出"工作灵修"的概念,即工作场所中的灵修(Workplace Spirituality),它并非指那种有计划、有组织的宗教活动,也非关于神和上帝。它的目的在于使人在动荡不定的生活节奏中缓解压力和焦虑。越来越多的人发现,追求更多的物质占有无法让他们获得满足。人们所开始关注的,是个体发展,是人的意义和价值。我们认为,在创意城市中若打造一些高品质的休闲会所,完全可以承担起这种功能。

第二节 从"单核心城市"到"多核心城市"

对于第一节里城市规模与休闲空间的关系问题,还可以做进一步的辩证分析。城市规模在何种水平上能为创意提供最有效的休闲空间?理性的答案应是:城市既不能太小,也不能一味求大。一方面,如果城市规模太小,则城市景观单一贫乏,使人无法开阔视野;如果城市居民太少,则缺乏人气,街市、社区会显得寂静沉闷。在这样的小城中,社会交往空间狭窄,多元文化无法培育。市民或许可以是休闲的,但由于缺乏不同人群之间的思想碰撞,也就难以产生创意。而大都市能为创意提供包括休闲资源在内的各种东西。

在《城市文化》第四章《大都会的兴衰》中,芒福德提出城市会经历六种发展状态:原始都市、城邦、大都市、超大都市、暴虐都市、废墟都市。他认为,在大都市的发展中,由于外来人口的聚集,会带来创意的气息:"他们(按:指外来人口)带来了新鲜风俗和思想的震撼,挑战传统方式。……宗教、文学和戏剧进入了有自我意识的评论和表达的阶段,……生活中的各个方面都进行了重新的调整,从固定的模式和一成不变的常规中解放出来。本能、想象和理性在伟大的哲学和艺术作品中结合在一起,最大限度地释放文化的能量,柏拉图笔下的雅典,但丁笔下的佛罗伦萨,莎士比亚笔下的伦敦,爱默生笔下的波士顿。"①因此,芒福德断言:"在以生活的文化为基础创造新的区域秩序方面,大都市可以发挥值得自豪的重要作用。……世界性的城市拥有了许多人类遗产中最优秀的部分。"②

此外,英国学者弗兰克·莫特也指出:"对于新闻记者、设计师……大都市又是创作灵感的集结地。城市景观提供了一系列的形象和象征,让他们在进行专业工作时选用。"③安迪·普拉特也曾明确认为:"文化产业有一个得到大家认可而且显而易见的特点,……那就是,在人口稠密的城市环境中共存的趋势。"④从规模效益上来说,大城市也是创意产业集群的首选之地。城区便利的基础设施(包括休闲空间),深厚的文化底蕴和多元化、国际化的氛围,都可以为创意产业集群提供良好的发展条件。

实践也证明,创意产业及其相关产业一般都倾向于在大城市集聚。例如,伦敦、纽约、洛杉矶、柏林、巴黎、罗马、墨西哥城、东京、首尔、孟买、香港等地。但另一方面,如果城市过大,人口过于稠密,则会出现数百万、上千万的巨大人口争夺有限城市资源的状况。城市人口过多带来的直接问题,就是资源分配不足,包括休闲空间的严重不足。芒福德曾忧虑地指出:

> 在休闲方面存在着另一种低效能,不是体育设施过剩,而是严重缺乏娱乐的空间,……根据非常保守的估计,每300人至少要有1英亩的休闲空间,许多城市可以提供比这更多的场地。……但是在纽约却平均1234人才能有1英亩的空间。
>
> ——《城市文化》第四章《大都会的兴衰》⑤

---

① [美]刘易斯·芒福德:《城市文化》,宋俊岭、李翔宇、周鸣浩译,中国建筑工业出版社,2009年版,第327-328页。
② [美]刘易斯·芒福德:《城市文化》,宋俊岭、李翔宇、周鸣浩译,中国建筑工业出版社,2009年版,第335页。
③ [英]弗兰克·莫特:《消费文化:20世纪后期英国男性气质和社会空间》,余宁平译,南京大学出版社,2001年版,第182-185页。
④ 莫健伟、崔德炜主编:《文化创意空间:艺术与商业的集聚与融合》,社会科学文献出版社,2012年版,第49页。
⑤ [美]刘易斯·芒福德:《城市文化》,宋俊岭、李翔宇、周鸣浩译,中国建筑工业出版社,2009年版,第320-321页。

人满为患会导致经常性的交通堵塞、失业、房价飞涨、卫生状况恶劣等城市病，人们在巨大的身心压力下为了基本生存而每日疲于奔命，也就难以有休闲的状态去从事高级的创意活动。正如芒福德早就提出的：

> 在城市设计中寻求一种更好的合作秩序的同时，我们因此也在寻求另一种秩序，在这种秩序中会出现许多不同类型的冲突，以及更复杂，也更能激发才智的各色分歧，总之，我们在探寻一种对位的秩序。……社区的规模太小的话，人与人，群体与群体之间的本质差异就必须被小心掩饰，而过大的话，不通过剧烈的无序状态，它们就无法混合与碰撞，也就无法为人性的发展提供最佳的环境。……
> ——《城市文化》第七章《新城市秩序的社会基础》[①]

目前，由于我国城市规模越来越大，日益严重的"城市病"，制约着休闲空间，也

北京长城景区的拥挤景象

---

① [美]刘易斯·芒福德：《城市文化》，宋俊岭、李翔宇、周鸣浩译，中国建筑工业出版社，2009年版，第511页。

制约着创意产业的发展。这归咎于城市规划的滞后与落后,它首先表现在城市功能的定位上。目前我国大都市的功能定位往往追求"大而全",不少城市担负着行政中心、经济中心、教育中心、文化中心、工业中心、交通枢纽、物流中心等各种功能,导致了人口的过度聚集。早在2014年,超过500万人口的城市在我国已多达88个。按照联合国的标准,它们已是"特大城市"和"超大城市"。城市变得越来越笨重和拥挤,显然不利于创意产业的可持续发展。

由于大都市核心区域房价过高,写字楼、公寓昂贵,导致了创意单位不得不搬离闹市,而转向郊区。但如果创意单位离开都市中心太远,则又会导致一系列的问题。例如,休闲娱乐设施不配套,交通不便,无法与都市交流——对于高层次人才来说,这也将是致命的。例如,北京星光影视园就是因为离市区过远,导致了以下种种问题:

> 作为新兴文化产业园区,星光影视园同样位于北京市远郊县的城乡接合地带。……建成之后,一种奇特的现象出现了:影视园内高楼林立,知名媒体公司和电视台云集,出入都是高素质的媒体白领和电视名人,方圆一公里之内,俨然一座现代化高科技新城。可是只要驱车稍远一点,就会立马显现出典型的城中村乱象——尘土飞扬的村庄路,马车与拖拉机占据道路中央行驶,……在这样一种外环境之下,影视园俨然一座文化"孤岛",无论是内部环境和人员素质都显示出与周边环境格格不入的态势。……一位黑车司机得意扬扬地炫耀他怎样向一位从地铁站刚出来的外国人漫天要价,仅仅两公里路程收了60元人民币的"事迹"。这当然只是个例,但是却可以从侧面反映出"孤岛"局面对文化产业园的潜在不良影响。国内很多文化产业园,都因为城市空间限制而被迫设在城市边缘地带,也同样无法避免会遇上有中国特色的二元文化经济结构造成的"围困"现象。[①]

---

① 何其聪主编:《融汇创意的力量——中国文化产业精选案例研究》,中国书籍出版社,2012年版,第33页。

为了合理地控制城市规模,沃伦·汤普森(Warren Thompson)早就提及用一种"多核心城市"(poly-nucleated city)的新类型来替代"单核心城市"(mono-nucleated city)。特点是"保持充分的距离,范围得到限制的社区群将会取代组织不力的大城市。在一个无论环境还是资源都得到恰当规划的区域中,20个这样的城市将具有人口100万的大都市所拥有的一切优点,却不存在大都市笨拙呆板的不利条件"①。此后,英国大伦敦首席执行官安东尼·梅尔也认为,城市的发展值得注意的是中心城区容纳能力的问题。如果一个城市只有一个中心而没有多个副中心,那么这个城市就是不可持续的,当人们每天花费大量的时间从市郊赶到城区上班时,这个城市的"城市病"就会越发严重。因此,城市不是越大越好,大城市不能无限扩张。

> 一个社会的能量越是在笨重的物质结构中被固化,它就越不会准备使自身适应新的紧急情况,也不善于抓住新的可能性。……我们已经为过去的社会制造了累赘的物质躯壳,我们在未来需要的与其说是一个外壳,还不如说是一个有生命的环境,一个有能力在每个器官、肌体部分、组织进行循环,修复以及更新的有机身体。……对于有生命的生物来说,真正的保护只有通过生长、更新以及繁殖才能够做到,这些过程恰恰是僵化的对立面。②

芒福德在《城市文化》第七章《新城市秩序的社会基础》一文中如是说。他启示我们,巨大而笨重的环境会导致僵死,而这恰恰是与创意相背离的。只有为城市适当"减负",才能使创意的细胞生长、繁殖。而这一点,有赖于对城市加以科学地规划和定位。如果只图快速发展而不考虑科学发展,只顾眼前增加GDP而不考虑可

---

① [美]刘易斯·芒福德:《城市文化》,宋俊岭、李翔宇、周鸣浩译,中国建筑工业出版社,2009年版,第514页。
② [美]刘易斯·芒福德:《城市文化》,宋俊岭、李翔宇、周鸣浩译,中国建筑工业出版社,2009年版,第447-448页。

持续发展,创意城市建设就存在很大危机。为此,城市发展的行政考核体系和相关指标也有待更加优化。

第三节　宋代"瓦舍":游戏的人,游戏空间

对于第一节里城市的休闲、娱乐设施问题,也可以做进一步的研究。对于现代创意城市来说,首先要注意规划构造大型的、全民性的休闲区域,即所谓的"游憩空间"。"游憩空间"源于18世纪的杂志社、咖啡馆和音乐室,之后持续发展到19世纪的城市公园、运动场,到20世纪初作为城市休闲娱乐空间已成为城市规划与建设不可缺少的内容。20世纪六七十年代后,"游憩空间"规划设计与模式表现的多样性,成为体现一个城市的人文关怀与休闲文化的条件之一。理想城市的"游憩空间"布局一般呈梯级层次与发散结构,即形成从城市中心(市级商业与公共休闲中心)、区中心(区级商业与公共休闲中心)到居住区(社区休闲)再到家庭(家庭休闲)的梯级层次,从城市休闲区到城郊户外游憩区再到"环城游憩带"的发散结构,将市区、郊区囊括其中统筹规划布局,以解决"游憩空间"数量不足与分布不均等问题。同时注意休闲项目策划,通过融入科技与文化因素,打造出融合时代特色与本土风格的休闲娱乐项目或游憩空间场所,以促进城市文化品位提升,建设"休闲城市"。

目前,各级政府已经普遍意识到休闲空间建设问题,并开始有了不少具体的思路和愿景。例如,《山东省国民休闲发展纲要(2011—2015)》把"加强公共休闲设施建设"作为"重点任务",具体表述为:

> 把公共休闲设施纳入城乡建设规划,不断加大政府投入力度,加快建设覆盖城乡、结构合理、功能健全、实用高效的公共休闲设施网络。城市规划建设要按照"宜居宜游"的理念,充分考虑休闲要素,大力提升休闲功能。加快大众型休闲设施建设,规划发展文化休闲广场、城市公园、公共健身设施、公共绿地和图书馆、博物馆、美术馆、文化馆、科技馆、生态自然

馆、广播电视、互联网等文化休闲设施,以及旅游休闲街区、社区文化中心等。……

推动公共休闲产品全民开放,实现各行业公共休闲资源公共化、社会化。原则上,凡全部由政府投资建设的休闲设施产品,如城市公园、体育场馆,……要免费开放,……

在现实生活中,不少城市已经打造形成了一些较为著名的新兴休闲游憩空间,例如,上海虹口区的"北外滩苏州河口休闲文化走廊",石家庄市的民生路休闲文化长廊等,但在城市打造休闲空间的浪潮中,有一处容易被人忽视的角落,这就是大学校园。有些人单纯地将它视为求知的殿堂,认为只要提供教室、图书馆即可,而忽视了它也应是惬意生活的场所和创意生长的条件。针对当前高校的生活氛围问题,有学者呼吁"要建设休闲化的校园"。例如易华指出:

在物质设施上,大学校园应该提供有利于知识活动的各种物质条件,而不是与工厂和政府去比大楼的多少与高低。大学的环境应该是休闲宜人的,而不是充满压力的;应该是鸟语花香的,而不是水泥森林的。只有这样,才能让知识在这里有萌芽成长的土壤和氛围。国内大学的校园建设,当前有严重水泥化、工厂化、大楼化的情形,这样的物质环境抑制了新思想、新观念的闪现。①

事实也的确如此。笔者曾亲身参观过国内一两百所高校,发现校园建筑大多是类似于开发区的厂房,固然不乏高楼大厦,但往往缺乏休闲、娱乐氛围和人文情怀。因此,城市管理者在建设休闲空间时,应考虑到高校的特殊性,为其提供更多的游憩场所。

在城市游憩空间的打造中,游戏设施的作用非常重要。这是因为,游戏不但是

---

① 易华:《创意人才和创意产业、创意城市发展》,中国物资出版社,2011年版,第207页。

休闲的重要组成部分,也是文化发展的基础。荷兰著名的历史学家、文化史学家约翰·赫伊津哈认为,从本质而言,与其将人类称为 Homo Sapiens(理性的人),不如称为 Homo Ludens(游戏的人)。他在其名著《游戏的人》中提出:

> 法律和秩序,商业和利润,工艺和艺术,诗歌、智慧和科学全都滥觞于神话和仪式——这一切都扎根在原始游戏的土壤中。……游戏与文化实际上是难分难解的,……真正而纯粹的游戏是人类文明的基础之一。①
>
> 游戏因素在整个文化进程中都极其活跃,而且它还产生了许多基本的社会生活形式。……仪式在神圣的游戏中成长;诗歌在游戏中诞生,以游戏为营养;音乐舞蹈则是纯粹的游戏。智慧和哲学表现在宗教竞争的语词和形式之中。战争的规则、高尚生活的习俗,全都建立在游戏模式之上。②
>
> 在游戏成分或缺的情况下,真正的文明是不可能存在的……③

事实上,我们也可以将赫伊津哈的话改写为:"在游戏成分或缺的情况下,真正的创意也是不可能存在的。"目前,越来越多的学者认识到游戏对创意的作用。例如有人断言:"游戏,正逐渐成为创意的主体。优秀的创意作品常常带有明显的游戏特征。"④故而,城市休闲空间的游戏活动日益显得重要。休闲活动可分为静态和动态两类。休闲空间里若只有静态的游憩观赏而没有动态的游戏,则城市就会缺少活力,难以为创意提供条件。故而,芒福德在《城市文化》第一章《保护和中世纪城镇》里介绍了欧洲中世纪城市的游戏空间:

> 儿童在荷兰某城进行露天游戏的场景:滚铁环、抽陀螺、踩高跷、放风

---

① [荷兰]赫伊津哈:《游戏的人》,何道宽译,花城出版社,2007年版,第6-7页。
② [荷兰]赫伊津哈:《游戏的人》,何道宽译,花城出版社,2007年版,第203页。
③ [荷兰]赫伊津哈:《游戏的人》,何道宽译,花城出版社,2007年版,第243页。
④ 欧阳超英、魏丽:《试析广告创意的游戏精神》,载《民营科技》,2010年第4期。

等。如今的首府以及其他拥挤的市镇都发展过度,其罪责之一就是毁掉了中世纪城镇里原有的这些儿童游戏场地和成人的射箭技术练习场。①

中世纪的人们很习惯户外生活和活动。他们有自己的狩猎场地、保龄球场地、蹴球、踢球以及举办比赛和练习箭术的场地。如果开放空间用完了,……弗兰西斯一世会下令开辟一处沼泽地供巴黎大学的学生们使用。顺便说,这种纵情的、随心所欲的、自由活动的风气,至今仍然延续在卢森堡公园里,它是所有城市公园中气氛最愉快也是最美丽的。②

我国的宋朝正处于欧洲"中世纪"的历史时期之内。令人吃惊的是,当时的城市就已具备了很好的"游憩空间",尤其是不少大城市已经有了以游戏为主要内容的"瓦舍"(又称瓦肆、瓦子、瓦市)。作为城市里的一种地点固定的商业性游艺区,宋代瓦舍是全体市民的娱乐场所,人们可以在其中欣赏和参与各种游戏活动。据相关史料记载,瓦舍中有杂剧、讲史、诸宫调、傀儡戏、影戏、杂技百戏等各种项目,其中仅杂技百戏的活动,就有上竿、跳索、鼓板、小唱、斗鸡、说诨话、杂扮、商谜、合笙、乔筋骨、浪子、叫果子、牌棒等数十种之多。此外,瓦舍里还举行相扑、放风筝、踢球、放胡哮、斗鹌鹑等各种游戏活动。南宋时期,仅临安(今杭州)一城就有20余处瓦舍。临安周边的建康(今南京)、明州(今宁波)、丹徒(今镇江)、乌程(今湖州)均有瓦舍为民众提供广泛的游戏空间。宋代是我国封建社会文化产品高度发达的时代,这与瓦舍游戏中所激发出的生活热情与思维灵感不无关系。

芒福德在《城市文化》第四章《大都会的兴衰》中写道:"通过一些自发的人群之间的交流,大都市又有了生命,大规模的奇观提供了这样的机会。拳击比赛、摔跤比赛、枯燥的耐力型的表演如自行车赛、舞蹈耐力赛,需要冒险勇气的奇观展示如

---

① [美]刘易斯·芒福德:《城市文化》,宋俊岭、李翔宇、周鸣浩译,中国建筑工业出版社,2009年版,第42页。

② [美]刘易斯·芒福德:《城市文化》,宋俊岭、李翔宇、周鸣浩译,中国建筑工业出版社,2009年版,第50页。

牛仔竞技表演、摩托车赛和飞行比赛。需要这些夸张的力量、技巧、勇气来从大众沉闷的麻痹状态中激起基本的动物需求。"①在他看来,游戏可以激发市民的生活热情,这是现代都市必不可少的。目前世界各地的大都市都有不少为市民提供游戏的"城市乐园",其中最著名的恐怕非美国的"迪士尼乐园"莫属。而国内的城市乐园,则以苏州乐园、杭州乐园、杭州宋城、常州恐龙园、常州嬉戏谷、南通方特城市乐园、浙江横店影视城等为代表。它们为城市所带来的趣味、活力和激情,是创意生活所极为需要的。笔者还想补充一句的是:应多在大学校园里也置办一些游戏设施(如科普性游戏设施、文化趣味性游戏设施),营造游戏精神,把僵死的"知识圣殿"转化为富于乐趣的"知识乐园"。

杭州宋城:还原千年前的瓦舍游戏

---

① [美]刘易斯·芒福德:《城市文化》,宋俊岭、李翔宇、周鸣浩译,中国建筑工业出版社,2009年版,第308页。

第四节 "微空间"的"咖啡馆效应"

上一节提到,对于现代创意城市来说,首先要注意构造大型的、全民性的休闲区域,即所谓"游憩空间"的规划,以促发创意产业的规模性集聚。不过,同时还应该注意培育小型的、针对创意人员的一方天地。这是因为,城市文化有其显性的信息,它往往集中于城市的地标性区域。但更多的文化信息是隐性的,它零散地分布于城市的各个角落,本地文化的风格、表情、声音,本地市民的市井百态,都从中体现,需要创意者的切身感受。因此,创意产业不可能是大规模流水线式的生产,而必须依赖于分散流动的、小规模的本地空间。依据美国莫里森公共政策研究所(Morrison Institute for Public Policy)的研究,传统的"城市中心发展模式"已经不再具备以往的吸引力,年轻的专业人士、艺术家等所追求的都是小规模、高质量的生活方式。特别是街头生活氛围,比如文艺书店、酒吧、咖啡馆、餐馆、歌舞厅和艺术馆等以及高水平的大学和研究机构所能提供的活力氛围。

不消说,一条曲折的小巷,数个闲适的酒吧,往往就可能是非凡创意产生之地。佛罗里达经过长期的调查发现,创意阶层的休闲生活,常常发生在酒吧、咖啡店、各国风味的小餐厅、小剧场、画廊、书吧、流动舞台、艺术沙龙等小型文化空间之中。目前已有一些学者开始从微观视角关注酒吧和咖啡店等实体空间对促进创意者交流、激发创意活动的积极作用。此处所言的空间,是一种小型的催生创意的区域,可称之为"微空间"。

微空间以酒吧、咖啡馆为主要载体。在中国古代,酒被视为激发灵感的最佳触媒,无数诗人都留下酒后赋诗的佳话,酒肆也成为催生创意的场所,这无须赘述。如果说酒是东方创意者必备的话,那么咖啡就是西方创意人士的必需。德国新闻记者雅各布(Heinrich Eduard Jacob)在1935年撰写了一本经典性的研究,名叫《咖啡:一种商品的史诗》。书中记载了中世纪某清真寺的一位伊玛目偶然在第一次品尝了咖啡之后的感受:"他不只是在思考,他的思想仿佛看得见、摸得着,可以从上面、下面、左面、右面加以观察。又像一群马儿在奔驰。"①这位伊玛姆发现,他平时只能思索一件事,现在可以同时思索许多事。而雅各布本人也自称,他的叙述是"从咖啡创造的幸福状态中获得灵感的"。这分明指出了咖啡对于激发创意灵感的作用。此外,在饮酒、品咖啡中,人们的心情会更加放松,沟通也较日常更加顺畅,许多创意活动的策划、组织便能在不知不觉中完成。这被称为"咖啡馆效应"。此外,文艺书店也是激发创意之所。余秋雨在《文化苦旅》中说过:"走进书房,就像走进了漫长的历史,鸟瞰着辽阔的世界,游弋于无数闪闪烁烁的智能星座之间。"他的一位当职业经理的朋友,在他的书房徘徊沉思之后,竟然发出了这样的感喟:"真的,我也想搞学问了。"显然,书籍这种由人类的群体才智结晶成的生命芳香,激发了他的思维冲动。还有一些现代性和富于东方特色的休闲微空间,如瑜伽馆、禅修室等,也是易于使人高层次地休闲放松从而激发创意的场所。正如亚莉珊卓·史达德尔所感受到的:

  由于现在交通便利,价格也越来越便宜,大家出国旅游的机会也越来越多。因为有机会接触其他文化,我们也渐渐对步调较慢的生活,生出赞美之情,并且把这种生活习惯带回国内。现在有许多咖啡厅如雨后春笋般出现。大家对于吃东西的要求也越来越高。市面上出现了更多更好的产品,各地的公园也不断增加。还有现在越来越多的人接受东方的东西,像是练瑜伽和坐禅来减轻压力。这些旧的生活方式正逐渐改变我们的生活,这对我们是好的。②

张纯等人以北京南锣鼓巷为研究区域,通过实地调查走访,分析了地方创意环境对创意活动的支持,及酒吧和咖啡店等有形空间中的交流对集体创造力的促进

---

① [美]安妮法迪曼:《闲话大小事》,杨传纬译,上海人民出版社,2009年版,第145-155页。
② [美]亚莉珊卓·史达德尔:《简单生活》,李佩味译,哈尔滨出版社,2005年版,第186页。

北京南锣鼓巷充满了休闲"微空间"

作用。这可视为相关研究的某种经典案例。事实证明,微空间的非正式交流状态容易产生创意。——"很多创意活动从概念到具体环节落实的过程,都是在这些艺术机构校友聚会的餐桌上完成的。"①这正是休闲空间带来的知识溢出效应。不仅如此,现代微空间不同于传统酒馆、咖啡店的更重要功能在于,经营者可以充当起组织者、策划者、推介者等角色,除休闲服务之外,还可为客人提供知识服务、信息服务乃至创意转化、创意孵化服务。张纯等人这样细致描述了北京南锣鼓巷的休闲微空间:

> 创意种子的萌发,不仅需要无形的地方创意氛围的滋养,更要依托有形的、可触及的交流空间。在南锣鼓巷,沿街分布的酒吧和咖啡店不仅是容纳创意活动的场所,更重要的在于,它们提供了创意过程中需要的挑剔而独特的服务——有价值的信息随处可得。
>
> 艺术创意通常为了把握转瞬即逝的灵感,需要在"小圈子"内随时随地地商讨。找到合适进行的场所,使这些有益于创意的交流固定并延续

---

① 张纯等:《地方创意环境和实体空间对城市文化创意活动的影响——以北京市南锣鼓巷为例》,载《地理研究》,2008年第2期。

下去是十分必要的。……

酒吧和咖啡店也为创意理念转化为艺术产品的正式和非正式交易提供了合理场所。这激发了体制内被抑制的创意活力,同时使艺术产品的市场价值得以体现。……这使早期的酒吧和咖啡店具有私人俱乐部的性质,经营者扮演着"信息中介"的角色,在制片商、投资者的谈话中得知招募演员、歌手的信息,并根据学生的特点向可能的需要者推介。同时,经营者自身作为聚会的参与者,通过讲座、交流等定期活动的组织,促使创意活动更频繁地发生。……

随着创意活动的日益频繁,酒吧和咖啡店不仅数量增加同时也更加开放,成为工作室向外延伸的创意空间。集体创意在艺术领域更多见,艺术者通常需要聚集在一起进行"头脑风暴",而酒吧和咖啡店可提供这种交流平台。随着艺术创作形式由独立封闭的垂直模式,向新兴的交叉混融模式转变,编剧、导演、演员、灯光、音效、道具等部门的艺术者全部参与到创意过程中。酒吧和咖啡店因此成为非正式的学习场所,特别对新艺术者(newcomer)来说,这种潜移默化的学习是进行创意活动的必修课。一些年轻的被访者认为,其他人无意识的谈话可能成为启发自己灵感的源泉。……

在南锣鼓巷,酒吧和咖啡店不仅是容纳创意活动的场所,通过将创意成果转化为可视、可感、可触的装饰、产品和服务,它们自身也成为重要的创意产物。酒吧和咖啡店对创意活动的延续和衍生起着重要作用:……

问卷调查显示,目前有多于40%的顾客每两三天就到此一次,64%的顾客每次驻留4小时以上,在这里接受潜移默化的艺术熏陶和创意信号的刺激。……

在展示创意成果的同时,酒吧和咖啡店也为普通顾客提供了参与创意的机会。例如,自己设计或打造的首饰、印有自己照片的马克杯、DIY混搭咖啡、宫保鸡丁比萨等中西合璧的餐品等,在店家个性化的服务中渗透着创意的火花。通过上述的催化作用,顾客通常在享受乐趣中不自觉地进行着创意。问卷显示,虽然多数顾客只是为了"放松"或者"朋友联谊"而来酒吧和咖啡店,但留下的一些涂鸦板赠言、毛带录音、餐巾折纸等却作为创意成果而保存。①

由此可见,不仅要注意构造大型的、全民性的休闲区域,而且要培育更加个性化的、功能更加细致齐备、专门针对业内人士的"微空间"。酒吧、咖啡馆作为宽松的创意环境,为创意萌芽提供了潜在的发展机会。在南锣鼓巷的案例中,这些"微空间"有效地为艺术创意活动提供了可以扎根生长的温床。而此案例值得注意的一个特点就是,这个休闲微空间坐落于一些知名艺术机构(如中央戏剧学院、中国话剧院、北京美术家协会等)附近,也拥有一些地方历史文化特色的空间。因此,它可以较为容易地接受艺术机构的知识溢出,易于将流动的艺术创意者吸引到特定场所中,捕捉偶发的创意灵感,或就近完成与创意产业有关的交易与交流。在酒吧和咖啡店这些活跃的创意场所中,各种圈内的集体创意活动日益频繁并不断延续。

上海市也有类似案例。上海徐汇区衡山路—复兴路区域内也分布着一大批海派文化遗产,包括上海交响乐团、上海音乐学院、上海话剧中心等艺术机构,以及建业里、永平里、衡山坊等一批海派文化建筑等。"十三五"期间,徐汇区将该地区规划为历史文化风貌保护区,目标是形成集历史文化、精品商业、高端商务、特色居住等多功能于一体的慢生活街区,并于徐汇滨江、漕河泾开发区实现"三区联动"的文化创意产业发展格局,构建具有国际影响力的文化创意产业地。还有上海"同乐坊"。这个昔日的"弄堂工厂"在改造后变成了如今的创意街区。在改造中,老厂房被注入了文化休闲元素——70%面积的空间以拉丁美洲特色的酒吧为主,还包括1000多平方米的艺术家工作室和话剧中心。和沪上的新天地、泰康路艺术街等地段一样,"同乐坊"被改造修整成为一个时尚的创意娱乐休闲社区。限于篇幅,此处不详细叙述。

---

① 张纯等:《地方创意环境和实体空间对城市文化创意活动的影响——以北京市南锣鼓巷为例》,载《地理研究》,2008年第2期。

在转型经济背景下,类似于北京南锣鼓巷、上海同乐坊这样逐步繁荣的休闲微空间,能使计划经济下被抑制的创意潜质得以释放。它能有效地吸引具有创意潜质的人才,组织并提升集体创造力,进而促进创意活动更密集地发生。

我国一些城市区域虽然具备文化艺术机构的集中性,也具备历史文化特色,但缺乏酒吧、咖啡馆、书吧等休闲微空间的聚集,缺乏经营者有意识地进行信息服务和创意服务。例如,南京市虎踞北路草场门一带,有江苏省工艺美术馆、江苏省工艺美术行业协会、南京艺术学院等文艺机构存在,有很好的创意条件。但附近街巷休闲微空间打造不力,缺乏浓厚的创意氛围,未能将有创造力的艺术工作者聚在一起,从而产生集体创造力。又如云南玉溪,该市是个生态的、休闲的城市,但是个性化的酒吧、咖啡馆、书吧很少,尤其是全市几乎看不到文艺书店,创意阶层在这里很难找到非正式交流的合适场所。要有意识地把休闲微空间作为某种创意孵化器,充分利用地方文化资源,使之转化为有益于文化创意活动的动力,才能在全球化的浪潮中形成具有地方特色的创意产业。

第四章
江山之助与创意背景

在讨论了休闲与创意的关系之后,让我们再把目光转移到审美与创意的关系上来。创意城市的营造,不但需要休闲的氛围,同样也需要审美的熏陶和涤荡。

先抛开创意阶层不谈,就普遍的人性而言,很多人忽视了这样一个事实:审美是人类最基本的心理需求之一。"爱美之心,人皆有之",而且是早已有之。美学家陈望衡先生在《艺术起源的中介及审美意识的产生》一文中认为,在新石器时代,人类的明确的审美意识就已经产生了。衰老多病的杜甫曾发出"不是爱花即欲死"(《江畔独步寻花七绝句》)的名言,可见是美的世界强烈地激发着他活下去的信念。西方哲学家尼采也说过:"只有作为一种审美现象,生存和世界才显得有充足的理由。"[1] 因此,审美关乎全人类的生活质量问题,而创意阶层对审美的要求就更不待言。

此外,休闲与审美也是有着不解之缘的。事实证明,高层次的休闲也离不开审美体验。在某知名高校的一项调查中,休闲体验被分成情绪体验、审美体验、健康体验、认知体验、个人价值体验和全体关系体验六类。问卷显示,审美体验满意度的单项得分最高。[2] 此项调查充分说明,审美体验才是休闲体验中最令人满意的高峰体验,是休闲体验最有价值的部分。打造令人满意的休闲空间,离不开审美的

---

[1] [德]尼采:《悲剧的诞生》,周国平译,三联书店,1986年版,第105页。
[2] 王娟、楼嘉军:《城市居民休闲活动满意度的性别差异研究》,载《华东经济管理》,2007年第11期。

因素。

因此可以想见,审美对于城市建设的重要性。正如国际美学学会前主席、美国美学家阿诺德·柏林特所断言的:"审美批评应该成为评价一个城市特征和成败的关键要素。"①对于创意城市来说,情况尤其如此。在一个毫无美感可言的城市空间里,创意灵感也是难以迸发的。如果一个城市无山无水,绿化贫瘠,景观平庸乏味;如果一个城市没有一定数量的艺术馆、剧院、音乐厅、画廊;如果一个城市建筑平淡无奇,乃至于杂乱丑陋;如果一个城市的休闲空间只有一般娱乐功能,而没有审美的享受——那么,创意阶层是不会乐于居住的。此外,如果一个城市的居民审美意识冷漠,品位低俗,创意阶层也是不会乐于与之为邻的。因此,打造创意城市,行政管理者和城市建设者也必须从美学上下手,用城市的美来营造创意氛围。正如芒福德所言:

> 政治生活不仅需要现实知识,……它还需要美学和道德上的冲动,以发展新的活动,并为建设和思考开拓出新形式。
> ——《城市文化》第六章《地域发展的政治学》②

> 人们居住的城市是美丽还是丑陋通常并不是无关紧要的,人们社会活动受到这些品质的限定。
> ——《城市文化》第七章《新城市秩序的社会基础》③

作为创意环境的审美,包括自然美和艺术美两大方面。本章首先讨论自然审美与创意的关系,以及如何为激发创意而利用、营造城市的自然景观。

---

① 程相占、[美]阿诺德·柏林特《从环境美学到城市美学》,载《学术研究》,2009年第5期。
② [美]刘易斯·芒福德:《城市文化》,宋俊岭、李翔宇、周鸣浩译,中国建筑工业出版社,2009年版,第422页。
③ [美]刘易斯·芒福德:《城市文化》,宋俊岭、李翔宇、周鸣浩译,中国建筑工业出版社,2009年版,第507页。

第一节 "江山之助"方能"兴会飞舞"

我国古人很早就意识到外部自然景观的优美对艺术创作的激发作用。南朝的刘勰曾提出,屈原之所以能写出《离骚》那样伟大的作品,恐怕是得到了江山美景的助兴:"屈平所以能洞监《风》《骚》之情者,抑亦江山之助乎?"(《文心雕龙·物色》)唐代张彦远认为,董伯仁的画作情景交融,但美中不足就在于他身处平原,没有奇丽的景观激发他的灵感:"动笔形似,画外有情,足使先辈名流,动容变色。但地处平原,阙江山之助。"(《历代名画记·董伯仁》)宋代的曾协也说过:"江山环绕,助开胸次之奇。"(《贺周内翰茂振启》,《云庄集》卷三)此外,宋人记载,唐代的张说"既谪岳州,而诗益凄惋,人谓得江山之助云"(《新唐书·张说传》。还有清代人认为,王安石之所以能写出好诗,是因为他经常在南京的钟山游访,而苏东坡之所以能思如泉涌,乃是因为他得惠于山水旅游甚多:

> 诗得江山之助。王荆公居钟山,每饭已,必跨驴一至山中,或舍驴遍过野人家,所云:"独寻寒水渡,欲趁夕阳还","细数落花因坐久,缓寻芳草得归迟"也。苏子瞻谪黄州,布衣芒屦,出入阡陌,每数日,辄一泛江上。晚贬岭外,无一日不游山。故其胸次洒落,兴会飞舞,妙诣入神。我辈才识远逊古人,若踞踏一隅,何处觅佳句来?

此类记载甚多,此处不一一细举。总而可见,一个地区的自然景观绝对能为灵感和创意思维提供生长环境。国外学者也充分意识到这一点。例如,芒福德指出,12世纪时的欧洲城市自然美景对市民创意有激发作用:

> 12世纪时菲茨斯蒂芬斯的报道说,水车的奏鸣与绿色原野的交汇融合映衬,是一种很好的感受。夜幕降临,到处一片寂静,只有动物和昆虫

的鸣叫,还有城镇里守夜更夫报时的呼喊。……如果说中世纪城镇里的声音是悦耳的,那么它的景色就更是润目的。假日里,工匠会在徜徉树林或者田野之后,回到家中作坊里的工作岗位,把自己对丰收景象的感受,不论他是木工、金匠或者石匠,他们会把从大自然里采撷到的灵感刻写在自己的作品里。……那个时候可能还没有美学这个名词或者学科,而审美的效果却无所不在。……这种耳濡目染的感官熏陶,是日后全部高级教育形式的源泉和基础。设想,如果日常生活中存在这种熏陶,一个社会就不需要再安排审美课程;而如果缺少这种熏陶,那么即使安排了这种课程,也多是无益的;……城市环境比正规学校更发挥经常性的作用。生命本身就在感官的这种扩大中兴旺成长,若没有这些激励作用,脉搏会变慢,肌肉会松弛,内心会缺乏信心,视觉和触觉会逐渐丧失细致的分辨力,或许生活和意志力都会因之消沉下去。而视觉、听觉、嗅觉和触觉经受饥饿,正如人之不进食,也会招致死亡。①

试想,如果窗外没有西岭雪山巍峨,如果门外没有滔滔大江东去,杜甫还能写出脍炙人口的《绝句》否?如果不是面对江上清风、山间明月,苏轼还能创作出闻名古今的《赤壁赋》二篇吗?对于现代文化创意来说,没有黄河的奔腾,也就不会有气势磅礴的交响乐《黄河》;没有长江的宽广壮阔,也就不会有情怀博大的《长江之歌》;如果刘海粟没有十上黄山,就没有"师造化而又欺造化"的《黄山图》;如果张藜、钟立民没有共同登上日光岩俯瞰鼓浪屿美丽的海波,就不会写下婉转低回的《鼓浪屿之波》。江山之助,诚然可证。

"城市便利论"(Urban Amenity Theory)的支持者之一、美国哈佛大学的爱德华·格里则(Edward Glaeser)深入研究了有哪些城市便利设施吸引创意人才,根据美国发展的经验,他提出了描述性的3S理论。其前两条是:1. Sunbelt,即高素

---

① [美]刘易斯·芒福德:《城市文化》,宋俊岭、李翔宇、周鸣浩译,中国建筑工业出版社,2009年版,第56-58页。

质的劳动者愿意到自然环境好的地方生活。2. Sprawl,不是中心城市而是由中心城市加上有郊区发展的大都市区吸引人口。第一条明确指出了自然美景对创意阶层的吸引力,而第二条所涉及的城市郊区,往往也是比市中心区更富于自然景观之处。2004年联合国教科文组织推出的"全球创意城市网络"项目,共设立了七种创意城市类型供申请。"设计之都"类的相关要求共7条,其中一条就是:"拥有大量的地方设计者和城市规划利用地方元素和城市自然条件进行设计的机会。"目前,我国学者也明确认识到"良好、清新、优美的生态环境是吸引创意人才聚集的重要因素"。[①] 如何智慧地利用自然环境或改造自然环境,使之为创意提供背景,日渐成为国人研究的一个现代性课题。

2006年7月,上海市发布了内地首个创意指数——《上海城市创意指数》。该指数体系分为产业规模指数、科技研发指数、文化环境指数、人力资源指数和社会环境指数五大块。在"社会环境指数"各项指标中,就有"人均公共绿地面积"和"每百万人拥有的实行免费开放公园数"两条。可见,创意行业也越来越重视自然美所激发的创意氛围。迷人的山水无疑能够成为创意思维的背景,尤其可以成为发展创意旅游的直接背景。

《杭州富阳文化创意产业发展规划(2010—2015)》中也明确提出这样的理念:"以山水为根,以文化为魂,作为推进转型发展的最佳切入点和突破口。激发创新创意灵感、提供创新创意土壤、吸引创新创意人士、培育创新创意产业,在极佳的山水文化环境里,体现生态经济、知识经济、创意经济,……"[②],"以山水文化资源和国外新生活模态为资源,重点发展生态节能型生态居住区设计、生态休闲农庄设计、城市园林景观设计"[③],"结合沿线区域发展方向,未来可以考虑重点发展创意旅游业……"[④]。显然,在没有山水佳致之处,想开展上述的生态设计、创意旅游等

---

① 丁道韧、陈万民:《江苏经济创意环境差异与区域经济发展——以江苏省三大区域发展为例》,载《华东经济管理》,2013年第6期。
② 富阳文化创意产业办公室等:《杭州富阳文化创意产业发展规划(2010—2015)》,第3页。
③ 富阳文化创意产业办公室等:《杭州富阳文化创意产业发展规划(2010—2015)》,第6页。
④ 富阳文化创意产业办公室等:《杭州富阳文化创意产业发展规划(2010—2015)》,第12页。

创意产业纯粹是无源之水,无本之木。

因此,保护和利用自然景观来为创意产业提供背景,就显得非常重要。从城市自然景观的现状来看,全球城市在开发过程中常有非理性的盲动,导致市区景观的日渐稀缺。这正如芒福德在多年前曾描述的那样:

> 所谓的大都市"增长",事实上就是不断增加最下层的民众,这些人可以让自己居住在没有足够的自然和文化资源的环境中,这些人可以免了干净的空气,可以看不到天空和阳光,可以免了自由的活动、自发的游戏或者尽情地生活。所谓的都市衰落地区实质上就是"免了"的地区。如果你住在这些地区,想要看见城市的美景,就得乘上几公里的公共汽车;如果你想要接触一下自然,就得乘坐拥挤的火车到城市周边的郊区。
>
> ——《城市文化》第四章《大都会的兴衰》①

我国的情况也不容乐观。近二三十年来,为了经济利益或政绩的城市"毁绿"事件频频发生。先看苏州市。作为该市历史最悠久的园林,沧浪亭公园本来面积就非常狭小。近年来,不断有市民反映,沧浪亭的自然景观正日益遭受着城市工业化、商业化的进逼与侵占之威胁。事实上,苏州各大小园林在某种程度上都面临着这种危险。又如云南玉溪市。该市的聂耳公园位于市中心,本来面积较大,是市民放松休闲的好去处。但近年来附近大兴土木逐渐将其蚕食,现在已经小得不能再小了。同样位于该市的某师范学院,原本是一个绿化覆盖极高,具有立体山水景观的优美校园。然而近年来,为了兴建校舍以及其他一些目的,校园毁绿事件频频发生。曾经茂密清雅的"百竹园"如今没有一棵竹子,多处大树被拦腰斩断。很难想象,在一片光秃秃的校园里,还能激发出文艺创作的火花吗?

从创意单位选址的角度看,笔者在重庆调研创意产业情况时,发现沙坪坝区的

---

① [美]刘易斯·芒福德:《城市文化》,宋俊岭、李翔宇、周鸣浩译,中国建筑工业出版社,2009年版,第289页。

文创单位"TESTBED2"(贰厂)具有良好的自然景观环境。它位于嘉陵江畔的鹅岭正街,地势较高,视野开阔,正好可以全方面地俯瞰山景和江景。尤其在夜晚,当沿江街道万紫千红的彩灯倒映在水中时,不禁让思绪也如点点灯彩在水中跳跃。而相比之下,沙坪坝区的另一处文创单位"东原ARC2.5",其自然环境就差得多。它本身在一座摩天大楼中,又被其他密密麻麻的摩天大楼紧紧包围,无法喘气。附近还有建筑工地,日夜喧闹吵嚷。身处这样的创意环境,完全得不到江山之助,很难激发灵感。因此,像这样的创意单位选址显然是有一定问题的。上海浦东新区的"融汇898"创意园,环境也颇堪忧虑。笔者的亲身感受是:附近没有任何自然景观,道路卫生也不好。狭窄的街巷充斥着一些医院、小超市、小餐饮店、简易小旅馆,再加上拥挤的公交车站点从门前经过,显然不是"创意新贵"们所乐于工作和居住的地方。此外,还有深圳的大芬油画村,情况也颇为类似。笔者去年实地走访发现,该村是一个典型的"城中村",东西南北都被喧嚣的城市马路和高架所包围。村内街巷狭窄,建筑破旧简陋,大部分呈现"农家乐"风格。村中没有任何自然景观,却有不少围挡施工的工地。笔者不禁要问,在这样缺乏审美的环境下,创意产业究竟能走多远?事实上,目前大芬油画村的许多产品都还处于低层次的重复模仿阶段,供应对象为低端消费者,这离真正意义上的现代创意产业还相去甚远。

那么,从更大的范围看,目前国内外不同地域、不同城市为创意产业提供的自然环境如何?应如何选择合适的地域来开展创意产业?请看下文。

第二节 现代创意产业中的"山水情结"

正如宋代词人张先所言:"江山助诗才。"(《喜朝天》)的确,自然景观条件较佳的地域,也容易发展各种文化创意产业,自然美尤其容易成为发展创意旅游的直接背景。先以我国为例。就大的地理区域而言,有业内人士认为:环渤海地区拥有国家重点风景名胜区30处(占全国的60%),国家级自然保护区与国家级森林公园105处(占全国的25.5%),并占有约1/3的海岸线。丰富的自然景观资源,以及良好的区位条件,成为环渤海地区开展省域合作,推动创意产业发展的重要条件。区域内的130多个大中小城市构成了一个庞大的城市群,形成了广播影视、艺术表演、出版印刷、现代媒体、艺术设计、软件开发、数字娱乐、会展、旅游及艺术品交易等的创意产业体系。环渤海经济区拥有天津、大连、青岛、烟台、威海、秦皇岛等一批滨海城市,海洋文化与海洋资源十分丰富。从行业发展上看,以海洋审美文化为依托,举办品牌性的大型文化会展活动是环渤海创意产业发展的新亮点。如山海关长城节、北戴河情侣文化节、昌黎干红葡萄酒节、青岛国际海洋节、大连国际服装节、大连啤酒节等品牌性的文化活动,成为发展创意产业的主要形式。

依托美丽海洋风光和海洋文化资源,发展影视、会展、文化旅游、休闲度假等创意产业,增强海洋经济竞争力,是沿海城市开展创意产业的可行之路。就具体城市而言,青岛的自然风光享誉全球,这在发展创意产业方面可谓得天独厚。青岛依山傍海,气候宜人,在如此美丽的滨海城市创办一些高端论坛、旅游度假等文化产业项目也是非常具有优势的。《半岛都市报》中说创意文化产业园所处的地理位置十分优越。此处河海交汇,北边是风河的入海口,往西是高尔夫球场,往南是森林公园,对面是海岛,前面就是沙滩,可以说是集大海、河流、山脉、岛屿、森林、绿地和沙滩等多种自然资源于一体的难以人工复制的天然环境。另一个著名的滨海城市大连,环境优势也十分明显。温润海洋性气候、唯美的风景、清新的空气、浪漫的城市气息,加上发达的交通系统、畅通的信息设施,这一切对于讲究生活质量的动漫游戏创作人才有着非常大的吸引力。

海南省更是拥有不可多得的海洋性地理条件,海水、森林等自然资源丰富,环境和气候条件舒适宜人。海南省最南端的三亚,凭借独一无二的热带海洋和热带雨林之美景,积极发展旅游业、会展业、影视业、健康体育业、演艺娱乐业、美丽时尚业等行业领域。借助世界小姐总决赛、世界先生总决赛、南方新丝路中国模特大赛,以及服装时尚艺术节等赛事的成功举办,已经形成了三亚独特的"美丽产业"品牌,并带动旅游、娱乐、服饰、美容、健美、化妆品、珠宝等行业的发展,形成"美丽效应"。

以上是滨海地域,再看内陆城市。广西、云南的一些城市,凭借奇丽的山水,已经使许多创意旅游形式发展成熟并开始闻名世界。在这些地区,自创的山水实景演出进入成熟阶段,凭借大背景、大成本、大制作,结合地方特色与文化演绎,形成强大的旅游品牌效应。山水实景演出有众多当地居民参与,带动了大量的就业,这种创意性的自然美演绎形式已经被许多东南亚国家复制。

例如,广西城市桂林(包括其下辖的阳朔等县),属山地丘陵地区及典型喀斯特岩溶地貌,遍布全市的石灰岩经亿万年风化侵蚀,形成千峰环立、二水(漓江、桃花江)抱城、洞奇石美的独特景观。漓江阳朔段两岸,是世界上最典型的岩溶峰林地貌,也是广西最美丽的河段,自古就有"桂林山水甲天下""阳朔山水甲桂林"之称。故而,该地区在发展创意产业方面可谓具有天然优势。桂林现已初步建设成为集文艺演出、旅游观光、民间工艺展示于一体的创意产业聚集模式。张艺谋导演的大型歌舞演出《印象·刘三姐》,就是在阳朔(漓江与田家河的交汇处)打造的。它成为中国第一部"山水实景演出",也成为利用自然美背景发展创意产业的经典成功案例。

《印象·刘三姐》:全国第一部山水实景演出

云南更是拥有极为丰富多样的自然资源(如喀斯特岩溶、高原峡谷、热带雨林等地貌),形成秀美奇特、令人惊叹的自然景观,发展创意产业具有无可比拟的优势。云南北部城市丽江的玉龙雪山,集亚热带、温带及寒带的自然景观于一身,是我国首批5A级旅游景区,吸引了大量国内外游客。因此,丽江也成了各地艺术家前来定居、创作与经营的创意目的地。大理的城市名片则是"风花雪月",它让人联想到的是浪漫、悠闲、空灵、洁净、完美的自然生态环境。滇西北的创意产业圈以大理、丽江、迪庆为中心,以纳西族文化与民族风情为基点,构成演艺娱乐、影视制作服务、文化旅游、传统工艺等特色产业集群;滇西南的西双版纳和普洱,具有独一无二的内陆热带雨林景观,澜沧江畔,芭蕉林中,也日益诞生发展旅游、歌舞、绘画艺术的创意中心。

云南创意产业的一个特点就是长于歌舞表演。《云南映象》《丽水金沙》《印象·丽江》《勐巴拉娜西》等表演,已经成为云南文化创意的品牌,其中《丽水金沙》自诞生后四年内演出即高达3 000多场,总收入数亿元。而如果云南没有连绵雄伟的雪山,没有热带风情的椰林,没有壮观的三江并流,是不可能产生以上创意产品的。尤其对于《印象·丽江》这样的大型实景演出,江山之助更是必不可少。

没有壮丽的雪山,就没有《印象·丽江》的实景演出

如果说广西、云南的自然美是奇美、壮美的话,那么浙江则具有江南独有的秀美景致,最著名的恐非杭州西湖莫属。西湖可说是天地和人类共同创意的代表作。

"最富创意的事业在世界上最美丽的地方。"——这是世界动漫学会创始人波尔多·多文考文维奇先生参加杭州首届中国国际动漫节时发出的感慨,也成为诠释杭州文化创意产业的经典名言。杭州的西溪湿地具有典型浓郁的江南水乡野趣,自古是诗人隐士聚居之地,如今它成为杭州西溪创意产业园所在地,是一个具有湿地特色的原生态创意设计艺术庄园。用著名媒体人杨澜的话来说:"独一无二的自然景观,以及所依托的深厚的人文内涵都让每一个做文化创意的人为之心动。杭州市西湖区以及西溪湿地的领导很有远见,能够集全国创意产业具有知名度和引领作用的企业和个人进入西溪创意产业园,无疑是一个非常明智且立足长远的举措。"该园目前已经吸引了包括潘公凯、吴山明、徐沛东、刘恒、程蔚东、蔡志忠、余华、麦家、赖声川、朱德庸、崔巍、约翰·霍金斯等在内的一大批国内外名人大师前来开办创作工作室。同时,一批国内一流的媒体、影视制作企业也纷纷进驻。如今,这里已成为西溪湿地生态保护、文化修复的发展典范,成为全国最美丽的文化创意园之一和国内影视创作名园。作家刘恒说:"西溪湿地,其实是'西溪师地'。在这里,以环境为师,以宁静的自然为师。"华策影视认为:"西溪创意园临近西溪国家湿地公园,生态性多样,园区有着清幽的环境,……为园区名人名企提供了良好的工作环境。"长城影视认为:"源于自然的办公环境,高端创意人才的聚集地,西溪湿地创意产业园是一个人文自然艺术相结合的天堂湿地。"可见,我国现代创意产业已经形成了鲜明的"山水情结",自然景观对创意氛围起到了不可或缺的作用。

除杭州外,上海郊区的风景也具有典型的江南农村风貌,同样成为吸引艺术家和文化人的原因。例如,著名的"中国农民画村",它位于上海市金山区,属国家3A级景区。目前规划的农民画村生态休闲园分"丹青人家""枫泾人家""水上人家""菜园人家"和"稻香人家"五个旅游景区。此外,成都远郊及周边地区依托良好的生态环境,也吸引众多艺术家自发集聚了艺术家群落,如浓园国际艺术村、三圣乡画意村等。还有江西的万安田北农民画村,被省景评委拟认定为"2017年国家4A级旅游景区"。这样的休闲娱乐、放飞心灵的世外桃源,无疑容易成为艺术的圣地、创作的乐园。

杭州西溪创意产业园所在地

再看国外情况。在美国,大型的动漫企业都把开发基地或者总部设在远离喧嚣、环境优美的城市。例如,美国的旧金山,是公认的全球最美的城市之一。它具有冬暖夏凉的气候、蔚蓝如洗的晴空、妩媚旖旎的海滩,还有山谷、溪流、椰子树、红杉林……据说,加州最美的风景,一半都在旧金山。这是一个能让人一眼就爱上的城市。高度的审美元素和多元文化的特质一起,吸引了无数创意阶层前来发展事业。旧金山能在全美创意城市中名列前茅,其景观之美是至关重要的。又如好莱坞。它在某种程度上是美国创意产业的代名词。其成功的一个重要因素就是所在地(洛杉矶郊外)具有美国西部优越的气候条件、优美的自然风景,使得很多大制片商纷纷云集,逐渐成为美国乃至全世界最理想的影片摄制基地。

此外,加拿大创意城市的建设,十分注重将独特的自然景观融入城市,使之成为城市不可或缺的重要组成部分,使城市的人文风情与自然风情有机结合。加拿大的创意城市都有许多美丽的公园,著名者也不在少数。例如,被誉为"花园城市"的温哥华,市内公园遍布,其中最负盛名的是史丹利公园。它与温哥华中心城区相连,保存着大面积的原始森林,80%的树木都有200年树龄。维多利亚市的布查特花园被认为是人间最美的公共花园,有世界上所有的奇花异草和珍贵树种,还有若干主题花园,如日本枫林花园、意大利花园等。多伦多仅在沿安大略湖岸就有50家公园。还有澳大利亚的昆士兰州,素有"阳光之州"的美称,有丰富的旅游资源。

正是因此,澳大利亚政府才在此州的布里斯班市打造了昆士兰创意产业园区。在澳大利亚偏远地区的布罗肯山(Broken Hill),兴起了视觉艺术风景,因为那里风景如画而且住房便宜,艺术家能够支付房费间或还能有所收益。在爱尔兰的乡村,旅游业也有类似的创新效应,只不过是在音乐而不是美术方面。以上种种例证甚多,限于篇幅,兹不细举。

第三节 生态规划:"明日的田园城市"

在近代工业发展的初期,城市的定位只是工业的集中地。人们在发展城市的过程中,想到的只是如何掠夺自然,生态保护与自然审美被抛在了脑后。而慢慢地,人们开始逐渐感受到野蛮拓荒之后带来的巨大精神空缺:"在拓荒的行为中,欧洲的农民和城镇居民常常失去了他们曾经因为最初的习俗而得以习惯性保存下来的对环境的直觉感受。他们没有在新土地开垦时和自然共生,相反他们追求快速回报而对自然进行掠夺;这样粗暴对待自然,拒绝了大自然最好的礼物也拒绝了和大自然的长期和谐交往的可能性。……这种在接近自然的过程中发生的对自然美的亵渎,使那些追求隐居或重新体验原始环境的乐趣失去了其最有价值的部分。随着人类文明的增长,所有这些精神需求就变得越来越重要,……"[①]

因此,随着文明的进步,城市营造中的生态规划、保护与培育显得越来越重要。尤其对于创意城市的构建来说,自然生态之美是不可忽视的。而过度开发和私人性侵占,正使得城市自然景观日渐萎缩。正如芒福德所忧虑的那样:

> 原始技术时期开挖的运河,沿河建造的河岸护坡、水闸、桥涵、课税的小房子、整齐的河堤、轻快的驳船,等等,都给宁和的乡村景象平添新因素

[①] [美]刘易斯·芒福德:《城市文化》,宋俊岭、李翔宇、周鸣浩译,中国建筑工业出版社,2009年版,第372-373页。

和秀色。而旧技术时代的铁路到来之后,给大地制造了巨大的伤痕和裂隙;它所制造的这些伤痕和缺口,许多在很长时间里寸草不生,大地的创口没有人去医治愈合。呼啸而过的火车头给城镇中心地区带来噪声、烟雾、粉尘和灰渣。

——《城市文化》第三章《冷酷无情的工业城镇》[1]

都市的症结也给自然环境造成了相似的损害。除了仅存的景观公园,在接近大都市的地方很少能见到自然。如果有的话,你也得抬起头,仰望出现在横七竖八的塔楼和建筑街区缝隙间的云彩、太阳和月亮。夜晚天空中灯光的炫目将头顶的星光遮掉了一半;污水管道冲进了周围的水域把河流变成了露天的下水管道,再也没有优雅地给鱼儿喂食的人了……

——《城市文化》第四章《大都会的兴衰》[2]

美国人首先看到"荒地"的作用。仔细想来,如今现代文明的飞速发展,导致城市越来越拥挤,人们的生存空间日益局促。因此,城市中预留一些"荒地",能够起到让人们"喘气"的作用,也为他们的思考、创意等精神生活留出空间。而这种远见,早在19世纪的美国就得到了提倡:

> 亨利·梭罗建议美国的每一个社团,应该拥有一块荒地作为其永久居住环境的一部分,应当为了市民而保证荒地免受文明的侵占,例如,英格兰的皇家狩猎苑。在这之后不久,一项旨在使类似区域的自然美景得到保护,免受人类定居点的侵扰的运动,通过联邦政府开始推行。……其中第一个于1872年建立的黄石国家公园是区域文化中的一个非常重要

---

[1] [美]刘易斯·芒福德:《城市文化》,宋俊岭、李翔宇、周鸣浩译,中国建筑工业出版社,2009年版,第175页。

[2] [美]刘易斯·芒福德:《城市文化》,宋俊岭、李翔宇、周鸣浩译,中国建筑工业出版社,2009年版,第291页。

的事件。这是公众首次认识到需要把保护原始荒地作为人类文明生活的基础……①

从这个角度看,纽约建设中央公园(Central Park)也是非常有远见的。19世纪50年代,纽约等美国的大城市正经历着前所未有的城市化。大量人口涌入城市,经济优先的发展理念,不断被压缩的公园绿化等公共开放空间使得19世纪初确定的城市格局的弊端暴露无遗。但纽约城市管理者没有将曼哈顿的中心地带用于招商,而是牺牲了巨大的商业利益建起了美国第一个城市公园:占地5000多亩的中央公园。它由美国"现代园林之父"弗雷德里克·劳·奥姆斯特德(Frederick Law Olmsted)设计。正如芒福德在《城市文化》第三章《冷酷无情的工业城镇》里所评价的那样:

> (19世纪中期)一种新因素显然已经进入了城市中心地带,并且改进了城市环境:这就是新型的景观公园。……它的代表使命就是向公众提供一个自然场所,以暂且替代郊外乡村和自然景观才有的游览功效;这是奥姆斯特德对纽约中央公园所做的界定。所以,城市设计师终于认识到,城市的核心地带一定不能再产生贫民窟了,一定要有完全不同的替代物。这倒是浪漫主义无秩序状态对于城市文化所贡献的更具积极意义的一面。……
>
> 整个这场运动的领导人物,把城区重新农村化的先驱,有美国的建筑师唐宁和奥姆斯特德,……他们采用了早期自然主义艺术家们多变、随意的表现手法,……奥姆斯特德的造园规划设计思想,因其罕有的工程技术知识和城市发展洞察力,而获得了巨大的生命力。奥姆斯特德的最独到的设计作品,就是纽约城核心地带的中央公园……②

---

① [美]刘易斯·芒福德:《城市文化》,宋俊岭、李翔宇、周鸣浩译,中国建筑工业出版社,2009年版,第361页。

② [美]刘易斯·芒福德:《城市文化》,宋俊岭、李翔宇、周鸣浩译,中国建筑工业出版社,2009年版,第257-258页。

美国造园家约翰·西蒙兹(John O. Simonds)也高度评价中央公园说:"凡是看到、感觉到和利用到中央公园的人,都会感到这块不动产的价值,它对城市的贡献是无法估计的。"他还郑重地提醒城市规划者,绝不能忘掉中央公园给我们提供的教训,这样早有预见的城市公园是很好的学习榜样。如今纽约人能在市中心享受到如此优美的大公园,这在世界上也为数不多。中央公园还表明,美国人的理念已经由预留荒地发展为建造绿地。

在中央公园之后,奥姆斯特德还设计了布鲁克林的希望公园(Prospect Park),有不少人甚至认为它比中央公园更加迷人。芒福德也赞誉说,它对大都市的景观提升起到了良好的示范作用:

> 许多大型景观公园纷纷设计建成,这些成功有助于打破大型都市地带建筑物壅塞密不透风的景观特征,缓解了城市居民生活里枯燥无味之感,这种公园作品的成功范例,有布鲁克林的希望公园,可以算是19世纪里城市公园设计建造中最优秀的范例。最终,建造公园的思想极其成功范例,开始在工业城镇里深入人心,即使是最冥顽不灵的头脑也开始了愧疚的悔悟,如果不仅仅是一种跟风行为。
>
> ——《城市文化》第三章《冷酷无情的工业城镇》[①]

1870年,奥姆斯特德有关公园的思想有了进一步发展,它已经超出了原来大型景观公园的构想模式,而不再仅限于扩展中的大都市核心地带的景观设计。他发现,甚至郊区的大片土地也可能因设计失当而遭破坏。于是乎,他构想了一个整体的公园体系,其格局类似新英格兰地区条状地块的延长版本,其实这种形式早已蕴含在巴黎的香榭丽舍大街的形式里了。所以,只要把开放空间里的交通要道继续延伸,这个开放空间自然就会向周边地区的乡野地带继续延展,纽约的帕里塞德

---

① [美]刘易斯·芒福德:《城市文化》,宋俊岭、李翔宇、周鸣浩译,中国建筑工业出版社,2009年版,第260页。

和波士顿的米德尔赛克斯沼泽就都是这样的产物。奥姆斯特德的弟子,小查尔斯·艾略特,则进一步看到有必要利用河滨和海滨地带的空地,认为这些地带的景观意义不亚于城市规划师十分钟情的田园牧歌式地区或者山地地带的景观价值。事实证明,如果艾略特当年的创意能够有幸转化为政治决策和开发建设行动的话,如果真能够依照他的设想,把马萨诸塞州和缅因州大片的土地,以沿海岸、海角和海岬的通道,划分成为永久性的条带状公园和景观地区,那么,那里风景如画的广大海滨地区,就不至于沦落到后来如贫民窟般放荡而破败的景象了。芒福德这样评价奥姆斯特德等人的理念:

> 这种连续性的公共绿地开放空间环境的设计建造概念,如今已成为城市规划理论和实践当中一个十分重要的组成部分。它不是把绿地和开放空间作为事后补救或者装饰,因而这个思想的确是对健全城市设计理论的一项重要贡献。如果这种规划设计思想能够以一种更加完备的、更加成熟的模型呈现出来,那么,它很可能至今仍然指导着每一座新兴城镇建设的理性的总体规划。无论中世纪的城镇或者是巴洛克城镇,都不曾有过这种连续性的景观地带。的确,以往的城市规划思想里,或者是城市机体的有关理论里,都不曾有过这种把乡村和城市看作连续不断的、相互渗透的、相互补充的概念。
>
> ——《城市文化》第三章《冷酷无情的工业城镇》[1]

随后,英国人埃比尼泽·霍华德(Ebenezer Howard)在19世纪末提出了"田园城市"(Garden Cities)的理念。面对本国乡村停滞、衰退,城市畸形发展的日益严重,霍华德指出,城市的优点是充满社会机遇、就业机会和娱乐场所等,但缺点是远离自然;而乡村的优点是具有自然美(树木、草地、森林),空气清新,但缺乏社会

---

[1] [美]刘易斯·芒福德:《城市文化》,宋俊岭、李翔宇、周鸣浩译,中国建筑工业出版社,2009年版,第259页。

性,工作不足。因此,他提出"明日的田园城市"愿景,就是建设"城市—乡村"共同体。它接近田野和公园,同时具有自然美和社会机遇。霍华德给出了这样的著名论断:

> 城市磁铁和乡村磁铁都不能全面反映大自然的用心和意图。人类社会和自然美景本应兼而有之。两块磁铁必须合而为一。正如男人和女人互通才智一样,城市和乡村亦应如此。城市是人类社会的标志,……乡村是上帝爱世人的标志。……它的美是艺术、音乐、诗歌的启示。它的力推动着所有的工业机轮。它是健康、财富、知识的源泉。但是,它那丰富的欢乐与才智还没有展现给人类。这种该诅咒的社会和自然的畸形分隔再也不能继续下去了。城市和乡村必须成婚,这种愉快的结合将迸发出新的希望、新的生活、新的文明。①

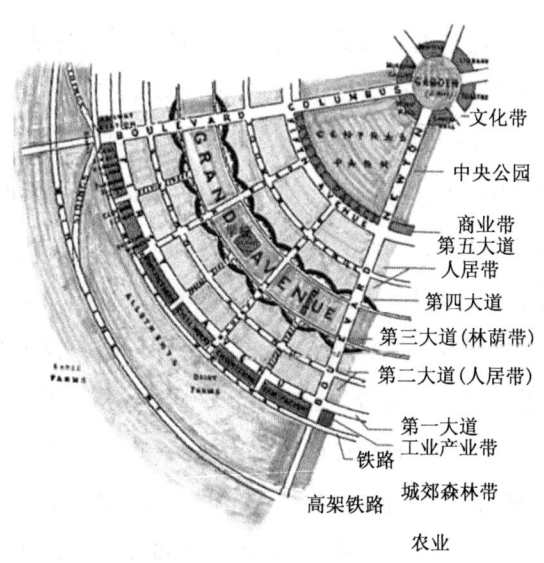

田园城市的构想

---

① [英]埃比尼泽·霍华德:《明日的田园城市》,金经元译,商务印书馆,2010年版,第9页。

显然，霍华德的论断也暗含了城市中的自然美可以激发文化创意的意思。到了20世纪，"田园城市"的理念已经风靡全球，芒福德对这一思想评价极高，并进一步并阐释说：

> 在规划中，田园城市最重要的新元素就是由农业用地或公园用地环绕并限定的社区。沿着在雷德朋私人开始的尝试，1934年由联邦政府组建的美国重新安置管理部门尝试着在有利于可持续产业和商贸就业的地区，把居住同完整的社区所需要的建筑物结合在一起。……大不列颠和其他国家在1919年之后犯了没有利用重新将工业和人口集中在完整均衡的花园城市的机会来提升居住水平的错误。在绿带城镇的政府资助住宅中，美国似乎克服了这个主要的缺陷。这一明智的政策应当被重新采纳。①

美国开始于20世纪初的城市美化运动对其城市环境与景观建设一直产生着深刻的影响，开辟林荫大道和建设城市公园，形成城市的"肺"，一直作为良好的传统继承下来，以致在后来的城市规划中结合中心区开辟了许多小公园、绿化小广场，根据人的心理行为特点，创造休息、交往的宜人空间。例如，明尼阿波利斯市把改善城市环境同吸引外资结合起来，将城市公园绿地的规划建设作为振兴经济、吸引外资的重点战略性综合规划，成为全美生活环境最美的城市之一。

下面则是世纪之交的欧洲案例：1990—2000年在德国鲁尔北部地区，创建了大型公众休闲、娱乐场所——埃姆舍公园（Emscher Park）。在这块庞大的地域中，德国慕尼黑工业大学教授、景观设计师彼得·拉茨（Peter Latz）尽量将原有的生态绿地和植物保留下来，并利用这些植物设计了一个独特的公园：北杜伊斯堡风景公园（North Duisburg Landscape Park）。而在荷兰阿姆斯特丹的 Westergasfabriek

---

① [美]刘易斯·芒福德：《城市文化》，宋俊岭、李翔宇、周鸣浩译，中国建筑工业出版社，2009年版，第482页。

文化公园,设计师伊瓦特·瓦哈根等人,一开始就为背上长有条纹的蟾蜍和有斑点的火蜥蜴设计新的栖息地。

芒福德在《城市文化》第五章《文明的地域体系》中反复强调一种自然景观的多样性,我们或者可称之为"自然美的多元主义":

> 对于人类而言,每一种类型的环境都具有其特殊的重要性,……松软的草地、人类划定的领域和建造的地标建筑、蜿蜒曲折的河流,不时出现的湖泊和湿地,这些平地上的人工化景观和太阳直到上午11点才在冰峰升起的蒂罗尔悬谷一样能够丰富人类的精神。①

> 任何一种类型的景观都对文明的人类有其特殊的意义。……对于地球和城市两者而言,区域规划的任务是使区域可以维持人类最丰富的文化类型,最充分地扩展人类生活,为各种类型的特征、分布和人类情感提供一个家园,创造并保护客观环境以呼应人类更深层次的主观需求。正是我们这些认识到机械化、标准化和普通化的价值的人,应该敏感地意识到需要为另外一套互补的行为提供同样的场所——野生的、多样的、自发的、自然的可以和人类的形成互补,个体性的和集体性的形成互补。规划一个可以为人类差异微妙的不同层次的感觉和价值,形成一个连续背景的栖息地,是优雅生活的基本必需。②

因此,城市在构造之初,城市管理者就要思考如何营造多样性的山水景观。荷兰在构造水体景观方面取得了良好的效果,这显然值得我们的"水乡"(诸如长三角城市苏州、上海等地)学习借鉴:

---

① [美]刘易斯·芒福德:《城市文化》,宋俊岭、李翔宇、周鸣浩译,中国建筑工业出版社,2009年版,第372页。
② [美]刘易斯·芒福德:《城市文化》,宋俊岭、李翔宇、周鸣浩译,中国建筑工业出版社,2009年版,第374页。

荷兰城市技术进步的基础，尤其得益于他们对本地水资源的利用和控制，……更在于水和水道对于城市景观的巨大美学雕饰作用。……荷兰人控制水的技艺不仅见于他们著名的圩田成绩，还见于他们引水到城市中心地带的造景效果。这让荷兰城市不仅具有洁净的外观和翠绿的轮廓，更让他们的城市到处都干干净净，生机勃发，精力旺盛，犹如船上的甲板在海沙、海浪、甲板磨石等的磨洗下产生的效果一样。①

水景是令人赏心悦目的设计元素，瀑布、水墙、缓流、水池、喷泉等以水为主题的设施能给空间带来生气，让人感到灵动，启发人的冥想。独具特色的水景小品是人们融入自然和陶冶性情的综合性生态场所，更是激发创意的独特环境。但我国城市尤其是北方城市，在城市景观营造上，往往忽视水的审美。要通过加强水体与附近建筑绿化环境的联系，结合丰富的水景小品，设计有吸引力的公共场地。还可将滨水区域作为公共开放空间，通过河道的宽窄和形态控制水流速度，制造急流、缓流、静水，形成动静结合、错落有致，自然与人工交融的水景，创造宜人的休闲、娱乐、审美空间。

总之，创意不可无江山之助。那种滥用自然资源换取眼前利益，因而损害创意产业可持续发展的做法必须停止。以我国唐山市为例，过分榨取自然资源和粗放型的增长方式，曾令唐山饱尝苦涩。幸而市领导日益重视此类问题并加以整改。据唐山市原副市长辛志纯介绍说，以2007年为例，唐山市拒绝了60多个项目，仅曹妃甸区就把100多亿元的投资拒之门外。近些年，唐山因淘汰落后产能影响GDP176亿元、财政收入22亿元，但换来的是水变清了，天变蓝了，环境更好了。

目前我们的重点应该是：在用地保障上，城市规划要避免过度商业开发，要将城市的河岸海滨、湖泊湿地、山地林地划为公共用地，并以政策法规明文规定，

---

① ［美］刘易斯·芒福德：《城市文化》，宋俊岭、李翔宇、周鸣浩译，中国建筑工业出版社，2009年版，第163页。

防止私人性侵占,以保证市民和创意阶层最基本的游憩、审美之需。"明日的田园城市",要围绕城市的山地、森林、绿地、河流、湖泊、湿地、岩洞等自然资源环境的营造,保证景观的多样性,以期为创意的灵感提供天然的背景。愿创意阶层都能拥有、欣赏江上清风与山间明月,在天人合一的美妙境界中,让奇思妙想飞上九天。

第五章
缪斯女神与创意火花

  从最终产品看,传统工业所生产的都是标准件,千篇一律,也不要求有什么人文精神、艺术气韵,而创意产业的作品,则是充满着人文气息的艺术品。因此,创意环境也必须有艺术气息。一座理想的创意城市,在本质上应当是一部巨大的富于创造性的艺术品,一首昂扬宏大、波澜向上的史诗,一曲雄浑的城市交响曲。当人们解读它时,可以读到城市的灵魂、精神、激情、力量和壮丽景象。故而,创意城市除了应当具备自然美之外,从规划上讲,无疑还应当营造艺术美。一个吸引创意人才的城市,其建筑、生活、娱乐等各种设施的设计,都应当具有浓厚的艺术美感,以熏陶人们的心胸,开启审美的意境,激发城市建设者们新颖、独特、深刻的文化创意。芒福德在《城市文化》导言中提到:

  托马斯·曼在吕贝克城建成纪念的庆典仪式上曾经说:……一旦城市不再是艺术和秩序的象征物时,城市就会发挥一种完全相反的作用,它会使得社会解体、碎片化的实况更为泛化。试想:在城市的密集杂乱的居住区之中,各种罪孽和缺德的恶行会传播得更快;而在城市的石头建筑物上,这种反社会的事实会牢固地渗透进去,而不会被轻易抹掉:发生这种情形不是城市生活的光荣……①

---

 ① [美]刘易斯·芒福德:《城市文化》,宋俊岭、李翔宇、周鸣浩译,中国建筑工业出版社,2009年版,第4页。

芒福德在导言中还痛心地提到城市化给欧洲所带来的现象:"结果,城市,作为集体艺术和技术的集大成,从现实中消失了。……即使是在德国和低地国家如荷兰、比利时、卢森堡和丹麦,这样的国家比较鲜明地保存了中世纪的城市社会传统,它们也因为没有在城市规划和建筑方面完成一些最普通的工作任务而发生了重大失误。结果,随着城市化步伐的加快,城市地区中被毁坏的范围也随之加剧、加大了。"[①]

不难发现,在一个具有丰富艺术气息的地方,也容易发展创意产业。例如,美国的百老汇、意大利的歌剧院,这些国际著名的创意产业集聚区,都依托于该地区深厚的文化积淀和丰富的艺术资源。可以说,创意产业集群具有很深的人文根植性,地域性的历史文化传承和艺术审美环境,是其形成和发展的重要基础。在缪斯女神悠扬的竖琴声中,创意的火花才会恣意迸发,如天上的繁星点点。而如果不注意城市的艺术审美,就会形成文化荒漠,使人们的思维僵化,灵感不畅。

创意城市所需要具备的艺术审美性环境,在本章中所主要讨论者,有建筑艺术、表演艺术、非物质文化遗产艺术和艺术家群落四个方面。

第一节 "建筑不是房子",而是艺术

全球创意城市网络,是联合国教科文组织于 2004 年推出的一个项目,旨在通过对成员城市促进当地文化发展的经验进行认可和交流,从而达到在全球化环境下倡导和维护文化多样性的目标。全球创意城市网络共分七大主题,分别是文学之都、电影之都、音乐之都、民间手工艺之都、设计之都、媒体艺术之都、美食之都。我国的深圳、上海、北京、武汉均已先后入围"设计之都"。

在申请加入"全球创意城市网络——设计之都"的相关条件(共 10 条)中,第 2

[①] [美]刘易斯·芒福德:《城市文化》,宋俊岭、李翔宇、周鸣浩译,中国建筑工业出版社,2009 年版,第 7 页。

条是"拥有以设计和现代建筑为主要元素的文化景观",这就是一个审美问题。它明确告诉我们:创意与审美有着密切联系,缺乏审美的城市谈不上创意。本节就集中来谈作为创意环境的建筑美问题。

建筑美是一个城市最明显的美学标志。城市建筑是凝固的音乐、立体的绘画、历史的雕塑;它是技术与艺术的结合,实用性与观赏性的统一。具有鲜明文化艺术特色的建筑景观,无疑对城市创意氛围的提升发挥着重要作用。正如清华大学建筑学院教授王贵祥在《建筑不是房子》一文中所言:"一般接触一下建筑,比较多地就会说建筑是艺术,这好像已经是不争的事实了。……西方艺术史里头没有哪部艺术史不谈建筑。"①一个地区的建筑美,对创意的迸发有直接的助推作用。芒福德这样指出城市建筑美对12世纪欧洲人的感官熏陶作用:

> 那个时候可能还没有美学这个名词或者学科,而审美的效果却无所不在。佛罗伦萨的市民不是曾为他们的大教堂采用哪种圆柱进行过投票公决吗?无论是教堂、同业公会会堂,或者居民住宅,都装饰得很美,到处是雕像、粉墙、三联彩绘、墙壁装饰,日常生活里耳濡目染的一切器物和环境,其色彩和造型都令人赏心悦目。……这种耳濡目染的感官熏陶,是日后全部高级教育形式的源泉和基础。设想,如果日常生活中存在这种熏陶,一个社会就不需要再安排审美课程;而如果缺少这种熏陶,那么即使安排了这种课程,也多是无益的;……城市环境比正规学校更发挥经常性的作用。生命本身就在感官的这种扩大中兴旺成长,若没有这些激励作用,脉搏会变慢,肌肉会松弛,内心会缺乏信心,视觉和触觉会逐渐丧失细致的分辨力,或许生活和意志力都会因之消沉下去。而视觉、听觉、嗅觉和触觉经受饥饿,正如人之不进食,也会招致死亡。②

---

① 《百家讲坛》栏目组编:《建筑不是房子》,中国人民大学出版社,2006年版,第6页。
② [美]刘易斯·芒福德:《城市文化》,宋俊岭、李翔宇、周鸣浩译,中国建筑工业出版社,2009年版,第57-58页。

芒福德又在《城市文化》第四章《大都会的兴衰》中更直接地指出,在欧洲文艺复兴时期,"罗马的新建筑激发了米开朗琪罗的天才"①。他还在《城市文化》第二章《法庭、游行行列和首都》中揭示,16至19世纪这段历史时期有过三种主要的建筑形式,在早期文艺复兴时期,建筑学上的象征物就是圆拱和穹隆。此种建筑形式对当时的器物产生了巨大的影响:"这个时期的每种器物,从女生们的梳妆镜,到新建的纪念碑,都会带上这个符号。"②

西方城市建筑美对创意产业的促进作用,可以芝加哥为例。芝加哥享有"美国高层建筑的故乡"之美誉,许多建筑师在此建造了众多著名建筑。这些建筑既保持着早期传统的西欧古建筑风格,又奠定了自身独有的特色。在市中心区域,既有七八十层乃至上百层的摩天大楼,又有富丽堂皇、古朴典雅的博物馆和教堂,还有圆柱形双塔式的玻璃钢架结构的高级饭店和商场等具有不同风格的现代建筑,整个城市就是一座硕大的建筑博物馆。而从创意产业来看,芝加哥一直在美国领先:它曾是美国电影的摇篮,戏剧艺术也颇有传统。20世纪70年代,先锋派艺术团体在这里纷纷崛起。芝加哥交响乐团是世界闻名的乐团之一。——应当说,芝加哥的城市建筑对于创意产业所提供的氛围是可以想见的。

我国是一个文明古国,不乏优秀传统建筑集中的城市,这样的建筑美氛围易于发展创意产业。例如,位于山西中部的平遥古城,它被联合国教科文组织世界遗产委员会称为"中国古代城市在明清时期的杰出范例","在中国历史的发展中,为人们展示了一幅非同寻常的文化、社会、经济及宗教发展的完整画卷"。平遥城内建于清末的民居,建筑布局严谨,轴线明确,左右对称,主次分明,轮廓起伏,外观封闭,大院深深。精巧的木雕、砖雕和石雕配以浓重乡土气息的剪纸窗花,惟妙惟肖,栩栩如生,集中体现了公元14至19世纪前后汉民族的历史文化特色,是迄今规模最大、保存最完整的民俗建筑群。此外,平遥城墙规模宏大,设计严谨,城楼造型古

---

① [美]刘易斯·芒福德:《城市文化》,宋俊岭、李翔宇、周鸣浩译,中国建筑工业出版社,2009年版,第331页。

② [美]刘易斯·芒福德:《城市文化》,宋俊岭、李翔宇、周鸣浩译,中国建筑工业出版社,2009年版,第148页。

朴典雅,结构端庄稳健。平遥县衙全国规模最大,堪称皇宫缩影,被誉为"民间故宫"。平遥文庙是华北最具特色的文庙,属于宋式建筑体系,深具宋代遗风。古城外的镇国寺始建于五代时期,其"千年瑰宝"万佛殿,是我国最早的木结构建筑。规模虽然不大,但造型雄伟,气势非凡。殿内彩塑佛像造型高大、面相端庄,具有浓厚的中唐风格。古城外的双林寺号称"东方彩塑艺术宝库",其2 000余尊木胎泥塑集宋元明清彩塑之精华,被联合国教科文组织称为"真正、独一无二的珍宝"。可以想见,这样的地区对于发展创意美术、创意建筑、创意旅游等是非常具有氛围的。事实上,位于古城九龙壁处的"大戏堂",现已成为与法国"红磨坊"齐名的高品位演艺场所。它是集北派宴舞展示、传统剧目表演、名优小吃品尝、现代设施助兴、民俗客栈休闲、文化艺术交流为一体的综合性创意空间。

又如杭州的京杭大运河两岸,有拱宸桥西历史街区、小河直街历史街区,以及反映杭州传统风貌的码头、河埠、桥梁、仓库、街巷、古宅等建筑,"古老的运河和厚重的历史氛围可以激发创意人员的灵感,同时也是丰富的艺术创造素材,宁静而远离人群的环境给了创意人员开阔的空间,是一个不可多得的艺术创造环境"①。这个区域历史上是杭州的繁华之地,丰富的历史建筑遗存,再加上风情民俗、饮食传统等文化美学元素,可谓得天独厚。如果在这里设置创意产业,可将运河风情作为创意环境而形成独特的气质,与其他区域的发展形成差异化。事实上,这里自2008年就已开始建设"运河天地文化创意园"。它位于运河沿岸,由长征化工厂工业遗存、富义仓遗址、小河直街历史街区、桑庐和石祥船坞等建筑群构成,目标是打造世界级旅游产品,并带动沿岸商业、旅游、餐饮、娱乐等相关行业的联动发展。

再如上海松江区。这里名胜古迹众多,历史建筑审美内涵丰富。如陀罗尼经幢、兴圣教寺塔、望仙桥、云间第一桥、砖雕照壁、西林塔、葆素堂、颐园、醉白池、兰瑞堂、陈化成祠,等等。目前,松江区的文化创意产业已具备了一定的特色和规模,集中了泰晤士小镇、时尚谷、上海仓城影视基地等单位。以后还可进一步利用其人文审美资源优势,发展具有松江特色的影视艺术、工业设计等。此外,南京夫子庙

---

① 向勇、周城雄编著:《中国创意城市(下):创意城市发展研究》,新世界出版社,2008年版,第190页。

一带也有文化部2014年确认的国家级文化创意试验园区。它所依托的,也包括建筑审美资源(尤其是明清江南古建筑)在内。

尤其值得一提的是第三章曾提到的北京南锣鼓巷。张纯等人认为当地存留着的胡同、四合院等历史建筑为创意提供了助推作用:

> 南锣鼓巷不仅为最初的艺术创意者提供"地下兼职"的庇护所,更以传统风貌作为物质载体打开了与历史对话之门,从而为创意萌芽的成长提供有力的催化剂。一方面,历史文化空间作为天然的历史题材外景地,使更多有创意潜质的艺术者不需艺术机构的巨额拨款,就有机会进行低成本创意。……另一方面,历史文化空间作为编剧构思剧情、演员体验生活的场所,是再现历史绝好的天然舞台。当胡同、四合院的文化符号含义逐渐得到公众认可时,生活在这样的场景中可以受到创意信号不断刺激而激发"灵感"。作为承载千年文化积淀的建成空间,它也为演员提供体验旧时生活的练习室。一位历史剧的撰稿者在访谈中表示,住在胡同和四合院中,举手投足、细节的拿捏都被潜移默化了:
> "……这里是一个跟历史对话的窗口,一个时间空间的链接……离开这儿,我肯定找不到感觉了。满眼都是高楼大厦,怎么能写出那些古代的东西?"(第8号被访者)[①]

不过,环顾身边的城市,我们不无遗憾地看到,能让人感受到建筑美的城市并不太多。一方面,城市由于新建、扩建与拆迁,大量具有优美外观的建筑和老房子(其中不少是文物)遭到拆毁的厄运。例如,胡同、四合院曾是北京的代表性民居,而如今在北京,原汁原味的胡同、漂亮的四合院已非常稀少。浙江定海古民居既有清代和民国建筑风格,又吸纳了西洋石木结构的建筑特色,形成了独特的历史审美

---

① 张纯等:《地方创意环境和实体空间对城市文化创意活动的影响——以北京市南锣鼓巷为例》,载《地理研究》,2008年第2期。

风貌。而1996年,大片的定海古街区在舟山市的"旧城改造"活动中被拆毁。作为六朝古都的南京,拥有世界最长、规模最大、原真性最好的古代城墙,它目前已被列入世界文化遗产预备名单。可惜的是,21世纪初为了兴建清凉门大桥,一段城墙被活生生地直接拆除。位于重庆的原抗战国民政府大楼主楼,为中国古典式木结构建筑,高敞威严,庄重壮观,是抗战记忆的重要物证。1979年,重庆抗战国民政府旧址主楼被人拆除,改建为重庆市某机关办公大楼。遗址内仅有两栋一楼一底的砖木结构楼房被原样保留下来,而在2010年4月,残存的抗战国民政府所有建筑遗址被拆除。又据《文汇读书周报》2006年2月3日《失去记忆的城市》一文报道:在上海,一些挂牌保护的优秀建筑成为房地产开发的牺牲品,淮海中路1754弄的"保护"便是"挂羊头,卖狗肉"的典型。地处湖南路街道、贯通淮海中路和武康路的这片住宅,由几十幢风格各异的近代花园洋房建筑构成,其间大树葳蕤,花木繁盛,是一处具有极高建筑和文化价值的优秀近代建筑群。2000年,在所谓的保护性修复中,这些历史建筑被彻底推倒铲除,重建为统一样式的高档豪宅。冯骥才先生曾痛心疾首地撰文说:

  我国的历史文化遗存本来就多灾多难。虽说我们有5 000年光辉灿烂的历史,但地面遗存,历尽劫难,已经是十分有限;如果我们拿河南的三座古城郑州、开封与洛阳,同意大利的罗马、威尼斯与佛罗伦萨比一比,就会一目了然。而如今又遭到空前猛烈的冲击。此次冲击不亚于以往"大革命的洗礼"。如果说"大革命"是恶狠狠地砸毁它,而这次则是美滋滋地连根除掉它,因为这是一次"旧貌换新颜"。城市的管理者们,或出于片面追求现代化速度,或迫切积累任上的政绩,或只盯住眼前的经济利益,将成片成片的城区交给开发商任意挥洒。他们对这些城区的文化遗存的情况大多一无所知,甚至也不想知道。于是短短十余年,不少都市的个性特征、历史感和文化魅力,被涤荡得寥寥无几。北京的四合院,江南的小桥流水,还有我们一些城市的那些源远流长的老街,正在一片片从城市的版

图上抹去。神州城市正在急速地走向趋同。文化的损失可谓十分惨重! ……①

冯先生所言,正是现代化建设中毁掉传统建筑美的现象。究其缘由,一些地方政府官员认识不到位是重要原因之一。例如,定海拆城事件,据《理财周刊》2002年11期报道,尽管当时民众愤怒,舆论阻止,文化人士、媒体奔走呼吁,但古城还是被铲土机无情地推倒,再建新城。一位定海籍名人说:"我曾很痛苦地想,我们家乡怎么会出这么愚蠢的官员?为什么就没办法让他们变得聪明一点?"

相比之下,西方国家在历史文化名城的保护上起步较早,其做法值得我们思考。如意大利,早在文艺复兴时期就重视对古罗马和中世纪的古建筑进行保护和修缮。19世纪以来,更是从理论上、实践上进一步深化和加强了古建筑和历史城区的保护。西方可资借鉴的经验之一是,制定和建立了符合本国国情的保护政策和法令体系,并有很具体的刚性规定。比如法国,从很早就制定了保护文物的法律法令。1913年法国制定了《历史性纪念物保护法》,该法以历史性建筑为主体,指定了11 000件建筑,登录了17 000件建筑。1931年法国政府又颁布了《景观保护法》,规定《历史性纪念物保护法》所指定的建筑物周围500米内任何建筑、空间、环境方面的变革都必须得到相关部门的批准。1962年法国又颁布了旨在保护历史性地区的基本法律,即《保护地区法》。该法要求所有被指定的保护地区应制定长期的总体规划,从土地利用到建筑的修复、改造,以及建筑设计等都要做出详细限定。法国巴黎市政府接受了世界著名建筑和城市历史学家、美国康奈尔大学柯林·罗厄(Colin Rowe)教授的"拼贴城市"(Collage City)理论。该理论认为城市是一个历史的沉淀物,每个历史时期都在这个城市留下了自己的印迹(沉淀),它反对以"现代化"为名对原有城市大拆大建。在这种理论指导下,巴黎那些林林总总、各具特色的"母体"建筑(特别是居住建筑)在城市建设中基本上都被保留下来了。所以,当笔者漫步在塞纳河沿岸以及中心区的街道上时,所见到的大片建筑都是

---

① 冯骥才:《历史的拾遗》,载《文汇报》,1998年3月2日。

"古都风貌"。人们称赞说:"巴黎是保护真古董,创造新标志。"而我们有的城市却反其道而行之:"拆除真古董,建设假古董。"两者的差距,真是遥不可及。此外,加拿大在旧城改造中,许多城市都注重保护历史地区和传统建筑,坚守"整旧如旧"原则,在20世纪80年代中期,加拿大几乎所有城市的古城都被完好地保留下来。典型如蒙特利尔的老市区、魁北克带有城墙的旧城和温哥华的煤气镇等。

我国城市建筑美缺失的另一方面,表现为很多城市的新建楼宇,都是大同小异的火柴盒形式,充斥着一丛丛的钢管、大片大片的玻璃窗门,很难看到优雅的飞檐,优美的柱式和门窗雕饰。而即使保留了历史美感的建筑,在这样的环境下,也显得格格不入。正如芒福德批评工业时代"一处精美的教堂可能会因为近旁突然耸立起一座巨型仓库而显得黯然失色"[1]。例如,南京大学汉口路校区保留了民国时期庄重大气的传统建筑。然而,这硕果仅存的优美建筑群被校外一丛丛的几何形摩天大楼团团包围,让广大师生叹息不已,更让摄影师们倍感遗憾。《文汇读书周报》所载《失去记忆的城市》一文也指出:上海有不少优秀历史建筑虽未遭到铲除的厄运,却被周边的建筑"新贵"压迫得喘不过气,失去了历史的风貌。著名的人民广场保护区,由国际饭店、华侨饭店、大光明电影院、老上海图书馆、中百一店等构成极具特色的近代商业和公共建筑群。然而,这一黄金地段是房地产开发的热点,这些优秀建筑已被淹没在俗气的高楼大厦之中而失去了历史风貌。类似的,虽然徐家汇天主教堂、原嘉道里爵士住宅(现上海市少年宫)等建筑得以完好地保护下来,但周围已经被改造成商业闹市区,使之成为高楼丛中令人压抑的"盆景"。类似的现象,在我国许多城市中存在着。

就笔者多年行走各地的经验来看,云南西双版纳州景洪市的城市建筑值得一提。该市几乎没有纯几何形的钢筋水泥丛林,其主要建筑均被设计为傣式风格,飞檐高耸,装饰华美,形态各异而又和谐统一。在椰子树的映衬下,整个市区显得赏心悦目,美不胜收。这样的城市环境,显然有利于创意产业的发展。

---

[1] [美]刘易斯·芒福德:《城市文化》,宋俊岭、李翔宇、周鸣浩译,中国建筑工业出版社,2009年版,第234页。

景洪市大街小巷的各处楼盘均为美丽的傣式建筑

博物馆、美术馆是重要的城市建筑,它的外观也能为审美和创意思维提帮助。创意城市巴黎,博物馆和美术馆多达上百家,其中的卢浮宫、凡尔赛宫、奥赛博物馆、罗丹美术馆、毕加索博物馆、橘园博物馆、蒙马丹—莫奈博物馆、小皇宫博物馆、国立纪玫亚洲艺术博物馆和工艺品艺术博物馆等,外形均为富丽堂皇的古典主义建筑(群),美轮美奂,让人目不暇接。又如,美国加州大学伯克利分校,该校的艺术博物馆是一座呈扇形的优美建筑物,对于创意阶级来说,其本身就是一件绝妙无比、使人陶醉的艺术作品。另一个例子是 1994 年,伊瓦特·瓦哈根(荷兰的一位城市项目负责人)被邀请参观德国鲁尔区的埃姆舍公园(Emscher Park)。那里美妙的、富有神韵和创造性的工业场所极大地启发了他,让他豁然开朗。他说:

> 我们通常根本无法区分建筑师、景观建筑师、项目经理和艺术家。毕尔巴鄂的古根海姆博物馆(Guggenheim Museum)本身就是一件艺术品,

圣地亚哥·卡拉特拉瓦(Santiago Calatrava)的桥梁和其他建筑作品或凯西恩·古斯塔福森(Kathryn Gustafson)设计的阿姆斯特丹的新西部公园(New Westerpark)本身都属于艺术品。任何公共活动为毕尔巴鄂所做的宣传，都不如弗兰克·盖瑞(Frank Gehry)设计的古根海姆博物馆有效。一个原本潮湿、脏污的城市，巴斯克分离主义运动(ETA)的恐怖主义中心，被精心赋予了全新的身份。①

由于建筑景观对思维、灵感的激发作用，目前打造中的创意城市，正越来越有意识地以建筑美来营造环境。例如，英国的盖茨黑德市历史上是英格兰煤炭出口的主要港口之一。但从 20 世纪 70 年代起，随着北部煤矿纷纷关闭，盖茨黑德的经济也进入衰退期，成为英格兰人均收入最低的地区，城市形象一落千丈。盖茨黑德在城市复兴的探索中，开发了英国最大的雕塑"北方天使"、最具艺术风格的竖琴状千禧桥("闪烁之眼")，并通过建设文化基础设施，举办盛大庆典活动、文化旅游、体育赛事等措施，鼓励音乐创造、艺术创造、工艺设计产业的发展而带动城市的产业转型，取得了极大成功。

又如，荷兰人的创意世界闻名，而鹿特丹又通常被称为建筑设计的温床。这是因为，鹿特丹本身就被誉为"露天建筑博物馆"，设计北京 CCTV 新大楼的库哈斯先生就出生在鹿特丹。在旅游局印发的漫游鹿特丹旅行手册上，游客可以看到大约 70 座气势恢宏的建筑、雕塑和引人注目的古城址。走进鹿特丹这座灵感之都，各种造型奇特的建筑争奇斗艳，让人目不暇接。"缤纷菜市场"很容易刷新人们对菜市场的所有想象。它建成于 2014 年，却迅速享誉世界。该建筑造型呈拱形结构，立于室内仰望，拱顶缤纷绚丽，超过 1 万平方米的高空图画在穿孔的铝板上显示出来。这幅巨作名为《丰饶之角》，灵感来自荷兰 17 世纪的静物油画。在这样的市场里穿行，低头是活色生香的人间烟火，抬头是奇幻绚烂的艺术世界。伊拉斯谟大桥被评为世界上最美的 13 座大桥之一。远远看去它犹如一只天鹅，一根根巨大

---

① 莫健伟、崔德炜主编：《文化创意空间：艺术与商业的集聚与融合》，社会科学文献出版社，第 84 页。

的钢索如展开的天鹅翅膀。每当夜幕降临,白色的灯光让大桥更显洁白优雅,仿佛黑夜中的精灵。这里还有古老的哥特式建筑圣劳伦斯大教堂,古色古香的中国龙船建筑,以及各类现代派建筑如"魔方"建筑、"铅笔"建筑、"桅杆"建筑等,让人目不暇接。在2015年城市规划评比中,鹿特丹被评为欧洲最佳城市。著名旅行杂志《Lonely Planet》曾在2016年将鹿特丹评为"最值得关注的十座城市之一",原因是"这里有着一种开放、多样、迷人的现代、后现代与当代的美术馆氛围"。有人评论:鹿特丹各种各样的建筑以

鹿特丹的"铅笔"建筑和"魔方"建筑

超乎想象的姿态生长,还没有遇到过一个城市的建筑像它一样,能够不断地让人想到"自由"这个词。旅客在到达鹿特丹的第一站,就会迅速进入新奇的建筑之旅。总之可见,通过建筑景观来营造城市创意氛围,培育市民创意精神,是发展创意产业的一种有效的途径。

第二节 缪斯女神与全球创意国度

在兰德利的"城市创新资源构成矩阵"(2000)中,"硬件"部分的客观指标/主观描述就包括了"高雅艺术文化的艺术演出等展出活动,城市居民直接参与文化艺术活动人次"之内容。上一章提到的《上海城市创意指数》除了有考量城市自然美的

"社会环境指数"之外,还有"文化环境指数",其中列有"艺术表演场所每百万人拥有数"一条。可见,除了注重城市和产业区的建筑美之外,还要对表演艺术、造型艺术等进行聚集,对艺术氛围进行营造。正如安迪·普拉特所强调的:

> 当大多数大城市以相同的劳动力和土地等一揽子优惠政策展开竞争时,文化的"独特卖点"会成为"抢七(即决胜局)"。……高层建筑、歌剧院、音乐厅和现代美术馆的速成必须"与众不同"。……除了地标建筑之外,还要强调城市各个具有活力的项目和24小时内城市显示当地社会活动的丰富性、多样性和强度。①

创意产业在城市的艺术场所集聚,有利于文化企业、非营利机构和个体艺术家相遇和互动,形成规模效应。如何让缪斯女神的美妙琴声洒遍人间?如何让缪斯的琴声激发创意的火花?德国在聚集表演艺术以形成创意环境方面,具有成功经验。

作为一个有着悠久灿烂艺术传统的国家,德国的艺术氛围非常浓厚,公众普遍具有良好的艺术修养,这极大促进了戏剧、音乐、舞蹈等表演艺术的发展。目前,德国共有160多所国家剧院和城市剧院,这些公共剧院都有自己固定的剧团,其演出活动构成了德国戏剧生活的主要部分。此外,德国还有大约50个文化乐团和州戏剧院、大约190家私人剧院以及为数众多的自由社团和业余剧院。

在德国,戏剧长期以来被认为是公益事业,不以营利为目的。因此,其经费来源主要是国家财政补贴。每个演出季节,国家都要拨款30多亿马克进行资助,这笔费用相当于给每张入场券补贴160马克,而剧院票房收入只占其日常开支的很小一部分。可以说,如果没有政府资助,剧院很难只靠自身的力量维持生存。

德国的戏剧演出活动非常活跃,演出剧目丰富多彩,每个国家剧院和城市剧院都有自己的保留节目,每天换演一场。据德国戏剧协会的作品统计数字,1996—

---

① 莫健伟、崔德炜主编:《文化创意空间:艺术与商业的集聚与融合》,社会科学文献出版社,第54页。

1997年演出季节里共导演了包括话剧、音乐戏剧、舞蹈和木偶戏在内的2709部作品,它们在402个剧场中演出了10万多次,312个剧本是首次上演或者是首次用德语上演。

德国国家歌剧院:德国的剧院在数量和质量都堪称世界一流

德国戏剧深受大众喜爱,每年观看戏剧演出和参加艺术节的人数都超过3 000万人。在德国,有90%的观众通过戏票预定制度购票观看全年的演出。对很多德国人来说,戏剧已成为有教养的、有质量的生活之不可缺少的一部分。

作为乐圣贝多芬的故乡,德国可以称得上是一个音乐王国。德国公众普遍具有良好的音乐素养,音乐在他们的文化生活中占据极为重要的位置。在德国,有30多万人从事与音乐有关的各种工作,其歌剧院的数量比世界其他地方所有歌剧院加在一起还要多,其中由国家全额资助的歌剧院就有121座。德国有141个职业乐队,其中包括享誉世界的柏林爱乐乐团和慕尼黑交响乐团,另外还有大约4万个合唱团,2.5万个专业或业余的乐团以及其他为数众多的歌舞团。德国还拥有众多世界一流的音乐家,指挥大师卡拉扬就是他们当中的代表。德国的音乐教育也相当发达。在德国,不但有众多的音乐大学和音乐学校,而且音乐还是普及学校的必修课。这使音乐成为德国的一项大众艺术,大约每4个德国年轻人中就有1

人会奏一种乐器，或在一个合唱团里唱歌。音乐的普及带动了音乐行业的蓬勃发展，现在每年在德国售出的激光唱盘大约有 2.4 亿张，取得了良好的社会效益和经济效益。

德国之外，英国、法国、美国、日本等发达国家，都有通过重视艺术，培育审美氛围而发展创意产业的经验。英国在规划创意产业方面十分关注并利用周边地域的文化艺术资源禀赋，关键是看能否体现地域文化特色，即是否具有独特的创意资源、地域风格及艺术品位等。如曼彻斯特北部创意产业园区的形成就与当地丰富的、与众不同的音乐历史及享有国际声誉的滚石和流行音乐有关。伦敦西区（London's West End）则是以戏剧艺术为主导，从而汇集了数以百计的音乐制作、影视制作、广告、摄影、设计公司以及著名的酒吧、书店、杂志社、餐厅、休闲娱乐场所。这里的剧院数量几乎占全伦敦的一半（49 家），基本保持着传统的建筑风格和表演特色，是在传统戏剧艺术基础上发展起来的产业集群。仅 2010 年演出剧目就多达 18 615 个，观众上千万。休闲旅游、休闲购物、工艺品等也被带动。而巴黎之所以成为世界"浪漫之都"，主要原因是巴黎拥有一流的文化设施和丰富多彩的艺术活动。比如，每年 7 月 14 日国庆节的时候，巴士底歌剧院要免费公演一场音乐会，让人人都有机会欣赏高雅音乐。

美国纽约的都市生活令人羡慕，不仅在于其发达的经济基础，也因为它艺术设施非常完善，艺术氛围也非常浓厚，各种艺术活动和展览很多。纽约在世界上享有"现代艺术之都"的美誉，拥有全球闻名的林肯艺术中心、大都会博物馆，以及各种各样的剧院、音乐厅和画廊，它们构成了各种现代艺术思潮的诞生环境。纽约拥有 400 多个影剧院、音乐厅、歌剧院，在歌剧或芭蕾舞剧的质量和上演率方面，美国的其他任何城市都无法与之匹敌。在纽约，每年都举行各种各样的电影节，平均每万人拥有影剧院 0.5 座，比例相当之高。据纽约艺术联盟的报告《文化资本：纽约经济与社会保健的投资》统计，约有 49％的纽约市民经常观看音乐表演，43％的市民参观过艺术展览或博物馆。调查中约有 80％的纽约市民希望在他们年轻的时候能参与更多的文化艺术活动。这些艺术活动能激发创意人员的热情，放松身心，陶冶情操。纽约市政府鼓励人们投资艺术产业，在资金、税收等产业政策上予以大力支持。这使得很多来自世界各地的艺术家云集纽约，将其打造成为全美最大和最为火爆的演出市场。

美国的圣达菲也是全美的艺术重镇之一，其重要性仅次于纽约和洛杉矶。这里有一流的歌剧团，市区内的博物馆和美术馆也为数众多。音乐和舞蹈、出名的艺术博物馆和画廊、壁画和雕塑将这座城市的精神呈现出来。由此，这些艺术将人们吸引而来，这座城市也衍生出了大量很有声望的艺术文化社团以及不定期的活动。2005年7月，第二届民间艺术交易会在该市举行，位于博物馆山的米尔纳广场满是来自世界各地的艺术家、工匠和各种艺术品、表演。圣达菲的市民和参观者在此度过了一个愉悦的周末。此后，圣达菲也成为全美第一个加入"联合国全球创意城市网络"的城市。数据表明，整个圣达菲有7万个团体从事文化事业，比美国任何一个城市都要多。这些团体每年为该市带来11亿美元的收入，同时也有超过1/6的雇员在为创意产业工作。

在日本，东京的艺术家基本上占全国的一半，专业的音乐团体和戏剧公司等艺术团体组织及表演艺术数量的比重也是日本最高的。作为日本第二大城市，大阪以梅田、巴顿崛和通天阁为中心，聚集众多影院、剧院及文化娱乐场所，艺术表演成为大阪发展创意产业的重要环境。

从我国范围看，广州作为岭南文化中心地，有丰富的表演艺术、造型艺术资源，如岭南书法、岭南画派、岭南诗歌、岭南建筑、岭南盆景、岭南工艺美术（剪纸、年画）、广彩、广绣、陶塑、广东音乐、广东木偶戏和粤剧、粤曲等，并拥有一批在全国有影响的文艺家，以及有一定知名度和影响力的芭蕾舞团、粤剧团、话剧团、歌舞团、杂技团、木偶剧团等。这些独具岭南特色的艺术资源和品牌，为特色文化创意产业发展提供了强有力支撑。广州的近邻香港，目前正在打造"西九龙文娱艺术区"。其目的和愿景在于，通过打造艺术馆群和文化地标，以此提升香港特区作为亚洲文娱艺术中心的地位。它将成为一个世界级的综合娱乐区，具有独特的地标设计及连贯的文艺设施，以汇聚艺术企业和创意人才。当前，面对内地和亚洲众多城市的竞争，香港特区独有的优势是越来越少了。这次向文化艺术方面的大发展，把艺术、文娱设施汇聚一起，吸引人流和汇聚艺术人才，可以说是要巩固香港特区的国际地位和向高端文化发展的大动作。

再以北京南锣鼓巷为例。该地区周边有中国话剧院、中央戏剧学院等知名艺术机构,还有北剧场、北京七色光儿童剧院等表演艺术场所。这一地区创意产业的发展,与这些艺术单位所营造的氛围不无关系。张纯等人指出:

> 南锣鼓巷作为先锋艺术的创意发生地始于1993年,……文化创意活动最初萌发在这些艺术机构附近,受到地方历史文化空间的促进,越来越多艺术者来此聚集并共同造就了地方品牌。……
>
> 南锣鼓巷的创意活动萌发于邻近国家艺术机构的"墙根"下。依托这些机构中的硬件设施、人力资本、资质认可等便利条件,受益于原先文化事业单位的知识溢出效应,艺术者才能降低创意成本、回避风险,寻求适合文化产业化时期的发展途径。最初的艺术创意者大多都是附近艺术机构的在编人员。为了寻求体制外发展机会能更便利,他们开始迈出艺术机构的大门就近租房。……
>
> 南锣鼓巷在国家艺术机构的溢出作用和地方历史文化空间的促进作用下,成为孕育第一代艺术创意者的摇篮。在酒吧和咖啡店中出现的"地下交易",开创了艺术商业化的全新运作模式。近10年来,此地相继出现了30余家酒吧和咖啡店,吸引了演员、导演、编剧等艺术者来此交流,从而形成了具有艺术特色的文化创意区。[①]

在当前我国培育城市艺术氛围的过程中,需要重视的是发挥政府的作用。正如英国学者肯·罗伯茨所言:"艺术是唯一的一个由国家担任主要提供者的休闲产业。……主要的艺术馆、博物馆、图书馆及多数历史遗迹都归政府部门所有并由其管理。歌剧、芭蕾舞、'严肃'戏剧和古典音乐通常由非营利组织提供,但是主要的

---

① 张纯等:《地方创意环境和实体空间对城市文化创意活动的影响——以北京市南锣鼓巷为例》,载《地理研究》,2008年第2期。

公司都依赖政府的补贴,因此它们主要被当作半官方机构。"①因此,艺术需要国家的支持,因为只有这样才能保障人人都可以接触到艺术。政府要确保一定的财政支出,并鼓励社会捐助,重点开展高雅艺术,形成免费或成本价的公共艺术产品。有人指出:"中国的影剧院门票偏高是普遍存在的一种现象,上海大剧院正式演出票价是100~800元,而在欧洲一场音乐会或者芭蕾的门票不超过50欧元,一般定在30~50欧元之间。为了让观众买得起剧院的门票,欧洲国家采取对剧院补贴来降低门票价格。国家没有把高雅艺术和剧院纳入产业开发项目,仍然属于社会福利范畴。这为居民提供了很好的休闲空间,也为提高当地居民的艺术修养做出了重大贡献。"②这一现象值得我们思考。

第三节 非遗审美与创意产业选址

在艺术审美中,有一种特殊的类型,那就是非物质文化遗产审美。古村落、古镇、中西部地区的民族聚落等非遗审美资源集中的地区,无疑可作为创意产业理想的选址地。斯科特(Scott)认为,特定区域的重要性在于"存在于任何一个特定城市中的独特的传统、习俗和技巧将独有的韵味注入当地产品中,这使得其他地区的公司可以模仿但绝不可能完全复制"。这实际也道出了非遗审美对创意的独特作用。与其匆忙复制一个以科技城、孵化器、创意中心和风格雷同的咖啡馆、酒吧为共同点的创意产业模式,不如多注意到城市当地的非遗审美资源与特色,因为它的风格是独特而难以复制的。

根据联合国教科文组织的《保护非物质文化遗产公约》定义:非物质文化遗产指被各群体、团体、有时为个人所视为其文化遗产的各种实践、表演、表现形式、知识体系和技能及其有关的工具、实物、工艺品和文化场所。公约所定义的"非物质

---

① [英]肯·罗伯茨:《休闲产业》,李昕等译,重庆大学出版社,2008年版,第151页。
② 叶敏主编:《中国休闲引领力》,中国书籍出版社,2014年版,第115-116页。

文化遗产"包括以下方面：1. 口头传统和表现形式，包括作为非物质文化遗产媒介的语言；2. 表演艺术；3. 社会实践、仪式、节庆活动；4. 有关自然界和宇宙的知识和实践；5. 传统手工艺。而根据《中华人民共和国非物质文化遗产法》规定：非物质文化遗产是指各族人民世代相传并视为其文化遗产组成部分的各种传统文化表现形式，以及与传统文化表现形式相关的实物和场所。包括：（一）传统口头文学以及作为其载体的语言；（二）传统美术、书法、音乐、舞蹈、戏剧、曲艺和杂技；（三）传统技艺、医药和历法；（四）传统礼仪、节庆等民俗；（五）传统体育和游艺；（六）其他非物质文化遗产。由此可见，非遗大部分是民间艺术，具有审美属性。故而，重视非遗艺术，选择非遗审美气息浓厚、集中的地区开展具有特色的创意产业，将是智慧的选择。

事实上，联合国贸发会议曾根据创意产品的特征，将创意产业分为四大类，分别是文化遗产类、艺术类、媒体类和功能类创意产品。具体而言，文化遗产类是所有艺术形式、文化及创意产业核心的起源，它是分类的起点。文化遗产涵盖了历史、人类学、道德、美学和社会学的文化特征，也是文化遗产商品、服务和文化活动的起源，其具体内容包括传统文化遗产（传统节日、庆典等）和文化遗址（考古遗址、博物馆、图书馆、展览等）；艺术类指纯粹以艺术为基础的创意产业，这些艺术品是受到文化遗产、特定价值观和象征性意义的激发而形成的，具体包括可视艺术（绘画、雕塑、摄影和古董等）和表演艺术（戏剧、舞蹈、歌剧、马戏、木偶戏等）；……[①]此外，联合国教科文组织推出的"全球创意城市网络"项目，共设立了七种创意城市类型供申请，其中就有"民间艺术之都"这一种。可见，非遗艺术和非遗审美同创意产业的密切关系，早已得到权威人士的认识。

从世界范围看，埃及的阿斯旺是联合国命名的"民间艺术之都"。阿斯旺的文明从努比亚人起源。努比亚人遗留下来的传统技艺包括麦草编制工艺、首饰工艺、纺织工艺、努比亚建筑和阿斯旺的民间舞蹈，等等。独特的民间艺术遗产在阿斯旺保存完好，除了精致的工艺品，全民都参与到艺术教育和创造性的艺术交流活动

---

① UNCTAD: Creative Economy, Report 2010, UNCTAD/DITC/2010, www.unctad.org.

中。充满魅力的阿斯旺吸引了来自世界各地的艺术家。该市举办的国际性雕塑研讨会,就是为了让这项从法老时代延续至今的古老艺术焕发出新的生命。当地政府还提供信用贷款和设备支持发扬当地民间艺术的小型计划。此外,日本京都发展特色创意产业,同其丰富的非遗底蕴有着直接联系。作为日本较为古老的大城市,京都那悠远的历史背景,使得它拥有日本国内将近15%的绘画、雕刻、园艺、建筑、历史遗迹和民俗艺术等遗产或文物,历史文化遗产居日本首位。京都的西阵丝绸、陶瓷、漆器、扇子、染色、酿酒等传统手工业享有盛誉。丰富的文化遗产和富有特色的民间工艺成为京都创意产业发展的重要基石。

我国各地在此方面,也有不少成功经验。先看华北城市。河北易县拥有国家级非遗"易水砚制作技艺"。易水砚的石料是名为"紫翠石""玉黛石"的紫色、灰色水成岩,石质优良。石料上往往点缀着天然的黄色、白色、绿色等颜色的斑点、纹理,质地细密柔腻,浑然天成。作为著名的传统手工技艺产品,易水砚通过创意设计走出了一条新路。由于注重创新,突出艺术性、收藏性和观赏性,易水砚由传统的龙凤砚发展为鸟兽虫鱼、花草树木、英雄人物等一系列品种,深受市场的欢迎。工艺师们还延伸了易水砚产业链,结合茶文化设计开发出了易水石质茶海(茶盘)。该茶具一方面利用了易水砚石特有的天然本色,又融合了雕刻、书画等艺术门类,在传统砚的基础上大胆创新,已成为易水砚系列中的名牌产品。此外,像天然石版画、工艺包装盒、风景石、观赏石等,也是在传统工艺基础上的再创造,它们文化内涵丰富,制作精美,又具有天然的纹饰造型,深受消费者喜爱。

再看华东城市。山东潍坊拥有"杨家埠木版年画""风筝制作技艺"两项国家级非物质文化遗产。利用非遗审美元素,"山东潍坊杨家埠在民间美术创意开发方面有非常成功的实践。……他们在木板年画、风筝等民间美术产品的创意开发中有许多成功经验。……从木板年画中提炼出来的形象色彩可以用之于室内装饰,在酒店挂饰、室内壁画中大有可为。有一位设计师就将年画中的图案用之于丝巾、抱枕、围裙等的设计中,古老的传统形象体现在真丝或者粗布的质感中,其文化内涵跃然于上"①。山东省原胶南市则拥有"胶州剪纸""胶南泊里红席编织技艺"两项省级非遗项目，还有"胶南年画"名列青岛市非遗名录。利用非遗进行创意美术创作，并由此形成一条创意产业链，这在原胶南市是活生生的事实。原胶南市的年画、剪纸、编织等非遗项目，如今成了地方名片。很多乡镇创业都跟当地非遗有关，比如红席之乡泊里镇、钩编之乡藏南镇等。当地政府因地制宜，相继成立了青岛泊里红席专业合作社、胶南钩编艺术协会和钩编专业合作社等。目前，原胶南市培育的美术品及相关产品的生产集群，以达尼画村、绿泽画院、墨泽文化创意、山川融园、西海岸书画城等为龙头，以油画、年画、国画、剪纸等为主导产品，集创作、生产、制作、交易、培训、旅游为一体，形成了一个从画框、画纸（布）等初级产品生产经销，到作品装裱、交易、人员培训等逐步完善的庞大美术产业链条，涉及油画作品、国画书法、民间绘画、根雕石艺等众多门类，文化产业附加值逐年增加。

东阳木雕是浙江省东阳市的国家级非遗。它以平面浮雕为主，有薄浮雕、浅浮雕、深浮雕、高浮雕、多层叠雕、透空双面雕、锯空雕、满地雕、彩木镶嵌雕、圆木浮雕等类型，层次丰富而又不失平面装饰的基本特点，且色泽清淡，不施深色漆，保留原木天然纹理色泽，格调高雅，被称为"白木雕"。其题材内容多为历史故事和民间传说，画面设计与传统的中国画白描花一脉相通，图案装饰丰富而有变化。在艺术手法上，东阳木雕以中国传统绘画的散点透视或鸟瞰式透视为构图特点，它可以不受西洋雕刻与绘画规律的束缚，充分展示画面内容。近年来，富裕起来的一部分中国人热衷收藏和装潢，给东阳木雕行业带来了新机会。目前，东阳木雕已摆脱了木雕壁挂、屏风等单一的产品结构，转而向木雕装潢、宗教用品、庭院制品、红木家具等领域迈进，成为多门类、多产品的产业。

西部地区中，地处西南边陲的云南省，有不少国家级非遗审美资源。例如，剑川县拥有"剑川木雕"，鹤庆县拥有"鹤庆银器锻制技艺"，建水县拥有"建水紫陶烧制技艺"，等等。依托这些项目，相关地区都发展起了特色民间工艺品生产加工集群。此外，四川省泸州市拥有国家级非遗"油纸伞制作技艺"。造型典雅美丽、富于

---

① 汪广松：《非物质文化遗产的创意价值》，中国社会科学出版社，2015年版，第123页。

观赏性的油纸伞通过邀请设计师参与,也取得了良好效果。有人曾将油纸伞设计成伞灯,从 2008 年开始便通过文博会对外推广,获得了很好的市场效应。重庆市非遗项目"麦草画"是一种传统的草编技艺,作为文化创意产业开发项目,现在被有关方面进行了深度开发,试制出的产品供不应求。在 2010 年上海世博会期间,价值 10 多万元的 50 件麦草画一亮相,马上被各方嘉宾热捧,特意托运的几大箱作品很快被现场游客抢空,甚至连现场制作的半成品也被买走。重庆麦草画艺术现已走上产业化之路。

最后,再让我们通过盘点一些非遗艺术家底,思考构划未来创意产业的开展。杭州在西湖环境改造工程逐渐成形之后,便转入了对京杭运河(杭州主城区段)的综合整治。这一带的民间艺术、民间传说、民间戏曲、传统饮食等资源丰富,周边居住着一些掌握传统工艺的老艺人,非遗审美元素可谓得天独厚。杭州在保护、挖掘运河两岸历史文化资源中,弱化航运、水利功能,依据河畔民俗风情浓郁的传统特色,着重挖掘非物质文化遗产。这显然是一条明智的思路,并且容易与其他区域的创意产业形成差异化。而在笔者看来,非遗中的工艺美术性项目(名录中的"传统美术"和"传统技艺"大类)最适合进行创意转换,故而本章主要关注此类问题。正如有学者所指出的:"手工艺品的集群式生产需要有一定的条件,首先是当地具备该种手工生产的历史文化传统,其次是现存良好的自然资源和人力资源。……目前,我国传统手工艺产业的集聚区多出现在手工艺资源丰富的乡村。"[1]因此,在这些乡村附近建设创意产业单位,将是就近取材的好办法。

例如,江浙两省的蓝印花布是一种历史悠久的手工艺品。简单、原始的蓝白两色,创造出一个淳朴自然、清新明快、千变万化的蓝白艺术世界。蓝印花布的纹样图案,有的取材于百姓喜闻乐见的民间故事、戏剧人物,但更多的是由动植物和花鸟组合成的吉祥纹样,采用暗喻、谐音、类比等手法,寄托着对美满生活的向往和朴素的审美情趣。老百姓那种健康和质朴的心灵,在民间蓝印花布上得到了形式和内容的完美统一,真实地反映了一种深厚的民间艺术积淀。江苏省南通市的"南通

---

[1] 汪广松:《非物质文化遗产的创意价值》,中国社会科学出版社,2015 年版,第 179 页。

蓝印花布印染技艺"和浙江省桐乡市的"蓝印花布印染技艺",都被列入国家级非遗名录。因此,在这两个地区大力开展与之有关的创意产业,应该是不错的选择。目前,桐乡蓝印花布厂在传统工艺的基础上,进行了工艺创新,生产出了蓝印《清明上河图》系列画轴。不过有人认为,应在蓝印花布的图案中注入现代元素,给人以新的视觉享受。有人建议参照现代时装,设计出新式旗袍、太阳裙、风衣等时尚款式。有人建议把 Q 版的图案制成蓝印花布,广泛用于被面、伞、书包、手提包、小饰品等产品中,既典雅又活泼。还有人建议运用电脑软件(如 Photoshop 等)技术来设计蓝印花布图案,丰富其图案纹样,使其呈现出与以往不同的艺术风格;蓝印花布也可尝试加入几种亮色,会显得更加丰富也更具有现代气息。当然,这些构想已属于具体创意方式,并非本书讨论的重点。这里只想说明,在非遗审美内涵丰富、积淀浓厚的地区,开展创意活动的空间很大。

又如曾与蜀绣、苏绣齐名的宁波刺绣"宁绣",至少也有五百年以上的历史。它分为金银彩绣(又称仿古绣)、平绣、包梗绣、刀绣,尤以金银彩绣最为著名。作为国家级非遗项目,宁波金银彩绣风格独特,色彩浓郁,表现力丰富,应用广泛,广受海内外人士欢迎。近年来,金银彩绣重新焕发生机,逐渐走向产业化之路。有人建议,借鉴各方发展经验,可采取以下措施:大力宣传宁绣的文化品牌,通过各种手段将其包装起来;挖掘宁绣的文化内涵,改编各类故事、传说;制作各种形式的影视产品、动漫产品,走品牌战略;适时推出宁绣文化产业项目,条件成熟时建立宁绣文化产业园区;探索宁绣产业与富民工程、文化产业和旅游产业相结合的路子,形成宁绣产业组织化、规模化、标准化、集群化的产业布局;形成集刺绣艺术品、宁绣用品、旅游于一体的文化产业链。此外,作为工艺美术类遗产的竹编,它是"人类在历史上创造并以活态形式传承至今的、充分代表一个民族的文化底蕴、审美情趣与艺术水平的最为优秀的传统手工技艺与技能"[①]。而"鄞州竹编"也是宁波的省级非遗项目。有人建议"建设宁波竹编工艺研发中心,……设立国际竹编艺术博览园,集中展示中外竹编艺术、竹编历史、竹编文化等,通过多媒体、3D、4D 等现代科技手

---

① 苑利、顾军:《非物质文化遗产学》,高等教育出版社,2009 年版,第 122 页。

段为人们提供接触竹编科普知识和集中感受竹编文化的场所,吸引游客走进宁波探寻竹元素、领悟竹精神、感受竹韵之美。设立竹编艺术观光体验商贸区,通过竹编艺术成品和工艺制作流程展示,让游客了解并体验竹工艺品从选料、刮丝、蒸煮、上色、穿插到成品的制作过程,增强旅游的趣味性和吸引力。建设竹文化演艺中心,深入挖掘竹文化,处处营造竹氛围,处处体现竹元素,让中心成为展示鄞州竹编文化的重要载体。将竹工艺品打造成旅游商品,鼓励旅游区内创造各具特色的购物环境,提供优质的旅游服务"①。事实上,以宁波一带为中心的整个浙东地区,都拥有十分丰富的非遗工艺品资源。故而有学者建议:

> 浙东地区的一些非遗项目,如宁绣、传统剪纸等,都可以进行创意美术转换,从而实现创意产业发展。……
>
> 以宁绣这种古老的非遗艺术为缘起,结合浙东地区非遗项目,如漆器、根雕、竹编等传统手工艺和书法、绘画、甬剧、文学、古董等艺术创意,形成集设计、制作、展示、交易、收藏、推广和培训于一体的有机产业链……
>
> 浙东非遗中有剪纸、皮纸、乌金纸、纸扇等传统工艺美术制品,可以联合发展成一股创意纸业。……
>
> 对于浙东传统纸艺,如皮纸、乌金纸、纸扇等,要利用传统纸业的文化优势,结合现代时尚元素,发展出一片产业天地。皮纸、乌金纸本身就是极好的产品,也是原料,利用这些纸制成现代商品,既可以讲求古朴韵味,又可以运用一些时尚、有新意的元素,这样更符合年轻一代的审美需求,……②

可见,浙东地区是一个非遗手工艺品相当集中的地区,富于浓厚的遗产审美资

---

① 汪广松:《非物质文化遗产的创意价值》,中国社会科学出版社,2015年版,第196-197页。
② 汪广松:《非物质文化遗产的创意价值》,中国社会科学出版社,2015年版,第58-62页。

源,是不可多得的适宜发展工艺品及其他各类文化创意产品之处。

此外,非遗项目中的表演性艺术(名录中的"传统音乐""传统舞蹈""传统戏剧"等)同样可以进行创意转换。例如,浙江杭州越剧院另辟蹊径,通过改编易卜生剧作的尝试,为传统非遗曲艺走向海外拓宽了全新的思路。2010年10月,越剧《海上夫人》在中国上海国际艺术节上演。挪威作家易卜生笔下的人物,在剧中被涂上厚厚的油彩,扮成清秀俊丽的小生和花旦。早先,《海上夫人》的姐妹篇《心比天高》曾在欧洲获得巨大反响,连挪威国王和王后也莅临观看。导入西方经典给中国传统艺术形式的推广提供了新思路,也为东西方艺术的合璧开辟了一条全新的途径。故而,那些富于工艺美术性非遗和表演艺术性非遗的地区,尤其适合开展创意产业。例如,江苏省南通市具有"南通板鹞风筝制作技艺""南通蓝印花布印染技艺"等国家级工艺类非遗项目,又有海安花鼓、如东跳马夫、通州童子戏、海门山歌、沈绣、吕四渔号等11个省级表演艺术类非遗项目,显然可以就地大力发展各种创意转换。

尤其值得注意的是,在我国的边陲省份和少数民族自治区域,往往有世界上少见的多民族文化形态高密集区,被誉为"民俗大观园"。其特色鲜明的少数民族传统审美文化,如音乐舞蹈、文学美术、民族服饰、建筑形式、节日庆典、传统工艺、民俗文化(婚丧嫁娶等)、宗教艺术等往往也名列各级非遗文化榜单,形成一幅景象壮美又特色鲜明的风情画卷。故而,这些区域是发展影视会展、艺术表演、民间工艺制品、文化旅游等创意产业的好地方。以云南为例,大理白族自治州拥有众多国家级工艺类和表演类非遗项目,例如"白族扎染技艺""白族绕三灵""白剧""白族民居彩绘""大理三月街""白族三道茶""耳子歌""石宝山歌会""剑川白曲""彝族打歌",等等。丽江市也拥有"纳西族东巴画""纳西族热美蹉""纳西族白沙细乐""黑白战争"诸项国家级非遗艺术。应当说,丽江古城从一个无名小镇一跃成为举世闻名的旅游胜地,与其充分开发利用非遗审美项目是不无关系的。又如海南省,有黎族民歌、舞蹈、传统器乐等艺术和钻木取火、原始制陶、树皮布制作等技艺。特别是有着三千多年历史、被誉为中国纺织史"活化石"的黎锦,其手工纺、织、染、绣等技法享誉中外,形成了独特的黎锦文化。目前,滇海两省打造的各类民族歌舞表演,风情浓郁，内涵丰富，已经获得不小的成功。其民间传统工艺技术也逐渐被挖掘开发，木雕、金属手工品、扎染、刺绣、制陶、民族服饰、民族饮食等具有民间乡土特色和民族传统的手工制作产业大量崛起。其他如内蒙古、新疆、西藏等地区的一些城市，也不乏传承悠久、具有高度审美内涵的非物质文化遗产。因此在这些地域开展创意产业，尤其具有审美资源方面的优势。

第四节 "波希米亚人指数"与艺术家群落

一个城市要拥有丰富多彩的艺术美，就要留住形形色色、充满个性的艺术家群体。"全球创意城市网络"项目中"媒体艺术之都"的相关要求共四条，其中一条就是："拥有比较完善的媒体艺术家居住、创作环境。"佛罗里达和他在卡内基—梅隆大学的团队所开发的"宽容度指数"中，除了前面第二章所提到的同性恋指数和文化熔炉指数之外，还有一个名为"波希米亚人指数"（Bohemian Index）的新指标。波希米亚人原指以前波希米亚王国（该王国位于捷克共和国境内）的居民。现在这个词则被用来指称那些希望过着非传统风格生活的一群艺术家、作家与任何对传统不抱持幻想的人。佛罗里达的"波希米亚人指数"用来衡量作家、设计师、音乐家、演员/导演、画家、雕塑家、摄影家和舞蹈家的人数。也就是说，它呈现的是一个地区内从事艺术创作的相对人口，是提供该地区文化和艺术财富创造者规模的直接依据。佛罗里达猜测，一个地区对于波西米亚人的开放程度，也应与其经济发展质量水平的高低有着密切的关系。

佛罗里达团队的调查发现，波希米亚人指数有着令人惊讶的预测性。该指数排名前10的地区中，有5个位列全美高科技产业区前20名；排名前20位的地区中，有12个位列全美高科技产业区前20名，有11个位列最具创意地区前20名。这有力地支持了一个观点，即：有着繁荣艺术与文化环境的地区能够诞生创意经济成果，以及带来整体性经济增长。佛罗里达的《波希米亚人指数和高科技产业》关系表①如下：

高科技指数排名	地区	波希米亚人指数排名	高科技指数排名	地区	波希米亚人指数排名
1	旧金山	5	40	布法罗	46
2	波士顿	4	41	俄克拉荷马市	47
3	西雅图	7	42	拉斯维加斯	9
4	洛杉矶	10	43	大急流城	31
5	华盛顿特区	13	44	普罗维登斯	17
6	达拉斯	15	45	新奥尔良	41
7	亚特兰大	12	46	路易斯维尔	33
8	菲尼克斯	23	47	杰克逊维尔	49
9	芝加哥	26	48	孟菲斯	40
10	波特兰	6	49	底特律	24

随后，多伦多大学研究院莫瑞克·格特勒（Meric Gertler）和塔拉·维诺德拉伊（Tala Vinodrai）等人也证实，波希米亚族和高科技发展之间关系密切，这在加拿大地区尤为明显。澳大利亚国家经济局也进行了独立研究，他们对比了该国郊区和都市中心，结果发现波希米亚族和高科技发展有着实实在在的正相关。

的确，多个事实证明"艺术家聚集型"是创意经济成长模式的主要类型之一。作为原生态的创意经济形态，它体现了艺术人才对于文化创意产业的巨大推动作用。艺术家们多以个人画廊、设计室、工作室为主，从事艺术创作，展示作品，交流技艺及出售自己的作品。他们这种特有的"波希米亚式"生活情趣吸引了艺术品商人、出售创作材料（包括画布、颜料、乐器、文具、胶片、数码产品等）的商人、艺术品装潢商人、书店从业者、特色餐饮、酒吧、画廊、会展等商务设施也接踵而至。艺术家的成果，独立、自在的创作、生活方式，特色浓厚的商业街逐步形成，催生了生机勃勃的艺术家街区，并且吸引了城市观光者，成为艺术家、商业与旅游功能兼有的

---

① [美]理查德·佛罗里达：《创意阶层的崛起》，司徒爱勤译，中信出版社，2010年版，第302页。

街区。其主要代表有美国纽约的SOHO区、英国伦敦的SOHO区、韩国首尔的三清洞文化街区等。前者在第一章已有提及,此处对后两者略加介绍。

在伦敦,文化产业活动集中在该市西部的次级行政区西敏市境内一个大约1平方英里的区域内,即众所周知的伦敦SOHO区(一译苏和区)。至少从1918年开始,这里就是伦敦重要的创意和文化生活中心。当地的酒吧、咖啡店和餐馆为艺术家和作家提供了非正式聚会的场所。这个地区还成为波希米亚人——作家、艺术家、演员、画家和诗人——的居住区,使其成为整个国家创意和文化生活的中心。英国学者弗兰克·莫特骄傲地宣称:"苏和区有着和很多欧洲城市内地区一样的名声,是先锋派文化和艺术生活的中心。这是伦敦自己的波希米亚或拉丁区,……剖析空间文化的层层内容就是追踪一种特别的波希米亚考古学。"[1]

伦敦SOHO区:艺术家的天堂

韩国首尔的三清洞文化街区,因为坐拥400余家美术馆、近300家画廊、70余家博物馆、上千家小型创意书屋、咖啡屋和传统茶屋,也吸引了一大批新晋艺术家、设计师和文化创意人士,形成了一个拥有巨大商业潜力的创意产业聚集区。

可见,以艺术家为主体,以审美的浓郁氛围带动创意发展是一条可行之路。就

---

[1] [英]弗兰克·莫特:《消费文化:20世纪后期英国男性气质和社会空间》,余宁平译,南京大学出版社,2001年版,第185页。

我国范围而言,近年出现的北京 798 厂艺术区、通州宋庄艺术区、上海苏州河仓库艺术区、上海"田子坊"、昆明上河仓库、深圳大芬油画村、杭州 LOFT 和成都"蓝顶艺术中心"等,也都是通过艺术家集聚开始起步的创意产业典型。宋庄艺术区的小堡画家村,是集艺术家工作室、作品展览展示及其他服务于一体的综合场所。这里不仅有书画家、雕塑家、摄影家,还有篆刻家、石雕家、铁艺家、思想家、音乐制作人等,不同的思想碰撞激起更活跃的创作灵感。形成于 20 世纪末的深圳大芬油画村,不但是本土画家的大型群落,在 2004 年"五一"期间,还吸引了俄罗斯海参崴市画家联盟的七名画家自费前来举办油画作品展,这更加提升了该地区的创意环境。

另外值得一提的是所谓"泛艺术群的贡献"。也就是说,艺术氛围的营造不仅依靠艺术家群落——人数更为广泛的一般艺术爱好者,也对审美环境和创意氛围起到积极助力作用。张纯等人以北京南锣鼓巷文化创意区为例:

> 除了专职的艺术者,众多艺术爱好者构成南锣鼓巷的"泛艺术群"也促进了创意活动的日益密集。泛艺术群具有一定艺术素养和专业技能——虽然并非专职,但对艺术高度热衷、具有创意的激情。他们包括尝试考入艺术机构的学生、专职艺术者的工作搭档等。泛艺术群的贡献体现为:
>
> 首先,作为高欣赏水平的艺术受众。在那些专职艺术从业者还没有成名时,泛艺术群扮演耐心欣赏者的角色,这种互动对创意过程十分关键。
>
> 再次,提供创意原始素材,并成为辅助劳动力资源。他们不仅将迸发出的最初灵感贡献于艺术创意理念,同时也通过道具制作、演出服剪裁、造型等辅助性的外围工作将这些理念变为现实。
>
> 最后,对专职艺术者形成无形的压力。在艺术多元化的趋势下,泛艺术群的创意作品得到越来越广泛的市场认可,这给专职艺术者带来压力和挑战,也激发他们不断进行创新。比如,一位科班出身的导演在访谈中表示:

"有时候有的(投资商)为了降低成本,也会找非专业的——他们有许多新点子——我们毕竟干了这么多年了,总不能还不如他们吧(指'泛艺术群')……"(第2号被访者)①

因此,这再一次说明文化底蕴深厚、市民文化素质高、"准艺术家"多的城市,是易于发展创意产业的。厦门(鼓浪屿)、深圳、宁波的民间钢琴家众多,广东惠州、南京六合、安徽萧县、西安鄠邑、江西永丰、延安安塞、江苏邳州、上海金山等地的农民画家人才济济,浙江湖州、嘉兴、绍兴、金华、宁波、温州等地区的国家级非遗传承人众多,因此这些地域都是发展创意产业的良好环境。

---

① 张纯等:《地方创意环境和实体空间对城市文化创意活动的影响——以北京市南锣鼓巷为例》,载《地理研究》,2008年第2期。

第六章
休闲氛围与创意园区

前面第一章至第五章主要是从城市的层面来讨论的。下面,我们进一步从创意园区的角度来进行相关研究。

文化创意产品往往不是个人能够制造出来的(这与很多高技术产品有类似的特征),集体创造力对于促进创意活动的发生通常比个人创造力更为重要。因此,"集群"理论应运而生。1990 年,哈佛大学商学院教授迈克尔·波特(Michael E. Porter)在《国家竞争优势》一书中首先提出"产业集群"(Industrial Cluster)一词,并对集群现象进行了分析。此后,随着创意产业的崛起,"创意产业集群""创意产业园区"等概念也相应产生。对这两种概念的内涵与关系,学术界有一些描述、界定和辨析。邓文君对创意产业集群做出了直接的界定:"文化创意产业集群是指在一定的区域内,由众多相关行业的创意企业及政、产、研等相关支撑机构,通过专业分工并建立协作关系,形成一定的产业规模和自主研发能力,具有竞争力和创造力的企业群体。"[①]向勇等将创意产业园区作为创意产业集群的一种具体存在方式,指出:

> 创意产业集群的特征是生活和工作相结合、文化产品生产和消费结

---

① 邓文君:《数字时代法国文化创意产业的创意环境构建研究》,载《深圳大学学报·人文社会科学版》,2014 年第 6 期。

合、有多样化的宽松的环境、有独特的本地特征,而且与世界各地有密切的联系。发展创意产业集群最好的方式是"创意产业园区"。①

而黄永林认为,创意产业集群就是创意产业园区:"创意产业园区亦称'文化产业园区''文化产业集群''文化产业集聚区''文化产业基地'等,它是指相互关联的多个文化企业或机构共处一个文化区域,形成产业组合、互补与合作,以产生孵化效应和整体辐射力的文化企业群落。"②本书认为,由于创意产业的特殊性和现代科技的高度发展,创意产业的相关机构可以在网络空间聚集,也可以在实体地域聚集。二者皆可成为创意产业集群,而后者才是创意产业园区。故而,我们倾向于向勇等的辨析,将创意产业园区视为创意产业集群的一种实体化的存在方式。

文化创意早已存在,但创意产业园区却是刚刚发展起来的新鲜事物。英国经济地理学家安迪·普拉特等认为,创意产业的发展不仅仅是单个企业的行为,而是需要区域的创新环境——集体的互动和企业的地理聚集。目前,创意单位已较少采用散兵游勇的单干式经营,而是越来越倾向于产业化的集聚,以发挥整体效应。有人比喻,创意产业园不是从上而下的产业链条,而更像是一簇生机勃勃的野生丛林,掺杂着鲜花、药草、刺槐和昆虫,迸发出野性的活力。它能够把相关的各种企业、研发机构、工作室、艺术家俱乐部等组合在同一个空间,不但降低了开发的成本,而且在相互的穿插渗透中,形成许多新的组合。

如何更有效地促进创意单位、创意人员之间的互动和聚集?这里就有技巧的问题。让人们在休闲中自然而然地拉近彼此的距离,无疑是最佳的选择。一个国度要成为创意国度,需要在国家总体层面营造休闲的氛围;一个城市要成为创意城市,需要在整个城市区域培育休闲土壤。那么,如何让不断涌现的新兴创意园区,在良好的休闲氛围下成长?我们可采用的模式大致有二:或刻意为创意园区选择

---

① 向勇、周城雄编著:《中国创意城市(上):创意城市发展研究》,新世界出版社,2008年版,第133页。
② 黄永林:《从资源到产业的文化创意——中国文化产业发展现状评述》,华中师范大学出版社,2012年版,第103页。

有休闲氛围的城市区域,或为已落成的创意园区打造休闲空间。下面让我们分别从国内和国外两方面来看看相关成功经验。

第一节 创意园区与"世界休闲之都"

有学者指出:"文化集群对城市特定场所的特殊文化与品质存在很强的偏好,对根植于特定空间的文化特质的挖掘与利用是塑造城市文化集群标识性、品牌性的关键。"[①]在人类发展史上,城市向来是人们进行休闲活动的主要场所,是日常休闲活动发生频率最高的地域空间。一个城市只有具备富有吸引力的生活质量和良好的休闲空间,才可能被打造成为创意城市,发展创意产业。而在城市发展的历史上,不少城市慢慢形成了自己特殊的文化品质,"休闲"便是其中的一种。而在休闲的氛围中,创意阶层能够自由地发挥自己的思维,故而"休闲城市"是创意阶层所普遍喜好的。芒福德在称赞著名的法国城市规划家勒·柯布西耶(Le Corbusier)对城市的理性规划时说过:

> 由此,生命重新进入画面,不再只存在于外来装饰形式之中,而更需要空气、阳光、花园、公园、运动场地、娱乐场地,以及一切各种形式的为了刺激城市生活的社会设施形式:聚会和放松的非正式场所,像咖啡厅,以及为特定目的而服务的教育设施,譬如博物馆和大学。在使建筑趋向生命和生命过程的时候,建筑师从房屋的装饰开始,在城市这里结束。
>
> ——《城市文化》第七章《新城市秩序的社会基础》[②]

---

① 刘学、张敏、汪飞:《南京市文化集群的特征与模式》,载《现代城市研究》,2007年第11期。
② [美]刘易斯·芒福德:《城市文化》,宋俊岭、李翔宇、周鸣浩译,中国建筑工业出版社,2009年版,第447-448页。

显然，这就是在指出"休闲城市"的重要，尽管芒福德的年代还没有这一词语。因此，在休闲城市开辟创意园区是一个不错的选择。所谓休闲城市，是休闲功能上升为城市性质的城市。在这些城市中，休闲功能区布局合理，发展完善，休闲产业高度发达。它们以休闲文化作为城市的气质与灵魂，是拥有现代化的城市休闲设施、国际化的休闲环境，提供个性化的休闲服务，具备国际化休闲形象的宜居城市。休闲城市尤其适宜创意产业的集群式发展。那么，哪些城市堪称"休闲城市"，因而适合大力发展创意园区呢？

由于发布机构的不同，因而版本也有多种。姑取几种代表性的而言。就世界范围来看，近年被称为"世界十大休闲之都"的，根据十大品牌网，分别是：佛罗伦萨（意大利）、赫尔辛基（芬兰）、琅勃拉邦（老挝）、清迈（泰国）、尼斯（法国）、京都（日本）、成都（中国）、萨凡纳（美国）、开普敦（南非）、奥兰多（美国）。① 根据新蓝网的发布，则分别是：查尔斯顿（美国）、清迈（泰国）、圣米格尔（墨西哥）、佛罗伦萨（意大利）、琅勃拉邦（老挝）、京都（日本）、新奥尔良（美国）、巴塞罗那（西班牙）、萨凡纳（美国）、开普敦（南非）。② 而根据第二届世界休闲博览会上发布的"全球休闲范例城市研究报告"显示，"全球十大休闲范例城市"分别是：开普敦（南非）、迪拜（阿联酋）、杭州（中国）、赫尔辛基（芬兰）、尼斯（法国）、奥兰多（美国）、里约热内卢（巴西）、塞维利亚（西班牙）、新加坡、维也纳（奥地利）。③

无论版本如何不同，值得注意的是，这些名列世界休闲城市之列的名城，不少同时也是世界级的创意城市，拥有全球闻名的创意产业园区。例如芬兰的赫尔辛基，于2012年被国际工业设计协会理事会认定为世界设计之都。赫尔辛基设计区是创意的聚集地。在一个数平方公里的范围内，聚集了180多家设计商店、工作室、画廊、餐馆、时尚酒吧以及设计型酒店。赫尔辛基设计周（Helsinki Design Week）现在已是北欧最大的设计节。西班牙的巴塞罗那以其22@创意街区的成

---

① 《世界十大休闲城市》，见 http://www.china-10.com/top/406323.html。
② 《全球十大休闲之都》，见 http://n.cztv.com/news/12128855.html。
③ 《案例解析　全球十大休闲范例城市发展经验》，见 http://www.doc88.com/p-1186987052647.html。

功闻名于世,又以 Canodròm 创意研究园吸引全球目光。巴塞罗那的产品设计、建筑、数字媒体集群,已成为创意集群发展的典范。南非的开普敦市是 2014 年联合国认定的"世界设计之都",有著名的 Fringe 创意产业园区等。非洲最大型的设计及室内装饰产品展览会"南非设计装饰展"(Decorex Cape Town),每年均会于开普敦举行,吸引了无数设计爱好者观摩。

阿联酋的迪拜在创意产业方面发展迅猛。2015 年 6 月,迪拜酋长马克图姆签署法令,将"迪拜科技和媒体自由区管理局"更名为"创意产业集群管理局",并任命迪拜副酋长担任管理局主席,以引导创意产业发展。Al Quoz 区是迪拜创意人才最初的落脚地。作为艺术交流平台,遍布各种各样的画廊。迪拜设计区(Dubai Design District)又称 D3,是迪拜时尚与创意产业的中心。包括 Al Quoz、D3、互联网城、媒体城在内的迪拜创意聚集区,在过去 15 年已成为地区知识经济中心,而迪拜的愿景是建设成全球创新中心。

奥兰多是美国创意产业的代表,拥有两个闻名世界的大型主题公园。一是包括"未来世界"在内的世界上最大的迪士尼乐园,二是包括"哈利·波特魔法世界"、冒险岛乐园在内的奥兰多环球影城。由米老鼠、唐老鸭、白雪

奥兰多迪士尼乐园:休闲与创意的结合

公主、蜘蛛侠、绿巨人、变形金刚、史莱克、大力水手、哈利·波特、小黄人等创意形象衍生出音像制品、玩具文具、服装首饰和食品,在周边就地生产销售,也带动了相关制造业的发展。此外,小城奥兰多还集聚了奥兰多艺术博物馆、橙县历史博物馆及附近的哈利花园、美国最大的海洋世界等众多的创意旅游景点。

第二节 创意园区与本土休闲城市

接下来看看国内的情况。由于休闲城市建设的话题逐渐成为媒体热点,我国的休闲城市排行榜也在近年频繁发布。2007年,首届"中国休闲产业经济论坛"发布了"首届中国十大休闲城市"名单,依次为:杭州、成都、昆明、湛江、北海、三亚、桂林、丽江、松江、五大连池。[①] 2010中国(国际)休闲发展论坛上,发布了第二届"中国十大休闲城市"名单,依次为:杭州、成都、南京、银川、吉林、扬州、湛江、呼伦贝尔、秦皇岛、舟山。[②] 2013年中国(国际)休闲发展论坛发布"第三届中国十大休闲城市"榜单,依次为:丽江、桂林、三亚、杭州、青岛、昆明、成都、南京、大连、扬州。[③] 2017"中国(国际)休闲发展论坛"评选出了"中国十大品质休闲城市"大奖。杭州、成都、三亚、厦门、扬州、乌海、丽水、韶关、北京市大兴区、营口获此殊荣。[④]

从以上榜单也容易看出,名列我国十大休闲城市之列的名城,不少同时也是国内著名的创意城市,拥有出色的创意产业园区。例如,杭州在历届休闲城市评选中名列前茅,同时也在创意产业上走在前列。它拥有业内知名的十大文化创意产业园区:西湖创意谷、西湖数字娱乐产业园、杭州创新创业新天地、西溪创意产业园、下沙大学科技园、之江文化创意园、运河天地文化创意园、创意良渚基地、湘湖文化

[①] 张志:《中国十大休闲城市出炉——首届中国休闲产业经济论坛纪实》,载《小康》,2008年第1期。
[②] 《2010中国十大休闲城市》,见 https://wenku.baidu.com/view/b70ad3260722192e4536f61a.html。
[③] 鄂璠:《十城市捧得休闲大奖》,载《小康》,2014年第1期。
[④] 《"2017中国十大品质休闲城市"榜单发布》,见 http://www.hangzhou.gov.cn/art/2017/11/13/art_812268_12984096.html。

创意产业园、白马湖生态创意城。它们在信息服务业、动漫游戏业、设计服务业、文化休闲旅游业等行业尤其领先。

　　成都也是十大休闲城市的历届得主。有人评论杭州和成都这两个休闲城市的不同在于：杭州的休闲是对文明异化的一种逃避和休息，而成都的休闲是生命本真状态的自由表达。对杭州人而言，休闲是生命的艰难跋涉之后的喘息或者停歇，休闲是暂时的，是为工作积蓄能量；而对于成都人，休闲就是生命的归宿和常态，工作只是暂时的，甚至工作也要休闲着干才行，总之一切都不能离开休闲这个生命之本，不然生命就了无意义。故而有人说，成都人是"在休闲中创造，在创造中休闲"。作为目前中国发育比较成熟的休闲城市，成都最大的优点是不仅把传统的"道"家休闲文化继承下来，而且结合现代化的脚步，给休闲注入了新的文化因素。道家思想不仅注重身体、物质的生活质量，同时注重人性的自由，心灵、情感不受束缚。这种"道"家休闲文化环境最适合艺术家、创作者静心思考，以提出有创意的新设计和有创意的新想法。因此有学者明确指出："成都可以依托休闲的文化环境，通过学术交流、合作研究等多种形式引进方式，集聚各类创意人才。"[①]还有人认为，成都最有条件将道家休闲文化与创意产业巧妙地结合在一起，适合发展休闲创意旅游、数字娱乐、演艺艺术及创意设计等具有休闲特色的创意产业，打造"休闲创意之都"。

　　事实上，在成都这个休闲到骨子里的城市中，创意产业园区发展也颇有成绩，目前已初步形成以高新区为载体的数字游戏动漫产业集中发展区。其他日益涌现出的创意园区还有：创意成都、成都东村文化创意产业园、成都西村文化创意产业园、成都天府创意产业园、东郊记忆、红星路35号、浓园国际艺术村、蓝顶艺术中心、许燎原艺术创意产业园、733艺术工厂、北村艺术区、三圣乡画意村、洛带中国艺库、洛带博客小镇，等等。

[①] 郑丹华等：《成都创意产业发展现状、问题及对策建议》，载《北方经济》，2011年第5期。

* |第六章　休闲氛围与创意园区| *

位于成都龙泉驿区的洛带博客小镇

洛带博客小镇具有浓厚的休闲氛围

南京也是十大休闲城市的两度得主,其创意园区发展同样也是一日千里。依托"千里莺啼绿映红,水村山郭酒旗风"的典型江南休闲氛围,南京市自2006年"创意东8区"开园起,连续三年分批次选择重点推进建设的创意产业园区达35家。近年来,创意园的数量和规模又进一步扩大。除创意东8区之外,晨光1865科技创意产业园、红山创意工厂产业园、西家大塘文化创意产业园、艺术金陵文化创意产业园、紫金工坊科技文化创意产业园、无为文化创意产业园、南岸瑞智NR99文化创意产业园、世界之窗创意产业园、通济都市创意产业园、创意中央科技文化园、南京大学生文化创意产业园、宝塔山创意产业园等,均有一定的业内知名度。

北方海洋休闲城市青岛,拥有中艺1688创意产业园、100创意文化产业园、青岛文化创意产业园、百川创意产业园、红星印刷科技创意产业园、青岛国家广告产业园区、创意G20、东鲁文化创意产业园、青岛少海新城文化创意产业园、1919创意产业园,等等。南方海洋休闲城市厦门自2010年开始兴建了首个文化创意产业园区——集美文化创意产业园。其后,牛庄文化创意产业园、金铸创意产业园、海峡两岸建筑设计文化创意产业园、嘉禾良库文化创意产业园、根深智业文化创意产业园等也纷纷涌现。热带海洋休闲城市三亚,其创意产业园位于三亚市崖州湾,规划面积约12平方公里,是一个大型的现代创意产业园区,也是海南省级重点园区之一。由新兴产业发展区、融资综合服务区、科技汇集孵化区、生活配套服务区共同构成。

由此可见,在休闲城市发展创意园区的确具有优势。休闲城市所具有的浓厚的休闲氛围、完善的休闲设施、成熟的休闲空间,是吸引创意阶层的有利条件。而当前我国一些休闲城市的创意园区发展还较为滞后。例如,西部休闲城市昆明,文化创意产业园区数量少,层次低,与其省会城市的地位极不相称。与昆明相隔不远的丽江,金茂创意文化产业园是其市唯一列入省重点文化产业的项目。桂林创意产业园,总投资仅2.5亿元,用地仅117亩。以上城市具有良好的休闲资源,如不很好地发展创意园区,则显然是对资源的一种闲置和浪费。此外,像荣成、湖州、仙居、崇左、防城港、凯里、玉溪、西双版纳等地,虽未列入各类"十大休闲城市"排行榜,却是民间公认的休闲城市,但几乎没有像样的创意产业园区。地方政府应加大力度,利用良好的创意环境加以发展。

此外值得注意的是,一些休闲城市的创意园区附近,还居住着本地的原住民,例如杭州的运河天地文化创意园、成都的洛带博客小镇等。这些原住民依然有着悠闲自在的生活状态,时刻都散发着古老而耐人寻味的休闲审美气息。这对于园区的创意氛围,无疑起到了一种很好的渲染作用。相比之下,一些目前看来比较成功的创意园区,周边不但没有休闲审美范围,没有悠闲自在的原住民,反而是高楼林立或者嘈杂忙乱。这样的环境是不适合创意园区的可持续发展的。例如名噪一时的深圳布吉镇大芬油画村,笔者在去年的实地走访中发现,它已被交通主干道完全包围着。周边处处是高楼大厦、天桥地铁,繁忙的车流,嘈杂的人群和围挡施工的建筑工地。进入村内,各种小楼的布局多少显得狭窄、零乱。在这里,只有忙于制画、卖画的小商人,而找不到像样的可供高雅休闲的空间,也难觅悠闲自在的原住民。这样的创意环境显然会限制大芬油画村向更高层次发展。

第三节 "小宇宙":创意园区的休闲建设

不过,仅仅有城市休闲空间这个"大宇宙"还是不够的,城市中的大型创意产业集群(园区)还应考虑自身这个"小宇宙"的休闲文化建设。如今,越来越多的人倾向于认为,文化创意产业园应是集生产、居住、交易、休闲为一体的多功能园区。它鼓励在工作中感受休闲,在娱乐中激发灵感。园区的休闲设施不但反映文化创意产业园的特点和风格,更可充当创意人群的交往场所,满足人群交往、停留、观赏、游憩等需求。

有人近期对成都市的文化创意产业园做了调查,发现占样本总数76%的创意阶层认为非正式的交流对获取信息更为重要。超过半数的创意阶层认为非正式交往产生的影响有助于拓展个人视野,有利于增进同事间的感情交流。有82%的人群更喜欢在室外开展交流活动。创意阶层每天的交往休闲时间主要集中在午间12:00～14:00和工作间隙,占比约85%。创意阶层在自由支配时间中的活动类型主要是户外散步和与同事聊天,约占67%。[①] 因此,创意产业集群(园区)应当在自己的"小宇宙"内为创意主体提供开放的沟通网络平台。不仅要有正式的交流方式,如会议、会展、节庆等,更要重视那些非正式的,如餐厅的休闲、运动场所的会

---

① 田骁祎:《成都市文化创意产业园外部公共空间适应性研究》,西南交通大学硕士学位论文,第32页。

面、私人聚会等,这些都能为隐形知识的传播提供途径,为创意火花的碰撞、创意激情的迸发提供场所。这种群内行为主体之间的人际网络,能大大提高创意人员对新时尚、新文化的敏感度,提供比企业本身更为广阔的学习界面,使创意能够发生在多个层面和多个环节。否则,创意阶层需要付出更多时间才能产生交流,从而降低创意阶层开展交往活动的意愿。

园区的"小宇宙"同时涉及创意人才的工作环境和生活环境(前者包括工作自由度、宽松度,工作压力的大小等,后者包括生活质量、生活格调、品味、生活舒适度等)。而目前国内的很多城市,只是生硬地将一般工业园区的发展模式搬到创意园区建设上来,仅仅提供土地、硬件基础设施、以税收为主的政策优惠等条件,而没有真正考虑到创意阶层所需要的工作环境、生活环境、社交环境和发展环境。目前国内不少创意园区企业的管理者,往往认为员工只关注薪金待遇,而忽视了员工对休闲工作氛围的要求。以上种种片面的行为方式显然会带来隐患。

在创意人才的工作环境方面,美国 Google 公司的休闲文化堪称典范。"Google 不是一家传统的公司"——Google 提交给美国证监会的文件,在开篇词里如此强调。懂管理的人不难发现,Google 的管理运作模式有很多都是颠覆性的。能够在竞争激烈的互联网企业中一枝独秀,Google 开放性、宽容性、多样性的公司文化功不可没。例如,Google 为每位工程师提供 20% 的自由支配时间,这是 Google 两位创始人制定的不成文的规定。很多人没想到,这 20% 的休闲时间其实是 Google 创新模式中至关重要的一环。一旦有了这 20% 可支配的时间,蕴藏在工程师头脑中的"头脑风暴"会意想不到地奔涌出来。在创造力和想象力的引导下,许多令 Google 引以为豪的产品,如 Gmail 和 Google News,就是这样从 20% 的时间里创造出来的。

同时,Google 的工程师也不会被固定在一个项目或产品组内。因为 Google 还规定,员工可以在公司内部自由流动,管理层不能加以限制。也就是说,员工可以自由地从一个部门或岗位流动到另一个他喜欢的部门或岗位,做自己喜欢的事情。在 Google,一位工程师可以随时到自己感兴趣的小组工作,也可以同时加入好几个产品的开发过程。显然,这种管理方式上的灵活性可以更好地激发大家的创新意识。"一个想法有人支持就可以去做"——这种宽松的工作环境使得 Gmail、Orkut 这些深受用户好评的产品之诞生成为可能。

在足够宽松的工作氛围下,Google 领导人倡导着一种近乎理想化的价值观:思考那些可能改变世界的大事。因此,在 Google 内部,没有人会轻易否定哪个想法,认为其太傻或太大。在这个自由的乐园里,任何人都可以提出无与伦比的创意,任何人也都有机会亲手将自己的创意变为现实。

Google 正是在佛罗里达所说的"3T"(技术、人才、宽松)的共同作用之下,让创意无处不在,打造了一个可以抗衡微软的超级品牌。正是有了宽松、宽容、自由的文化环境,Google 才实践出了一条符合网络时代特点的创新之路。我国很多文化企业(也包括一些相关科研机构和高校的一些相关部门),还长期固守传统、僵死的管理模式,对高层次人才的管理还停留在旧式工厂车间对工人的管理。尤其在员工考勤、岗位流动方面,管得过严,卡得过死,还美其名曰"严格管理制度"或"狠抓劳动纪律",导致了创意思维难以生长。Google 公司的优秀企业文化,值得我们反思。

在创意人才的生活环境方面,我们认为,要充分考虑到创意人才对生活品质的需求。就创意园区范围而言,首先要增加公共活动空间(公共绿地和休闲广场等),"如创意园区的广场空间、入口空间、主要街道空间等,这样的空间往往能激发丰富的活动。依托旧厂区营造较大尺度的公共活动空间可以引发较大规模的集体活动,并提供充分的场地与开阔的视野"[1]。除了增加公共绿地和休闲广场外,还要配套周边的文化设施(如书吧、小型陈列馆、博物馆、画廊),打造公共休闲场所(如休闲会所、咖啡厅、酒吧、网咖、茶社、舞厅等),为创意阶层提供非正式交流场所,形成诚信、互惠、合作、富于功效的良好社会网络,以营造头脑风暴产生的氛围。我国学者李仲广、卢崇昌将参与休闲活动的动机归纳为若干条,其中第四条就是:"创造性地发挥平时受到压抑的个人潜能。"[2]因此,创意产业园要尽可能地多为创意人

---

[1] 程颖:《依托旧厂区的创意园区外部活动空间营造研究》,北京建筑大学硕士学位论文,2014 年,第 28 页。

[2] 李仲广、卢崇昌:《基础休闲学》,社会科学文献出版社,2004 年版,第 150 页。

员打造休闲设施,提供休闲活动,以激发他们的潜能。

要形成这样的认识:大部分事物都具有休闲的潜质。基于这种考虑,就应该对园区环境与工作人员的生活进行深入细致的分析,以确定可以在哪些方面进行挖掘。要善于发现促进人们社会交往、增强人们休闲体验、减少城市生活中的喧嚣和嘈杂的因素,并在园区的营造中予以规划和布置。在设计和改造园区环境时,要多创造一些会在不经意之间就能让人产生休闲体验的环境条件,以促进人群之间非正式的、隐性的沟通、交流渠道和机会。园区建筑物和雕塑的设计、树木和鲜花的种植、观赏设施和游戏设施的设置等,都能够增进人们之间的相互联系。在这些方面进行精心构思,就可以给人们带来更多的机会,使其享有自然萌生的休闲体验。要在园区中提供更加个性化的、更合乎个人趣味的休闲机会,使随机而生的休闲体验与更为正式的休闲活动之间形成恰当平衡。

在这方面,苹果公司创始人乔布斯堪称代表。他认为,数字世界给人们的生活带来了孤立感。他不认为创意可以通过邮件和网络 iChat 聊天就可以被开发出来。相反,乔布斯非常推崇面对面的交谈,认为创意产生于自发的谈话和休闲性的随机讨论中。因此,乔布斯把大楼设计成了一个推崇"偶遇"和"计划外合作"的场所。他特意将信件收发室、咖啡厅、谷物角甚至厕所,全部设在所有人必须经过的大楼中庭,以激发由偶遇而产生的闲聊和奇想。他的设想被证明"从第一天起就见效了,从来没见过哪座大楼的设计能如此鼓励合作和激发创意"[1]。

值得一提的是,在创意园区的内部或周边,一定要有让人散步的地方。法国哲学家卢梭这样声称散步对他思维的激发作用:"可以说,我从来没有像在独自徒步旅行中那样充分思想、充分存在、充分生活、充分体现自我。步行包含某种能够使我的头脑兴奋和活跃的东西,我静止不动时几乎不能思索……"[2]而我国美学家宗白华先生在他著名的《美学的散步》一文中也从古今中外的案例说明了这一道理:

---

[1] Walter Isaacson. *Steve Jobs*, New York: Simon & Schuster, 2011: 290.
[2] [法]拉马丁等著:《法国散文选》,程依荣译,湖南人民出版社,1987年版,第216页。

散步是自由自在、无拘无束的行动,它的弱点是没有计划,没有系统。看重逻辑统一性的人会轻视它,讨厌它,但是西方建立逻辑学的大师亚里士多德的学派却唤作"散步学派",可见散步和逻辑并不是绝对不相容的。中国古代一位影响不小的哲学家——庄子,他好像整天是在山野里散步,观看着鹏鸟、小虫、蝴蝶、游鱼,又在人间世里凝视一些奇形怪状的人:驼背、跛脚、四肢不全、心灵不正常的人,很像意大利文艺复兴时大天才达·芬奇在米兰街头散步时速写下来的一些"戏画",现在竟成为"画院的奇葩"。①

在如今,全球范围内一些成熟的创意产业园区,都十分重视休闲文化建设和休闲空间设施的打造。下面就让我们加以快速掠影一番:

硅谷: 硅谷(Silicon Valley)位于美国加州北部的旧金山湾区南面,是高科技创意事业云集的圣塔克拉拉谷(Santa Clara Valley)的别称。这里的咖啡店极多,而互联网公司几乎每层楼都有个小厨房,会供应咖啡和水果零食。下午的时候会有不少人去那里放松聊天。创意集群需要轻松的交流环境。因为创意主要是来自人们的观点、思路,在于日常交流、生活习惯过程中的火花碰撞,所以类似于"硅谷下午茶"的轻松惬意的生活环境必不可少。虽然,它已经被人们称为硅谷特色的文化氛围,其实它是任何一种知识密集型的产业集群所必需的元素。

谷歌公司: 坐落于硅谷的 Google 公司在规模尚小时,就成了硅谷唯一一家用期权招聘厨师的公司。多年来,Google 每天为所有员工提供免费的三餐,以及免费的医疗、牙医、美发、洗衣等服务。在 Google 的办公室里,随处可以找到免费的几十种巧克力和几十种饮料,台球桌、桌上足球、按摩椅散布于其中。员工可以带狗上班,每个人还能获得额外的钱来布置自己的办公室房间。Google 还为工程师们配备了游戏机、健身器材,使他们可以在工作之余尽情放松。

澳大利亚布里斯班: 2001年,位于澳洲布里斯班的昆士兰科技大学(QUT)成

---

① 宗白华:《宗白华全集》(第3卷),安徽教育出版社,1994年版,第284-285页。

立创意产业学院。同年底，隶属 QUT 的昆士兰创意产业园（Creative Industries Precinct-CIP）成立。它坐落于占地 16 公顷的"凯尔文·格鲁夫都市村庄"。该都市村庄所在地具有大量的原住民和欧洲历史文化遗产，拥有剧院、戏剧公司、国家级体育场馆、高尔夫球场等。此外，QUT 的创意产业学院还拥有自己的艺术展厅，这也为村庄内娱乐休闲功能的完善奠定了良好的基础。都市村庄周围的社区也发展成熟，成为人们日常生活、休闲的好去处。整个园区内外完善的生活设施和惬意的生活氛围，契合创意阶层的工作和生活需求特点，使这里成为融工作与休闲为一体的创意产业发展基地，成为吸引澳洲甚至全球创意阶层聚集的重要空间载体。

德国埃姆舍公园：埃姆舍公园的全称是"国际建筑展埃姆舍公园"，简称 IBA，是一个大型的综合性创意园区。它的最大特色就是巧妙地将旧有的工业区改建成公众休闲、娱乐的场所。在这里，鼓风机房综合体被改造成露天影剧院，潜水爱好者可以在煤气罐里练习潜水，料仓厚重的混凝土墙壁被开发为攀岩运动的场所。设计师彼得·拉兹还在"料仓花园"的北侧设计了专供儿童游戏的滑梯、绳索等设施。

韩国首尔数字媒体城：位于首尔西部门户上岩地区的数字媒体城（DMC），是韩国创意产业的重要基地之一，区域环境相对成熟。其公共绿地结合了生态花园、湖泊、山坡和溪流，周边拥有最完善的博物馆、美术馆、公共图书馆、剧场等文化场所，以及上岩千禧城、世界杯体育场、公共高尔夫球场等商务和体育休闲场所。

北京宋庄：位于北京市通州区的宋庄艺术区，以其低廉的生活条件、农村相对宽松和随意的生活环境，以及大量可供改造的工作空间，为艺术家创造个人空间提供了客观条件。艺术家追求个人的灵修空间，这种空间需要跟外界保持适度距离。

北京未来科技城：它位于北京市昌平区南部，是国家级的人才创新创业基地。这里兴建的国家大马戏院、北京魔术城、中国杂技博物馆、"动立方"4D 影院等大型娱乐设施，满足了周边更多元、更时尚的文化休闲生活。

北京 798 艺术区：艺术区中的包豪斯广场，作为一种典型的休闲活动空间，往往在同一时段内聚集大量使用者。艺术区中随处可见餐饮建筑周边空间，这些空间延续了建筑的餐饮功能,将用餐或是喝咖啡等活动放在室外。

北京新华 1949:新华 1949 创意园区拆除了若干旧建筑,新生了三个景观空间,使得外部空间不再单纯地承载货运与人流的功能,而是复合了诸如驻足、小坐、交流等功能。

北京 751 艺术区:园区在原有管线系统的基础上增设立体廊道,在廊道中设置雕塑小品与生态饮料店铺,使得立体通道同时承载了通行、展示、消费、交流的活动功能。在廊道中可以俯瞰整个园区的外部空间,可以观赏雕塑小品,也可以稍做休憩。

北京莱锦:创意园区在更新进程中形成若干步行道,并将步行街道功能与景观休憩功能有机一体化,在道路与建筑界面形成的三角地带中布置绿化,并结合三角地带布置座椅,这种景观设施与建筑上方保留的天窗框架相呼应,形成了适宜的休憩空间,大大改善了单纯网格式布置的乏味单调。其中内街基面采用木质材料布局,增加了空间的亲和感。

上海田子坊:位于上海市黄浦区泰康路,被誉为"上海的苏荷"。与一些后现代钢筋水泥的天地不同,田子坊是里弄民居的味道,展现给人们更多的是上海亲切、

田子坊被誉为"上海的苏荷"

温暖和嘈杂的一面。迂回在迷宫般的弄堂里,一家家特色小店和艺术作坊就在不经意间跳入视线。弄堂里除了创意店铺和画廊、摄影展,最多的就是各种各样的茶馆、酒吧、露天餐厅、露天咖啡座。在闲散的下午,就着弄堂里的习习凉风,明媚的阳光透过玻璃窗,空中飘来一抹慵懒的咖啡香味,大有"偷得浮生半日闲"的意境。

上海"8号桥":该创意园区的内街空间多用木格栅材料,增加了空间的亲和力。此外,空间中桌椅等设施的布局也促进了使用者的休憩交流。园区各栋楼间有天桥连接,并设有公共休闲区,极大方便创意人员的交流。建设二期的内部庭院,是公共空间和休闲空间的庭院,它为设计师和其他创意产业人士提供了交流和休憩的场所,同时也为各种时尚创意活动的开展提供了室外场地。

上海老码头艺术区:园区更新中通过拆除若干锅炉形成中心广场用地,通过在广场中设立景观水池对空间进行二次划分,同时在边缘空间中放置足够的坐具,促使使用人群的逗留,这种更新手段将广场承载的活动类型拓展为休憩、交流以及亲水活动,并通过喷泉的设立增添广场的活力。

上海M50创意园区:园区边界的直线形空间中构筑了折线状休憩空间,并在折线的凹入部分增设了座椅设施,使得街道空间不仅可供行走,还可供小坐交流。

南京创意中央:为了满足客户全方位的需求,创意中央科技文化园的空间分割是灵活多样的。园区规划了"科技研发区""文化创意区"与"时尚休闲区"三大功能区域。在公共配套及其功能升级方面,由"时尚休闲区"这一功能区域来集中承担。其公共配套面积达3 200平方米,包括创意活动实验场所、创意作品展览销售区、国际设计图书吧、创意餐厅、公共会议室、运动健身馆等设施。创意中央巧妙地依托老厂房优越的绿化环境打造出了"花园式"办公场所,特别设计了屋顶花园、下午茶露台、观景阳台、迷你城墙公园等与自然交流的场所,同时,园区配备了具有接待300人以上用餐能力的"饭米粒"食堂。创意中央在配套功能的优化提升上,已经立足于更全面地满足客户工作与生活的需要,使创意人才的生活圈层之基础得以形成。

南京创意东8区:作为南京创意产业发展壮大的有效载体,创意东8区已成为该市创业产业园区开发的成功典范。园区利用园区东侧的钟山山体,结合曲线状的空间形态与节点布局，在山体上形成带状景观空间，并与园区立体廊道相互串联。这一景观促成使用者的休闲与逗留。为进一步提升服务功能和综合竞争力，在第一轮基础建设与招商工作完成后，园区又大力打造了一系列公共平台建设。其中包括公共创意餐厅建设。"2009年计划出资40万元，于园区8号楼建设环境优雅的园区服务餐厅，由园区统一管理补贴运营，为入园企业人员提供便捷、卫生、健康的餐饮服务与午后茶的休闲空间。"①

南京红山创意工厂：该产业园建有专门的功能区——红山景观区，包括两处亲水景点，在生硬的工业建筑环境中融入了柔和流动的景观，"具有调节景区密度、休闲观景放松心情的作用"②。此外配套服务区有商务宾馆、时尚餐饮、自助银行、健身房、茶楼等配套设施。

南京1912和"世界之窗"：南京"1912"时尚街区的文化生产和文化消费两种经济职能活动在集群内部开始出现交织。即在以文化生产为主导职能的文化集群内部，出现了为企业创意人才服务的文化休闲消费活动。"世界之窗"科技软件园内部配有商务餐厅、商务宾馆、休闲茶艺馆、网球场、游泳池、培训中心等各种文化休闲消费场所，在休闲中激发创意人才的灵感。

南京晨光1865：该创意产业园分为五个功能区块，其中之一即为专门的时尚生活休闲区。它位于园区的东北面，林荫葱郁，景致优美，比邻秦淮河，远眺明城墙，方位得天独厚。区域建筑面积31 082平方米，占园区总面积的34.4%，着力于引进具有浓厚文化及时尚气息的品牌餐饮、酒吧、特色零售店和精品酒店等，将打造南京精致生活的时尚地标。

杭州丝联：该创意产业园的厂房分为四大功能区，休闲娱乐区为其中之一，它是一个以咖啡厅、品茶室为主的区域，旨在为创意人士提供一个休闲、娱乐、交流的空间。此外，还有一个充满意境及情调的中心广场，创意人士及游人可以一边观鱼赏竹，一边交谈沟通。

---

① 莫健伟、崔德炜主编：《文化创意空间：艺术与商业的集聚与融合》，社会科学文献出版社，第203页。
② 王紫茜：《南京创意产业园工业遗产地景观保护与再利用研究——以三个实例为例》，南京艺术学院硕士学位论文，2010年，第29页。

成都西村: 成都西村文化创意产业园面向创意产业的企业和个人提供城市运动休闲等硬件设施。西村大院立面由坡道与外廊式建筑组成,两者围合形成中央庭院。中庭约 40 亩,以竹文化为主题景观,包括水渠、天井,一步一景。庭院为 1.5 公里的跑道所环绕,此外还设有楼顶跑道等个性化场所。作为西村大院的一大特色,建筑被跑道激活,让上班族在闲暇时漫步其中,感受健康的工作方式。西村大院是一个将工作、运动、艺术、娱乐、商业、休闲融合为一体的功能完善的文化创意产业园。

成都洛带博客小镇: 洛带博客小镇运用多种形式的休闲空间增加了建筑与街巷等要素的空间联系和视觉渗透,如骑楼、檐廊、构架、过街楼等,人们可以从中休憩游走,可以过渡到建筑室内,同时可以看到与之相隔较远的景象。小镇还有惟妙惟肖的雕塑、生动活泼的石像、古朴大方的景观座椅等,供人们驻足玩耍。

武汉实力传播: 据"实力传播"中国区首席执行官 Mykim Chikli 介绍,2014 年 11 月,实力传播中国区增设了武汉办公室,并将那里打造成一个创意空间。在那里,人们可以享受各种各样的娱乐活动,放松心情,让员工享受在办公室的时间。

此外,不少创意园区还设置了休闲广场,德国鲁尔工业区在更新为创意园区的过程中,将原有炼焦厂水池更新为游泳池以及公共溜冰场,利用焦炭仓库形成攀岩培训广场,并利用原有的厂房框架营造露天音乐广场。国内的例子有北京 751 艺术区打造了动力广场、炉火广场、火车头广场等。北京 798 除了前文提到的包豪斯广场之外,还有分为南、北两块的创意广场。此外上海老码头艺术区中心广场、北京竞园艺术展示中心前广场、南京创意中央入口广场、上海八号桥入口喷泉广场、上海同乐坊中心广场、上海 M50 中心广场、南京 1865 园区集会广场等,其功能主要都是供休憩、娱乐,以及相关的展示、集会等。其中一些广场还设置了坐具。有的创意园区还利用建筑之间的楼梯及平台营造休闲空间,例如北京 798 中出现了多个建筑之间利用室外楼梯搭建的休憩平台,以及上海 8 号桥和 M50 艺术区中结合旧工业建筑界面的户外楼梯营造休憩空间。从国内外对比来看,国内创意园区中体验式休闲活动较少,而国外一些典型案例在这方面就做得比较出色。如德国鲁尔工业区在更新中融入了多样的体验式活动,如游乐设施、攀岩基地、潜水训练基地、游泳池等。又如加拿大温哥华格兰岛湖创意区设有结合码头营造的游艇体验区等，值得我们学习借鉴。

总之，以上案例也能够证明这一点："创意产业集聚区是……融工作与休闲娱乐、教育与企业、研究与商业用途等多方面跨界融合的创意产业发展基地。"[1]好的创意产业园能够满足从业人员的文化取向，工作方式自由化，办公环境舒适化，使得他们能够在一个极大发掘创造潜力的环境下实现"创造的快乐体验"。这不仅有利于相关行业的聚集，也有利于提高这些行业的劳动生产率。因此，我们不能只在乎园区预期溢出的经济效果，还应考虑到园区的休闲空间布局、文化小环境的更新和重构。

---

[1] 李庆本、陈小龙、臧晓雯、王曦：《文化创意产业——"北京模式"与"昆士兰模式"比较研究》，北京大学出版社，2015年版，第40页。

第七章
工业遗产与园区打造

1972年11月,在巴黎举行的联合国教科文组织第十七届会议上,通过了著名的保护世界文化和自然遗产公约(Convention Concerning the Protection of the World Cultural and Natural Heritage)。它对"文化遗产"的定义是:

> 从历史、艺术或科学角度看具有突出的普遍价值的建筑物、碑雕和碑画、具有考古性质成份或结构、铭文、窟洞以及联合体;从历史、艺术或科学角度看在建筑式样、分布均匀或与环境景色结合方面具有突出的普遍价值的单立或连接的建筑群;从历史、审美、人种学或人类学角度看具有突出的普遍价值的人类工程或自然与人联合工程以及考古地址等地方。

由此可见,较高的审美性是文化遗产的一个重要特征。而工业遗产是文化遗产的重要组成部分。1978年在瑞典召开的第三届国际工业纪念物大会上,国际工业遗产保护委员会宣告成立。2003年,该组织拟定的《下塔吉尔宪章》(Nizhny Tagil Charter)对"工业遗产"给出了定义:

> 工业遗产包括具有历史、技术、社会、建筑或科学价值的工业文化遗迹,包括建筑和机械,厂房,生产作坊和工厂矿场以及加工提炼遗址,仓库货栈,生产、转换和使用的场所,交通运输及其基础设施以及用于住所、宗

教崇拜或教育等和工业相关的社会活动场所。……

　　工业遗产作为普通人们生活记录的一部分,并提供了重要的可识别性感受,因而具有社会价值。工业遗产在生产、工程、建筑方面具有技术和科学的价值,也可能因其建筑设计和规划方面的品质而具有重要的美学价值。[①]

可见,工业遗产具有重要艺术审美价值。它们见证了工业景观所形成的无法替代的城市特色。认定和保存有多重价值和个性特点的工业遗产,对于提升城市文化品位,维护城市历史风貌、改变"千城一面"的城市面孔、保持生机勃勃的地方特色,具有特殊意义。

旧厂房因各自独特的生产工艺要求,故而在外形上极大程度地区别于其他的建筑,不同时期建设工业建筑的风格特点也截然不同。同时,旧厂房周边存在的大量构筑物(如车床、烟囱、水塔等之类),也使得整个区域具备丰厚的工业美学价值和特殊的文化氛围。当前,由于旧厂房地价便宜,常被选择用来开辟创意园区。但是,进驻创意园区的不同机构可能不顾整个园区景观的统一性,单一追求使用面积最大化,其做法很有可能把园区应该保护的旧厂房毁掉,扩大它的建筑面积,如此做法会对老厂区的原生景观造成不可逆转的伤害。

而纵观全球,许多成功创意园区在打造中,却能巧妙利用工业遗产作为其物质外壳。工业遗产的特殊审美形象,成为众多创意园区被人们所识别的鲜明标志。作为城市文化的一部分,工业遗产无时不在提醒人们城市曾经的辉煌和艺术审美积淀,也为城市居民留下更多的文化记忆。目前,我们的创意园区如雨后春笋,但是其建筑却往往缺乏审美品位,大多类似开发区的厂房。这些房屋颜色灰暗,造型机械,显得冷酷无情,没有一点点连贯性,成为各种相互竞争风格的掺杂,又不以任何相同的材料施工建造,更无所谓共同营造视觉灭点的要求。正如有人所指出的:

---

① 《下塔吉尔宪章》,见 http://www.docin.com/p-1013645682.html

尽管"创意产业"的名称已经成为我们的日常用语,但我们看到的现象,却是……整个社会的审美品位和设计氛围始终没有得到提升,而创意产业园(区)自身也常常演变成有关部门大举进行房地产建设或者"招商引资"的一个托词。①

幸而,越来越多的国家和地区充分认识到工业遗产的重要价值,将其作为一种文化艺术资源,走出了保留历史美感与注入时尚因素相结合的创意园区建设之路,值得我们仔细学习和借鉴。

第一节　纽约SOHO:废弃工业区的华丽转身

旧建筑独特的历史审美文化魅力在当今具有极大的吸引力,在不破坏建筑本身美感和完整性的条件下合理改造和开发,可起到点铁成金的美学效果。在不少发达国家和地区,一些艺术设计师经过精妙的设计,将那些曾是工业企业废弃的厂房、仓库等重新利用起来,使这些建筑获得新生,成为新的亮丽的都市风景。如英国泰晤士河南岸、柏林的哈克欣区、温哥华固兰湖岛、日本北海道小樽运河、纽约的苏荷区、伦敦泰德艺术馆都是由旧厂房、旧仓库、旧街道改造而来的。

自20世纪60年代开始,发达国家的传统工业发展迟缓,制造业集中的城市普遍出现衰退现象。进入80年代后,世界主要经济中心城市都先后出现了传统制造业的衰落,工厂大量搬迁,留下大量工业遗产。

由于创意产业集聚区常常在满足艺术审美氛围和经济成本低廉的地方形成,于是一些工业遗址成为全球创意企业的聚集地,如美国纽约的苏荷艺术区(SOHO Arts District)、英国伦敦的泰德现代艺术馆(Tate Modern),还有东柏林的奥古斯

---

① 何其聪主编:《融汇创意的力量——中国文化产业精选案例研究》,中国书籍出版社,2012年版,第99页。

都街区等,都是城市工业遗址中崛起的现代创意产业集群。这些具有优秀建筑艺术内涵的老厂房、旧仓库,经过艺术家改建后具备了现代元素,为创意萌发提供了独特的环境和氛围。

作为世界闻名的艺术区,纽约苏荷区原是纽约19世纪最集中的工厂与工业仓库区。20世纪中叶,美国率先进入后工业时代,旧厂倒闭,商业萧条,仓库空间闲置废弃。50—60年代,一些青年艺术家群体发现了这片工业遗迹,将厂房和仓库内部稍加整理后,变成自己的生活空间和艺术工作室,俗称"Loft"。在这里,他们进行艺术创作、作品展示和交流聚会活动。灵感和思潮的聚集与碰撞,在短时间内产生了大量影响和领导当代艺术潮流的艺术观念,世界当代艺术就此发端。当时入驻苏荷区的艺术家,约占全部纽约艺术家总数的30%。世界现代艺术史的大师级人物如沃霍、李奇斯坦、劳森柏格、约翰斯等都是那里的第一代居民。眼光敏锐的画商也在那里设立画廊,原在上城高级街区的不少老字号画廊也相继迁移而来。

工业化时期,苏荷区形成了当时纽约最好的铸铁建筑,故而建筑历史学家们把这一地区叫作铸铁区(Cast Iron District),用以表明商业大厦大量使用铸铁门面的建筑风格的历史。这些铸铁建筑将古典主义的浪漫与工业化社会的现实结合得淋漓尽致。然而,1959年纽约市决定在苏荷区修筑一条高速公路,这将使铸铁建筑毁坏殆尽。此外,铸铁区还面临旧城改造(改建为现代化的写字楼和高级公寓)可能带来的破坏。在众多有识之士的呼吁下,60—70年代之交,纽约市长做出具有高度文化远见的决定:全部保留苏荷区旧建筑景观。通过立法,以联邦政府的立场确认苏荷区为历史文化保护区,明确规划这里以艺术经营为主。

在放弃高速公路方案之后,纽约市政府在社区居民的直接参与下,对苏荷区出台了"以旧整旧"改造的原则,严格保护工业遗产原有的外貌,严禁破坏和更改。充分利用老建筑物原有的审美元素,做到高雅艺术与大众消费的结合。在该政策的指导下,人们成功地改造了苏荷区,从此一个承旧启新的创意园区在纽约市诞生了。

保留下来的苏荷区又重新走向繁荣。起初通过艺术家对废弃场所进行再创造,吸引来文化交流中心、画廊等艺术机构,再聚集商业产业如餐饮、服务业,渐渐兴起娱乐业,成为艺术品经营业、餐饮业、时装业等诸多产业聚集的区域,形成了独具特色的"苏荷模式"。

如今的苏荷区范围大致为北边以休斯顿街(Houston Street)为界,东边以拉法夷特街(Lafayette Street)为界,第六大道(Sixth Avenue)和坚尼路(Canal Street)是西边和南边的边界,被称为休斯顿街之南(South of Houston Street),简称SOHO。这里的画廊逾千,艺术家逾万,"新美术馆"及世界顶级现代艺术馆"哥根汉姆下城分馆"先后落成,书肆、餐馆、咖啡座、时装店生意兴隆,一派文化气象,不少街道还保留着19世纪的鹅卵石地面,与街上的店铺相映成趣。

SOHO地区大约有500座阁楼建筑,大部分都是5—10层,每一层的面积为2 000—10 000平方英尺。天花板比普通的居民楼要高一些,约为12—15英尺。地板通常都是硬木的,阁楼是开放的,用拱门或柱子间隔。明亮开放的空间,高高的天花板,木地板和斑驳的铁柱……在20世纪的60多年间,它们为栖身此处的纽约艺术家提供了源源不断的灵感来源。

纽约SOHO区保留利用了工业遗产铸铁建筑

美国文化人类学家斯图亚特·布莱特纳博士(Dr. Stuart Plattner)这样描绘20世纪50年代他眼中的苏荷区环境:"艺术家们拥有的空间在他们的布置下是令

人惊叹的,往往是几千英尺的开放区域,有高高的屋顶和巨大的窗户。……最重要的是,阁楼是令人难以置信的、巨大的开阔空间,自然光洒满整个房间。就像抽象表现主义的主流艺术风格偏爱巨大的帆布,对艺术家来说,在这样的空间进行艺术创作有一种令人兴奋的自由,这是很难向局外人描述的。"①

顺带指出,为了能够减少对创意的压抑,促进创意人才生态体系的健康成长,佛罗里达认为必须抛弃官本位的思想和过分的控制,而发挥民众的集思广益。以上案例同时也证明了佛罗里达的话:"诚然,有些措施会有助于创意人才生态体系的繁荣,而有些措施则会抑制这一体系的发展,但是开发这样的生态体系不能仅由少数上层领导人士进行决策。理解这一点非常重要:好的解决方案必须是由各个地区充分调动其民众的知识、智慧和创意来自行制定的。在这点上,我对伟大的城市规划专家简·雅各布斯常常说起的一句话感触颇深。雅各布斯说,问题的关键

铸铁建筑将古典主义的浪漫与工业化社会的现实结合得淋漓尽致

---

① 莫健伟、崔德炜主编:《文化创意空间:艺术与商业的集聚与融合》,社会科学文献出版社,第141页。

是'压制那些压制者'——如那些大权在握的领导者、不肯放权的管理者,以及其他类型的社会控制和垂直权力的化身,他们会压制和排斥创造力的发挥。"①这也可算是对第一章第二节的一点补充。

美国的其他相关案例还有于 1976 年完成综合性改造的吉拉得利广场(Ghirardelli Square)。它由旧金山地区废弃的巧克力厂、毛纺厂等工业遗产地改建而成,保留了其原有砖造的建筑,外部重新粉饰,内部的空间进行了重新分隔和整合,并在工厂老建筑旁边新建了一些低层小商店,将广场、喷泉、绿化等元素穿插其中,层次丰富,尺度宜人。它在提供新的功能和作用的同时,保留了工业传统建筑,将其传统地标的特性继续传承下来。改造获得了很大成功,影响深远。

与美国相邻的加拿大,也有成功案例。温哥华市中心的固兰湖岛园区,19 世纪这里曾经是锯木场、铜铁加工厂和货仓。在这些工业没落后,1973 年温哥华市政府保留仓库外貌,重新规划成多项艺术的展示区。园区内建筑物基本上维持原有工业区的特色,充分利用旧建筑容纳教育、文化、商业等各种功能,逐步开发、持续发展,成了如今适合各个年龄层次和收入层次的人们的产业园区。如今在固兰湖岛上的仓库及小巷内穿梭,可见许多画廊、手工艺品店、造型艺术店等,令人眼花瞭乱之余更赞赏有加。著名的亚美利卡艺术学院(Emily Carr College of Art & Design)就设在 1399 年 Johnston 偕大的仓库内。固兰湖岛园区将具有鲜明特点的工业遗存设施作为小品元素装点园区,构成浓烈的历史和文化氛围,是一次成功的工业遗产地景观保护与再利用的实例。

再举一个英国的例子。泰德现代美术馆位于英国伦敦泰晤士河南岸,其建筑物的前身是一家大型的河畔发电站,当初由建筑师史考特设计。1981 年发电站停止运作,后来由瑞士建筑师雅克·赫尔佐格和皮埃尔·德·梅隆改变了它的用途——在 1994 年的时候,它被改造改成了泰德现代艺术馆(Tate Modern)。

泰德现代美术馆在全球现代艺术博物馆中举足轻重,被誉为英国美术史上的分水岭,是世界最大的当代美术馆。美术馆整体保留原始工业建筑,端正古典,外

---

① [美]理查德·佛罗里达:《创意阶层的崛起》,司徒爱勤译,中信出版社,2010 年版,第 31 页。

部由红褐色砖墙覆盖,肌理丰富细腻,整体简洁大气。标志性的烟囱处于中轴,高耸入云,更显气势,并和横向的展厅形成对照。改建中也注入了新的审美元素。最显著的变化是建筑顶部加上了双层玻璃结构顶棚,如透明的宝盒般轻盈,改善了老电厂封闭厚重的观感,让自然光从屋顶射入艺术馆,并在夜晚灯光照耀下熠熠生辉,是伦敦夜景的标志物之一。

利用与改造工业遗产的典型:泰德现代美术馆

此外,瑞士斯尔河桥畔的苏黎世发电厂的保护改造也是一个典型案例。它原本是一座设计水平和建筑质量都十分上乘的工业建筑,自从20世纪60年代瑞士传统工业开始衰退以来,这座工业建筑就面临着拆除还是保留的问题。这座工业建筑拥有巨大的塔楼和管道,曾经是斯尔河桥最具有视觉冲击力的工业景观,它存在的意义不仅在于其所处位置的标志性,还在于其在历史上不同阶段的不同用途,如邮局、兵营等,是工业建筑历史上的一个典范作品。通过一些有识之士的努力,这座工业建筑被作为工业遗产保留下来。在功能置换过程中,对其改造主题进行了较为明确清晰的定位,即打造一座艺术表演场地和展览空间。后来经过改造再利用,现已成功实现了最初设计规划的目标,成为一座兼具表演和展览功能的艺术场所。

第二节　埃姆舍公园："后工业景观"理念

　　类似纽约 SOHO 区和泰德美术馆的成功经验，逐步促进了"后工业景观"理念的形成，使得大规模利用工业遗产建设创意园区的理论与实践也日趋成熟。

　　"后工业景观"是指工业生产活动停止后，对遗留在工业废弃地上的各种工业设施、地表痕迹、废弃物等加以保留、更新利用或艺术加工，并作为主要的景观构成元素来设计和营造的新景观。这些工业设施涵盖了与工业生产相关的各类设施，主要类型有生产设施、仓储设施、交通运输设施、动力设施、给水与污水处理等基础设施、管理与公共服务设施等，具体包括各类车间厂房、库房、变配电站、锅炉房、烟囱、井架、水塔、水池、水渠等建构筑物；高炉、气罐、油罐等工业生产设备；铁路、机车、管道、传送带、特种车辆等交通运输设施或动力传输设备等。

　　"后工业景观公园"指的是依托工业废弃地上的后工业景观，将场地上的各种自然和人工环境要素统一进行规划设计，组织整理成能够为公众提供工业文化体验以及休闲、娱乐、体育运动、科教等多种功能的城市公共活动空间与创意空间。后工业景观公园发端于 20 世纪 60—70 年代欧美发达国家，成熟于 20 世纪 90 年代的德国。其中，德国鲁尔区的埃姆舍公园被认为是后工业景观公园的代表作。

　　鲁尔区曾是欧洲著名的煤炭和钢铁生产基地。然而，正是这种工业的快速发展给鲁尔区带来了严重的环境污染，也给人们的健康带来了严重威胁。20 世纪 60 年代，鲁尔区遭遇了钢铁和煤炭危机，大量的炼钢厂和煤矿被迫关闭。对此德国进行了大力的经济结构调整，在推动文化创意产业的发展中，对遗弃的荒地和废弃的厂房进行了综合治理，例如将废弃的大型钢铁厂房、洗煤工厂及矿场改造成博物馆，帮助人们了解工业区的历史；将各种煤气罐改造成文化活动中心，可以举办各种音乐会；混凝土建筑的外墙也没有被拆毁，而是被改造成攀岩场地，供年轻人休闲娱乐。鲁尔区致力于将老工业区改造成著名旅游景点，着力打造工业区文化和旅游的统一体，在发展经济的同时最大限度地保留了工业遗产。2010 年鲁尔区被评为欧洲文化之都,以一个崭新的面貌呈现在人们面前,同时也用实践证明了其传统产业升级改造、传统工业可持续发展之路的可行性与正确性。

埃姆舍公园位于德国鲁尔区,由西边的杜伊斯堡市到东边的贝格卡门市,长70千米,从南到北约12千米宽,面积达800平方千米,区内人口约为250万。埃姆舍河地区原为德国重要的工业基地,经过150年的工业发展,这一地区形成了以矿山开采及钢铁制造业为主要产业的工业区。纵横交错的铁路、公路、运河、高压输电线、矿山机械、高大的烟囱、堆料场等成为该地区的典型景观。埃姆舍公园的最大特色是巧妙地将旧有工业区改建成公众休闲、娱乐的场所,并且尽可能地保留了原有的工业设施,同时又创造了独特的工业景观。这项环境与生态的整治工程,解决了这一地区由于产业衰落带来的就业、居住和经济发展等诸多方面的难题,从而赋予旧的工业基地以新的生机。这一意义深远的实践,为世界上其他旧工业区的改造树立了典范。由德国慕尼黑工大教授、景观设计师彼得·拉茨(Peter Latz)设计的北杜伊斯堡风景公园是其中最引人注目的公园之一。

埃姆舍公园的全称是"国际建筑展埃姆舍公园"(International Building Exhibition Emscher Park),简称IBA。作为一种大型的社会创新活动,该计划有多重主题,包括对废弃的土地重新利用和组织,建设现代化的商业、服务设施及科学园区,吸引和支持高新技术企业进入该区域。整个建设计划涵盖了污染治理、生态恢复与重建、景观优化、产业转型、文化发掘与重塑、旅游业开发、就业安置与培训以及办公、居住、商业服务设施、科技园区的开发建设等环境、经济、社会等多个层面的目标和措施。因此,埃姆舍公园是个不折不扣的创意园区。

埃姆舍公园的打造过程,贯彻了设计师的"后工业景观"理念。其中重要的一条就是对工业遗产的保护和利用。工业化过程在鲁尔区留下了大量的工业纪念物(Industrial Monuments)。如何对这些工业文化的见证和标志加以保护,并更新其为重要的旅游资源?埃姆舍公园的子项目北杜伊斯堡景观公园(North Duisburg Landscape Park)的建设给出了一份满意的答案。

北杜伊斯堡景观公园占地面积2.3平方千米,利用原有梅德里希钢铁厂(Meiderich Ironworks)的工业遗迹建成。1985年钢铁厂关闭,曾经与杜伊斯堡市共存了大半个世纪的工厂面临着拆除或保留的抉择。最终城市选择了后者,对工业遗迹予以保留,赋予其新的功能,并在景观美学意义上加以强化。1990年,城市举办了国际设计竞赛。彼得·拉茨事务所的方案以其新颖独特的"后工业景观"设计思想、手法和现实可行的实施对策,在报名的65个设计机构中最终获胜。

北杜伊斯堡景观公园最突出的特色是强调工业文化的价值,体现在对废弃工业场地及设施的保护与利用之理念和对策上。一方面,它表明了对废弃工业场地及设施的态度。拉茨认为,废弃工业场地上遗留的各种设施(建筑物、构筑物、设备等)具有特殊的工业历史文化内涵和技术美学特征,是人类工业文明发展进程的见证,应加以保留并作为景观公园中的主要构成要素。另一方面,对原工业遗址的整体布局骨架结构(功能分区结构、空间组织结构、交通运输结构等)以及其中的空间节点、构成元素等进行全面保护,而不仅仅是有选择地部分保留。拉茨在对各种由炼钢高炉、煤气储罐、车间厂房、矿石料仓等独立工业设施构成的点要素,铁路、道路、水渠(埃姆舍河道)等构成的"线要素"以及广场、活动场地、绿地等开放空间构成的"面要素"等进行结构分析的前提下,使旧厂区的整体空间尺度和景观特征在景观公园构成框架中得以保留和延续。具体方案中,具有代表性的有:

鼓风机房综合体位于1号、2号高炉和煤气储罐的东北侧,最初包括鼓风机房和泵房两部分,分别用于生产熔化矿石所需的高炉气体和输送高炉冷却水。该建筑建造于20世纪初期,具有"新浪漫主义"风格的拱形窗和墙身装饰是当时流行的建筑形式。在20世纪50年代又增建了压缩机房。该综合体现被改造成为举办多种活动的场所,包括音乐会、公司庆典、舞会、戏剧表演和产品发布会等。其中的原鼓风机房已转化成为永久性的、作为鲁尔区三年一次节日庆典的500座剧场。其中的1号高炉的铸造车间局部改造成为1 100个活动座位的夏季露天影剧院的舞台,并在露天场地上加建了轻钢支架玻璃棚,也用于举办其他会议、演出活动。

|第七章　工业遗产与园区打造|

鼓风机房综合体改造的露天影剧院

此外,中心发电站被改造成大礼堂,国际性的展览、会议、音乐会等大型公共活动在那里举行;从前的其他旧建筑被用于音乐会、戏剧、展览会举办场所,青年旅社、培训中心、餐厅及各种娱乐设施;原有的变电站被改造成餐厅及旅客咨询中心;废弃的铁路线路堤被处理成独特的"草地";生锈的熔炉上到处缠绕的金属看起来像是"工业巨龙";一些碉堡似的厚重墙体变成了山地景观中的"岩石";另一些碉堡式建筑的巨型墙体被打开,成为生长着许多从挪威、南非、巴西和澳大利亚移植来的爬膝植物和蜡叶植物的花园。——原有的构筑物在新的公园中被赋予了新的含义。

1994年夏天,公园首次对公众正式开放,好评如潮。彼得·拉茨因其在项目中的卓越工作成果而于2000年获得第一届欧洲景观设计奖,并被尊为后工业景观设计的代表人物。北杜伊斯堡景观公园则被誉为后工业景观公园的经典范例。用拉茨自己的话来说:

物品的用途并非是一成不变的,相反想象力容许我们以全新的方式将原有的设施抽象化再去处理和利用它们。这种设计方法是接纳并重新诠释——让工业设施转型而不是毁掉它们。①

总之,正如我国一些学者所言:"大部分创意产业集群在满足艺术文化氛围和经济成本低廉的地方形成,一些工业遗址成为全球创意企业的聚集地,……这些具有历史沉淀和文化内涵的老厂房、旧仓库经过艺术家改建后具备了现代元素,为创意萌发提供了独特的环境和氛围。"②

第三节 腾笼换鸟:"上海8号桥"模式

随着改革开放的深入,我国城市在某种程度上也出现了和西方类似的状况:一些传统工业举步维艰,部分城市出现产业空心化,导致中心城区衰落。一些相关工厂、企业倒闭,留下闲置的旧厂房,其中相当一部分是具有一定审美价值的历史建筑。于是,在产业结构调整中"腾笼换鸟""退二进三",利用工业文明的审美遗产,构建文化创意产业发展环境,也成为我国目前较为普遍、流行的做法。正如某业内人士所言:"在中国,对于工业遗产的开发再利用,并没有走旅游线路,而是将工业遗产地进行功能置换,打造一种新的经济形态——创意产业园。……一些工业遗产地还朝着博物馆、艺术家工作室、时尚发布中心等各种形态演变着。"③

例如,上海、北京、南京、杭州、广州等城市拥有大量的老洋房、老厂房、老仓库等优秀历史建筑,体现了城市发展在不同时期的独特风格。通过创意设计和技术改造,在保护老建筑的同时,为其注入新的产业元素,使老建筑成为新产业发展的

---

① [德]彼得·拉茨:《废弃场地的质变》,孙晓春译,载《风景园林》,2005年创刊号。
② 潘瑾、李崟、陈媛:《创意产业集群的知识溢出探析》,载《科学管理研究》,2007年第4期。
③ 王紫茜:《南京创意产业园工业遗产地景观保护与再利用研究——以三个实例为例》,南京艺术学院硕士学位论文,2010年,第5页。

摇篮,实现了经济效益和社会效益的双赢,影响和带动了周边的发展,改善了城市环境,提升了城市功能。"上海8号桥"模式就是其中的典型代表。

上海的创意产业集聚区大部分是利用工业遗迹改造自发形成的。在世纪之交,"四行仓库"被率先打造成"创意仓库"。与此同时,"田子坊""M50"等几个上海最早的创意产业集聚区也悄然诞生。近年来,上海开发改造和利用了至少100处以上的旧工业建筑,形成了一大批独具特色的创意工业园区,如康泰路视觉创意设计基地、昌平路新型广告动漫影视图片生产基地、杨浦区滨江创意产业园、东纺谷创意园、长阳谷创意产业园、莫干山路春明都市工业园区、福佑路旅游纪念品设计中心、共和新路上海工业设计园、天山路上海时尚产业园、1933老场坊创意产业集聚区、上海老码头艺术区、上海同乐坊,等等。原先的老厂房、老仓库经过充满个性化的改造,被注入现代时尚元素而擦出"创意火花",这在苏州河沿岸一带尤为突出。该地区位于黄浦江和苏州河的交汇处,具有天然的交通运输优势,拥有大量的工厂和仓库。自20世纪90年代初期开始衰落后,留下了大量的旧工业建筑。自1998年台湾建筑师登琨艳把工作室设立于此后,逐渐形成了一定规模的创意产业集聚区。为争取保护这片区域,众艺术家联名上书,向市政协九届五次会议递交了第832号提案。2001年初,上海市政府暂停审批苏州河沿岸开发项目。2002年,上海市政府通过国际招标重新编制了苏州河规划,并列出保护和保留建筑名单,其中西藏路桥到南北高架一段仓库比较集中的区域,是留给艺术家工作室的空间。目前,这一带利用旧厂房发展创意产业已形成良好态势。相关学者提供了一份《上海市苏州河沿岸创意产业集聚区一览表》[①]:

名称	地址	集聚起始时间	产业特色	园区建筑来源
创意仓库	闸北区光复路181号	1999年	城市规划、建筑设计、环境艺术	四行仓库2号仓库

---

① 见于褚劲风、高峰:《上海苏州河沿岸创意活动的地理空间及其集聚研究》,载《经济地理》,2011年10期。限于篇幅,本书对该表有所删减。

(续表)

名称	地址	集聚起始时间	产业特色	园区建筑来源
M50	普陀区莫干山路50号	2002年6月	视觉艺术	春明粗纺厂厂房
周家桥	长宁区万航渡路2453号	2004年12月	艺术设计、美术摄影、动漫艺术	上海电焊条厂厂房
创邑·河	长宁区万航渡路2170号	2006年1月开业	多媒体产业、环境艺术、设计、影视广告设计制作、视觉艺术	1930年代的日式厂房,后为原国棉六厂棉花仓库
湖丝栈	长宁区万航渡路1384弄	一期2006年6月完工	影视广告、媒体	始于1874年,上海优秀历史建筑
E仓	普陀区宜昌路751号	原缺	艺术设计、动漫设计、文化交流及推广	城孚动力机械厂,原上汽集团零配件仓库
老四行仓库	闸北区光复路1号	2005年7月	时尚设计、影视传媒、广告策划、摄影美术、信息咨询	盐业、金城、中南、大陆银行仓库
3乐空间	静安区淮安路735号	2006年竣工	原缺	原上海第九制药厂改建
南苏河	黄浦区南苏州河1305号	1998年	建筑设计、产品设计、时装艺术、服装设计	原系杜月笙私家仓库
时尚品牌会所	长宁区北翟路163弄30号	原缺	品牌发布	原址为长宁区九华集团下属豆制品厂厂房
长寿苏河	普陀区长寿路19号	原缺	原缺	原上海减速机械厂

卢湾区的特色创意园区"上海8号桥"时尚设计产业谷,曾是旧属法租界的一片旧厂房,新中国成立后成为上海汽车制动器厂,拥有15 000平方米的工业厂房,砖木结构经过若干年的风吹雨打已经破败不堪。2003年改造时,原先那些厚重的砖墙、林立的管道、斑驳的地面被保留下来,使整个空间充满了工业文明时代的沧桑韵味。同时,新的设计又为它注入时尚、创意元素。极富特色的外墙最能体现建筑上新旧结合的设计思路。设计师摒弃了原厂房的白粉涂墙,拿旧房上拆下来的

青砖重新组合,以凹凸相间的砌造方式凸显了墙面的纹理。一方面以建筑灰色墙面作为背景色,一方面采用彩色玻璃幕墙作为醒目的前景色互成对比,加强了建筑边界的空间层次,活跃了整体的空间氛围。例如沿街 1 号楼的墙面增加了不锈钢及反光玻璃贴面,夜晚的时候,整个墙面熠熠生辉,很有现代感。在连接走廊上,设计师选用了未经处理的木条铺设成地板及装饰外墙。暖色的原木为室外环境增加了无限温暖的感觉,同时亦在视觉上赋予了这个区域强烈的个性特征。如今,8 号桥已成为建筑、家居、艺术、广告、软件、电影、出版、时装设计等新兴产业的汇聚中心,吸引了加拿大多伦多的 B+H 建筑和室内设计事务所、日本 HMA 建筑设计公司、法国 F-emotion 公关公司、中国香港导演吴思远的电影后期制作工作室、曾设计过金茂大厦的 SOM 建筑设计事务所等诸多中外创意设计机构。

  此外,上海还有几个案例值得一提。一是上海 1933 老场坊创意产业园,其前身是上海工部局宰牲场。这座始建于 1933 年的远东地区最大的现代化屠宰场,有近 2.5 万平方米的老场房,由英国建筑师巴尔弗斯设计,建筑风格奇特巧妙。整体建筑可见古罗马巴西利卡式风格,而外圆内方的基本结构也暗合了"天圆地方"的传统理念。"无梁楼盖""伞形柱""廊桥""牛道"等众多特色风格建筑融会贯通,廊道旋梯盘旋迂回,犹如置身于迷宫却又井然有序,光影和空间的无穷变幻呈现出一个独一无二的建筑奇葩。1970 年至 2002 年间,该大楼被改建为制药厂。2002 年,制药厂停工,建筑被闲置。如今这里成了时尚中心,有特色的商店、餐厅和酒吧,还有不定期举行的时尚前沿吸引眼球的展览。从 70 多年前的"远东第一屠宰场"到现在上海的创意中心,1933 老场坊借助对工业遗产的保护和利用,实现了从肉体到精神的有趣飞跃。二是位于苏州河南岸半岛地带的上海 M50 创意园,原为近代徽商代表人物之一周氏的家族企业——信和纱厂。新中国成立后更名为上海第十二毛纺织厂、上海春明粗纺厂。老厂房拥有自 20 世纪 30 年代至 90 年代各个历史时期的工业建筑 50 余幢,是目前苏州河畔保留最为完整的民族工业建筑遗存。M50 保留了这些工业时期的优秀建筑,新加建的"T 型玻璃体"将两座独立建筑联系整合起来,玻璃幕墙制造了与红色砖墙的视觉冲突,形成新旧对比的时尚气息。三是上海红坊国际文化艺术社区。设计团队按照"尊重旧建筑的历史肌理,保持区域

"上海8号桥"已经成为一种创意园区构建模式

的独特工业建筑历史风貌,促成新旧建筑产生对话"的设计目标,设计中保留了原建筑的桁架结构,外墙只做了清洁与修补,最大限度地体现建筑的工业美感。红坊中的民生现代美术馆,原建筑为上钢十厂车间,改造总体按照"整旧如旧"的方式进行,基本上保持了原建筑的桁架结构和高敞的空间。而部分改造则体现了"新旧对比"的策略,在功能上与原建筑融为一体,但在形式上却对比强烈。在红坊中,可以感受到工业文明与现代城市文明、历史与未来、传统与时尚、文化与艺术的对话与碰撞。

北京798艺术区也是改造工业遗产的成功典范。它位于北京市朝阳区酒仙桥路2—4号院,其前身是国营798厂等电子工业老厂区。20世纪90年代以来,生产停滞,大片厂房处于闲置状态。这些厂房,是在50—60年代特意邀请多位德国专家进行设计的,采用了当时世界上最先进的工艺和"包豪斯"设计理念,本身就是不可多得的现代工业建筑珍品。1996年开始,不同风格的艺术家纷至沓来,其中主要原因之一就是受到这里包豪斯建筑的审美特点的吸引。798艺术区中的四处包豪斯风格的工业厂房高大空旷,挑空 10 米左右,建筑面积达到 9.3 万平方米。厂房整体框架从外部看呈锯齿状,北面整体为斜面的玻璃窗,与北方传统建筑的北面整体为墙、窗户一般开在南面恰好相反,形成了独特的视觉识别。北京市政府于 2005 年将包豪斯建筑列为优秀的近现代建筑予以保护。创意产业入驻后,艺术家们将原有的工业厂房在保护的前提下进行了重新定义、设计和改造,带来的是对于建筑和生活方式的创造性理解。空置厂房经艺术家们改造后本身成为新的建筑作品,在历史文脉与发展范式之间、实用与审美之间与厂区的旧有建筑展开了生动的对话。798 厂的改造再利用保留了原有的建筑结构和建筑形态,最大限度地保留了建筑的原有"肌理"和"语言",使 798 厂建筑的独特表情得到完整的提炼和表达,形成了代表 798 艺术区的一种符号和文化。由于历史因素与优质的建筑空间,798 艺术区于 2003 年被美国《时代》周刊评选为全球最有文化标志性的城市艺术中心之一。它目前甚至已成为与故宫、长城并列的旅游目的地。此外,北京莱锦创意园区的前身是京棉二厂,北京新华 1949 创意园区的前身是新华印刷厂,北京酒厂艺术区的前身是北京朝阳区酿酒厂,北京竞园图片产业基地的前身是棉麻仓库,北京 751 艺术区的前身是北京正东煤气厂。位于北京丰台区与石景山区交界处的中国动漫游戏城,也是利用了首钢遗址地(首钢二通厂)的旧厂房,营造出了特殊的审美效果。

与北京相邻的辽宁、河北二省也有类似成功案例。例如"星海创意岛"是大连市、辽宁省乃至东北地区第一个以创意产业为主导的专业园区。星海创意岛本着"修旧如旧""主体不动"的设计理念,利用原有工业企业建筑物主体框架,融入现代装饰设计元素建设而成。它既古朴凝重,又充满灵性,既有传统历史厚重感,又有强烈的时代气息,是发展创意经济与城市建设改造的完美结合。

在依托百年工业遗留下来的众多有历史价值和文化价值的工业厂房、建筑、工业技术等方面,河北省唐山市也进行了有益的尝试,最为突出的就是利用工业遗产发展文化创意产业园。开滦国家矿山公园内的"中国近代工业博览园",包括博物馆、三大工业遗迹景观、创意园等。它在建设过程中全面注意了如下问题:在拆旧建新中珍视每一个建筑物、构筑物,谨慎拆除,处理好旧与新的关系;营造出空间环境与建筑风格的特色,保证与其他矿山公园的差异性效果;最大限度地利用唐山矿现有的条件、地形、地貌、建筑、植被，追求"浑厚、大气"的艺术境界；对有保留价值的建筑物进行设计创造，对重要的、能够反映开滦文化的工业遗迹加以保护、修复、强调、凸显。

唐山市还建有中国水泥工业博物馆暨启新记忆文化创意产业园。该项目的开发、建设、运营、管理借鉴了"上海8号桥"模式，对1943年前建设的4—8号窑系统、木结构站台、老电厂和老浴室等具有重要历史和文化价值的老建筑物、构筑物本着"修旧如旧"的原则进行改造，在建筑体量、尺度、色彩等方面与保留建筑相协调，形成集文化艺术、摄影师工作室、私人艺术工作室、精品酒店、商务宴请、展览展示、大型会议等多种创意产业于一体的项目集群，最终形成以博物馆展示、文化创意、工业旅游为特色的产业园区。

南京市重点推进的35个都市产业园有60%是利用旧厂房改造而成的。其中，南京宏光织造创意产业园的前身是宏光空降装备厂，南京都市创意产业园的前身是南京橡塑机械有限公司，垠坤西祠数字网络产业园的前身是江苏省淡水水产研究所，南京幕府智慧产业园的前身是南京长安汽车制造厂，南京世界之窗软件园的前身是莫愁洗衣机厂，南京红山创意工厂的前身是南京工程机械厂，华宏科技创意产业园的前身是南京白云石矿，雨花科技创业园的前身是万里皮鞋厂，晨光1865科技产业园的前身是金陵机器制造局，南京金城航空科技园的前身是南京金城机械厂，华电都市产业园的前身是华东电子管厂，南京长江科技园的前身是南京长江机器制造厂，南京世界之窗创意产业园的前身是南京无线电元件四厂，南京汽车文化创意产业园的前身是南京汽车集团有限公司，中电工业设计园的前身是中电集团第十四研究所，南京三乐科技服务园的前身是国营南京电子管厂，创意东8区科技动漫园的前身是蓝普电子股份有限公司，724所创意产业园的前身是中国船舶重工集团公司第724研究所，南京1949创意产业园的前身是南京卷烟厂，创意中央艺术区的前身是南京油泵油嘴厂，等等。产业类历史空间不仅为南京创意产业的发展提供了空间载体，而且为创意的萌发营造出了浓厚的休闲审美氛围，成为吸引更多创意产业和创意阶层集聚的文化磁场。

南京世界之窗创意产业园（简称"创意东8区"）是南京第一个真正意义上的创

意产业园。它的前身先后曾是始建于 1954 年的江苏金陵机械制造总厂、始建于 1958 年的南京汽车制造厂仪表厂、始建于 1958 年的无线电元件四厂、始建于 1967 年的无线电七厂等旧工厂的闲置厂区。创意东 8 区成功利用了这些主城区产业结构留下的旧厂房、旧楼宇、旧设施,通过创意设计与建筑改造,实现创意产业的集聚。这种构成模式带领南京迈入创意城市之列,更好地促进了南京工业遗产地和创意产业园的相互融合。厂区内留有数十栋保存完好、内部空间宽畅、形态丰富的老厂房,独具特色的大尺度,厂房建筑挑高空间大多都有 3.3—5 米的舒适层高,并且留存了工业历史的特色痕迹,通过优化设计与建筑改造,形成了感怀昔日工业之美的独特艺术魅力。老厂房的历史文脉与想象空间有助于创意灵感的激发,为创意企业充分展示自己的个性文化提供了广阔舞台。一期园区内共有 19 幢原有厂房改造而成的建筑,在保留了原有规模和格局之外,进行了建筑外立面的重新改造,将其装饰设计成了几种效果:红砖外墙效果、大块青灰石砖外墙效果、青灰色抹灰外墙效果等。二期园区内共有 12 幢工业遗留建筑,通过重新改造,外观统一和谐,以青灰色仿石砖外墙为主,在部分建筑外立面的装饰上采用了大红色金属网状钢板与玻璃幕穿插于旧建筑青灰色外墙肌体,形态简洁,富有视觉冲击力。项目对工厂原来的环境最大限度地保留和再利用,并通过重新设计来强化场地及景观作为特定文化载体的意义,将旧有的厂房经过重新修饰后变为光彩独特的建筑。

南京最有名、最成功的老厂房改造是 2007 年 9 月正式开园的南京晨光 1865 科技创意产业园。园区占地面积 21 万平方米,总建筑面积约 10 万平方米,其厂房原为李鸿章 1865 年兴建的金陵制造局,因此拥有很多保存完好、特色突出的老建筑,其中包括 9 幢清代建筑、19 幢民国建筑,后期又新建了一些仿民国建筑,共 40 余幢老房子,犹如一座工业建筑的历史博物馆。其中清代文物建筑,均由英国工程师主持设计建造,式样和格局在参照英国工业建筑的同时,根据当时中国经济技术条件,建筑外观建造为青瓦坡顶、清水砖墙,具有典型的"中西合璧"特征,属近代中国工业建筑的典范之作。民国厂房建筑中带锯齿型天窗的多跨连续厂房、带"气窗"的大跨度厂房等也都是中国近现代工业建筑的代表作。从园区南大门进入该园的科技创意研发区,首先看到的是两幢大规模的厂房,它们都为一层钢混建筑,外墙保留原始老旧的青灰色砖石。大面积的玻璃窗由整齐划一的多扇向外推起式小玻璃窗组成,窗户显著保留着民国时期的特色铸铁栏杆。建筑的入口为巨大的对开式黑色铁门,符合大厂房对实用性的要求。这两幢厂房最显著的特点是建筑的锯齿形屋顶,屋顶的构造半边为斜坡式瓦片屋顶,另半边为垂直墙面加大玻璃窗。由于厂房面积较大,形成了多个屋顶重复延续的锯齿形结构。山顶酒店商务区的厂史陈列馆,是在保留原始建筑结构的基础上修旧如旧的作品,使其再次焕发了新的生命力。青砖灰瓦、拱形实木材质的门窗是这三幢建筑的共同特征。其余七幢老厂房,建筑风格朴实简洁,有20世纪办公楼较常见的镂空墙体,在重新设计和改造之后,建筑外立面增添了具有构成主义的浅色线条元素,增添了现代感。科技创意博览区的部分建筑在重新设计改造后,外立面采取了现代主义风格的做法,大面积的玻璃幕墙和金属网状幕墙穿插,外墙砖的土红色和金属外墙装饰的灰色调形成了色彩的对比,为老旧的建筑增添了些许现代感。工艺美术创作区的某些建筑入口有着西洋化的柱头式门头,上面留着"材料试验站"几个红色的大字,可以窥见这座建筑曾经的使用功能。改造之后它的大门采用了较现代的金属框架玻璃门,与年代久远的西洋式门头形成了一种对比混搭的风格。园区西大门一带的二层小楼,也具有青灰色砖石墙面,在保留原始建筑外立面的基础上,可以发现原先开敞的一楼走廊和二楼阳台被重新设计和改造,赋予了具有后现代主义装饰风格的金属网加玻璃结构外墙。该产业园经过长期运营,已从早期鲜为人知的状态逐渐变为南京的一个知名景点,因此也成为南京老厂房改造模仿的样板。

  位于黄家圩的南京红山创意工厂在保护工业遗产方面更有针对性。这处创意产业园的前身是创办于1972年的南京工程机械厂,它经过改造后仍然留有浓厚的工业时代气息和历史沧桑感。红山创意工厂的改造工程没有大拆大建,而是在修旧如旧、展现工业遗产特色的原则下,只对环境、绿化等方面进行点缀。园区内建筑物经过改造形成了完整统一的仿红砖建筑外立面,在建筑外立面的装饰上沿用了西方20世纪90年代后期盛行的主要装饰手段,其中以"现代主义""极少主义"和"新巴洛克主义"等技法最为常见。多数采用特型钢骨架与玻璃幕穿插于旧建筑肌体,形体简洁,富有视觉冲击力。以保护工业遗产为主旨,以发掘工业文化为主题,以"保留—创造—再利用"为思想,融入现代都市时尚生活元素——红山创意工厂以此种代表性模式,成为具有南京工业时代地域特征和历史文化积淀的特色园区之一。

与南京相邻的无锡,其北仓门生活艺术中心是国内为数不多的具有重要文物价值且改造后基本维持原状的创意产业基地之一。建于1938年的北仓门蚕丝仓库位于无锡运河边上,是典型的一组具有民国风格的建筑群。2004年,郑氏兄妹凭着他们在海外多年所接触到的国际上对历史文化遗产保护再利用的先进理念,看到了这组破败建筑背后的历史文化价值,将原来废弃的仓库改造成为一个富有独特空间品质和艺术气息的北仓门生活艺术中心。建筑在改造中遵循了两个原则:一、不改变文物原状,修旧如旧,恢复历史原貌。二、在保持原有风貌的前提下,合理利用空间,整治周边环境,延续旧建筑生命。专家、学者对北仓门生活艺术中心的改造极为肯定,认为该模式是一种可以借鉴与推广的保护模式。

再看看广东的相关情况。红专厂创意园是广州市最早、最大的艺术创意园。其前身是建于1956年的中国最大的罐头厂——广州鹰金钱罐头厂。该厂在整体搬迁后,留下几十座大小不一而结构十分多元的老建筑,从20世纪50年代苏联援建的车间,到80—90年代自行建造的大楼,还有厂区仓储卸货区的火车铁轨。沿着园区的中轴线走一圈,可以完整地看到中华人民共和国成立至今建筑风格的演变。艺术家们将废弃的生产车间改造成了LOFT风格街区。现在红专厂是既时尚又能给予无限灵感的创意空间,散发着辉煌的城市文化历史和无与伦比的艺术气息,也可以说是城市发展的烙印。目前中国著名的室内设计公司"集美组"已经搬入了园区,一个新的艺术区正在广州慢慢出现。中央美术学院教授、集美组设计团队总裁林学明说过:"改造全程秉持着'低碳环保、整旧如旧'的共识,在对厂房的改造、原生态环境的保护、废弃资源的最大化利用等方面,我们都倾注了许多心血。这样的改造成本并不会低于重建。"[1]但是,"'保护'两个字肯定是园区改造首先考虑的事情。既要充分利用这种空间,又要保留每栋建筑所承载的五六十年的历史

---

[1] 莫健伟、崔德炜主编:《文化创意空间:艺术与商业的集聚与融合》,社会科学文献出版社,第185页。

记忆"①。值得忧虑的是,在建园伊始,拆除旧厂房和收回地块另做房地产开发的消息一直不断,园区至今处在风雨飘摇之中。愿它能得以保存,以留给后辈一份宝贵的精神财富。

广州信义会馆的前身是珠江边上的一个水利水电大型机械制造厂,在20世纪90年代废弃。内有20世纪60年代高大宽敞的苏式厂房,建筑风格自然流畅,又有一座古老的教堂和长长的木栈道。2002年左右,在尊重历史的前提下,辟老厂房、老仓库为现代化园区,目前已形成一定规模的文化企业群,号称"岭南创意湾",是广州市创意产业的重要组成部分。

西部都市成都,在改造工业遗产发展创意产业方面也颇有成绩。例如红星路35号、东郊记忆、733艺术工场、蓝顶艺术中心、红楼LOFT创意产业园等都是依托老厂房和旧仓库而建立起来的文化创意产业园区。这些旧产房和仓库的重复利用本身就具有文化特性,其蕴含的深厚历史文化底蕴对创意群体具有极大吸引力。红星路35号,号称西部首座文化创意产业园,它的前身是原成都军区7234印刷厂搬迁后留下来的闲置厂房。其独特的"倒金字塔"造型被设计师誉为"天空上的创意村庄"。园区外观独特,有强烈的仪式感,简洁的小房子繁复交错,旋转90、180、270度,如仿生与繁殖,形成城市上空的创意村落。每个单体如交错的蜂巢,创意细胞在主体建筑内呈矩阵排列,空间灵动,在氏族建筑五角体中展开,浑厚不拘一格,迸发出原始的建筑骨骼体。又以东郊记忆(原名成都东区音乐公园)为例,它是以"数字音乐产业园区"和"音乐互动体验园区"为特色的工业遗址改造项目。2009年,成都市利用东郊老工业区中的原成都红光电子管厂旧址,将部分工业特色鲜明的厂区作为工业文明遗址予以保留,并与文化创意产业结合,打造成音乐产业基地。原厂区建筑类型包含从20世纪50年代苏联援建的办公楼到20世纪90年代初修建的各类厂房,沉淀了充满情感记忆的红砖厂房、讲究效率的多层厂房,以及具有工业符号感的构筑物。此外,位于成华区府青路三段的红楼LOFT艺术创意产业园,也是利用旧工业建筑改造而成的。

---

① 莫健伟、崔德炜主编:《文化创意空间:艺术与商业的集聚与融合》,社会科学文献出版社,第187页。

大陆城市之外，台北、台中、嘉义、花莲及台南五大创意园区，都是建立在废弃或闲置的酒厂厂房基础上的。其中，台北华山创意文化园区前身为创设于 1916 年的"台北酒厂"。1997 年，一些艺术家发现酒厂迁出后的废置厂房是一个非常理想的艺术创作空间，从而集聚创建了华山创意文化园区，它成为推动台湾地区创意产业发展的旗舰。台中创意文化园前身为"台中酒厂"，兴建于 1916 年。台中创意文化园保存了完整的日治时期制酒产业建筑群，是一座产业建筑技术的博物馆，又兼具都市整体发展的地标性意义。其空间性格与产业特色，是其重要的发展内涵。

总之，通过"旧瓶装新酒"的再造理念，古朴的老厂区焕发新生。一个个破败衰落但具有审美内涵的厂区，转变成了一个个面向大众开放的都市创意园区，使科技、创意、时尚、文化、生活、休闲、审美的元素——呈现。这不仅保留了传统建筑，为城市增添了新旧交融的文化景观，而且能提高创意氛围，促进区域的整体转型。

把旧厂房、旧仓库等具有历史审美内涵的城市工业遗址改造为现代创意产业园区，既是工业遗产利用的重要途径，也是文化创意产业发展的典型模式。这种模式既有利于延续城市文脉和历史记忆，又有利于文化创意产业的发展，是一种以现代艺术和产业模式复兴城市空间的重要手段。兰德利曾构思了"城市创新资源构成矩阵"，在这张表中的"软件"部分，就有"城市的发展历史"一栏。正如兰德利所描述的那样：

> 历史可以激发创新，成功的城市总是把历史作为创新的源泉。历史所造就的城市形象也具有重要意义，历史遗留下来的建筑物、街景、教育和文化设施都可以成为创新涌现的基础，正是它们的历史背景激发了创新的灵感。

第八章
休闲审美与创意市民

最后专门谈一谈市民的休闲、审美意识问题。之所以要谈这个题目,是基于这样的考虑:创意不但与职业创意阶层有关,也关系到每一位市民。向勇等认为:"企业选择某个城市作为产地的原因不仅仅在于该地区的市场和供给网络,更重要的是希望从当地的受过良好教育、高质量的人力资本中获得生产力提高的收益。"[①] 简言之就是将高素质的市民作为创意产业的人力资本。而创意又与休闲、审美有着密切的联系,休闲、审美时刻在催生、激发着创意。故而,培养市民的休闲、审美意识,也就是在培养市民的创意思维。

1998年,英国的一个国会报告指出:"人民的想象力是国家的最大资源。想象力孕育发明、经济效益、科学发现、科技改良、优越的管理、就业机会、社群与更安稳的社会。"[②] 我国业内学者也倡导"城市要鼓励市民想象力和创造力的发挥"[③]。今日的普通市民,在休闲与审美的熏陶下,说不定就可以成为明日的创意之星。

打造一座创意城市,要求市民的投入与参与,在打造的过程中将其所居住的城市看作一件活生生的艺术品,并参与其中的转化过程。如果不对市民进行培育,提高其休闲、审美品位,就会出现城市中的"文化沙漠"状态,不利于创意产业的可持续发展。邱明正曾在《香港文化状况一瞥》(载《上海文化》1994年1月)中指出:

---

① 向勇、周城雄编著:《中国创意城市(上):创意城市发展研究》,新世界出版社,2008年版,第114页。
② 向勇、周城雄编著:《中国创意城市(上):创意城市发展研究》,新世界出版社,2008年版,第98页。
③ 褚劲风等著:《创意城市:国际比较与路径选择》,北京大学出版社,2014年版,第33页。

"日常流通于市场的大多是低层次的休闲文化艺术作品,其中还充斥着许多富于感官刺激的东西。"他还指出香港市民对高档文化产品无人问津的现象。香港的自由氛围、多元文化对创意产业发展是十分有利的,但如果普通市民始终处于休闲、审美的低姿态,那么创意产业还能走多远就值得忧虑了。

1990年,美国哈佛大学肯尼迪政府学院约瑟夫·奈(Joseph Nye)教授首次提出"软实力"概念,它特指依靠文化、商业等建造出来的无形影响力,是一种生活与文化上的价值。结合创意产业而言,软实力很大程度上依赖于良好的市民素质,尤其是文化艺术方面的素养。兰德利在其名著《创意城市指南》中也指出:打造创意城市,"必须依靠工程师、社工人员、规划师、商人、活动承办人、建筑师、住屋专才、资讯工程人员、心理医师、历史学家、人类学者、自然科学家、环境学者专家、艺术家,以及最重要的——一般市井小民,分别提供不同的创意,如此这般,包罗万象"。因此,创意环境不仅包括"用才"的环境,还应包括"育才"的环境,而这一点较容易被忽视。一方面我们要为已有创意人才提供利于施展的环境,一方面还要有长远眼光,为将来可能出现的创意人才提供成长的环境。正如某学者所言:"文化创意来源于个人及团队的智慧和灵感,创意主体培育和培训的人才环境是创意产业发展的根本。"[1]

目前过度经济化、工业化的城市,已将市民的生活变得越来越匆忙和程式化,同时也将市民的思维变得越来越狭隘化、机械化、功利化。城市日益丧失独特的城市文化,市民日益丧失休闲意识与艺术精神,正如芒福德所描绘的那样:

> 梦想在加深,夜幕降临。那些成千上万人做着成千上万件相同动作的伟大的办公楼,日日夜夜做加法、减法或乘法,办票据,贴标签,校对,口授文件或者听取口授,乞求或者借贷,发布命令或者执行命令,高压状态的官僚主义。
> ——《城市文化》第四章《大都会的兴衰》[2]

---

[1] 邓文君:《数字时代法国文化创意产业的创意环境构建研究》,载《深圳大学学报·人文社会科学版》,2014年第6期。
[2] [美]刘易斯·芒福德:《城市文化》,宋俊岭、李翔宇、周鸣浩译,中国建筑工业出版社,2009年版,第314页。

的确，假如一个城市是充满功利的，那么，即使它可以使市民的收入更高，成就更多，生活更便捷，但同时付出的代价是：休闲、审美被空前压抑，失去了生活情趣。市民的幸福感并没有增强，反而在下降。这也如芒福德在《城市文化》导言里所言的："的确有新城市生长起来了，但却因为缺乏连贯一致的社会知识和有条不紊的社会惯例措施，这些城市无从受益；反而经常见到的是，这些新城市既没有中世纪里常有的那些很实用的城市生活习俗时尚，也没有巴洛克时代特有的那种十分自信的、以唯美主义为主导的种种做法。的确可以说，一个17世纪的居住在小村庄里的德国农民或者荷兰农民，比19世纪的伦敦或者柏林的一位都市议员更加懂得社区生活的种种艺术情操。"①无疑，芒福德笔下这种丧失了休闲与审美气息的现代城市，创意产业是很难发展起来的。为此，正如周膺先生所呼吁的："建设创意城市，不仅要实现城市产业结构的优化、新的产业群和产业价值链的形成，而且要建设全新的城市文化和城市精神。"②

我们认为，我国要进一步把对创意人才的引进与对普通市民的培育结合起来，注重公益性的休闲和审美教育。利用城市的政治、文化、教育优势，培育越来越多富于文化素养的"创意市民"，以期在未来的某一天，他们可以成为壮大创意阶层的后备力量。以下是一些具体构想。

第一节 "好客山东休闲汇"：提升休闲观念

杰弗瑞·戈比曾言："拥有休闲是人类的古老梦想。"③今天，尽管"休闲时代"已经到来，但目前民众的休闲生活，仍存在两大方面的问题。一方面，至今仍有不少人受传统观念的影响，或将休闲等同于"游手好闲""玩物丧志"，或认为休闲是资

---

① [美]刘易斯·芒福德：《城市文化》，宋俊岭、李翔宇、周鸣浩译，中国建筑工业出版社，2009年版，第7页。
② 周膺：《后现代城市美学》，当代中国出版社，2009年版，第203页。
③ [美]杰弗瑞·戈比：《你生命中的休闲》，康筝译，云南人民出版社，2000年版，第1页。

本主义制度下的产物,社会主义应当讲工作,讲贡献,而不是讲休闲,讲享受。显然,他们没有看到休闲对发展人的自由本质的重要作用,没有看到休闲对创意思维的催生效果。另一方面,不少民众简单地将休闲等同于吃喝玩乐,休闲方式单一而庸俗,缺乏创造性,甚至大量存在"黄赌毒"等休闲异化和休闲失范的现象。休闲根本起不到提升个人素养的效果,对创意思维的激发更是无从谈起。这里就存在一个休闲教育的问题:"是传播享乐主义、禁欲主义,还是工作与休闲的平衡观念?倡导高雅休闲,还是庸俗休闲?"①

所谓休闲教育,我们认为就是指引导人们树立科学的休闲价值观及培养健康的休闲方法,使人身心真正达到休闲的、全方位的发展。休闲教育立足于人的自身发展需要与社会整体进步来展开,在这过程中,它不单单使每个人身心达到质的飞跃,并且使整个社会文明程度得以提升。休闲教育的本质是通过培养一定的休闲意识,养成一定休闲技能,形成一定文化涵养。它可以使社会成员普遍性地提高自我,优化自我,促进人类自由全面发展的需要。正如有学者所指出的那样:

> 休闲教育是人的素质和知识学习的重要组成部分,是现代国家管理和服务于公众的途径之一,也就是说,政府及社会要将闲暇时间放到以人为本的治理国家的框架中,并成为"育化人"的重要手段加以对待。
>
> "未来"不仅属于受过教育的人,更属于那些学过怎样聪明地利用闲暇的人。我们的社会需要为推广闲暇做好准备,并对人们进行休闲教育。②

休闲教育对于创意产业的重要意义则在于:激发市民正确的、健康的休闲意识,促使其积极地开展休闲活动,借此发展自己,丰富自己。通过日常生活中高雅的娱乐,积累个人文化资本,提高自己的各方面的品位,使自己成为有个性、有创造

---

① 叶敏主编:《中国休闲引领力》,中国书籍出版社,2014年版,第81-82页。
② 马惠娣、张景安主编《中国公众休闲状况调查》,中国经济出版社,2004年版,第53页。

力的人。这样,便可在客观上为创意阶层壮大潜在的队伍。正如有学者所言:"要提升人们消费能力中的欣赏、鉴别能力必须通过学习教育,传授休闲知识,培养休闲技能和技巧,激发劳动之外的生命潜能,才能使人们摆脱无聊与空虚,也才能让人们从单一的物质追求中解脱出来,在休闲消费中不断凸显文化追求。"①

休闲教育在西方早已开始。美国在1918年就把休闲教育列为高等教育的一条中心原则;有些大学设有专门的院系,还有不少院校设置了休闲专业;几乎所有大学都开设了休闲教育方面的课程,中学的很多课程中都渗透了休闲学的内容,在小学也有如何利用闲暇时间的教育。而我国的休闲教育,也绝非像某些学者所认为的是当前刚刚兴起的新型教育方式。事实上早在民国时期,休闲教育就已经得到了学术探讨和实践落实。章辉、陆庆祥指出:

> "休闲教育"是当代教育界的一个新兴热点话题。事实上,1915年,"闲暇教育"之概念已被提出。1922年,"休闲时间之教育"被提出。1924年,"休闲教育"一词被明确提出,并从此一直得到热议,甚至在抗战时期也从未中断。②

英国学者肯·罗伯茨这样指出政府在引导国民休闲意识方面的作用:"国家的休闲政策和提供的休闲设施可以清楚地表达道德标准和审美标准。公共休闲设施可能无法改变公众的品位和行为,但是可以传递清楚的信息:赞同什么,不赞同什么。"③资料显示,在我国20世纪的二三十年代,河北、陕西、浙江等地的政府部门,就已经制定下发了关于休闲教育的正式文件。不少民众教育馆积极组织开展民众休闲教育,置办休闲设施。

而我国当前的情况是:"休闲观念严重滞后,休闲教育极其缺乏。……整个社会对于休闲的价值缺乏正确的认识,休闲教育尚属空白,在小学、中学、大学几乎没

---

① 马谊妮、姜芹春:《休闲旅游与休闲型旅游目的地研究》,云南大学出版社,2013年版,第42页。
② 章辉、陆庆祥编选:《民国休闲教育文萃》,云南大学出版社,2018年版,第1页。
③ [英]肯·罗伯茨:《休闲产业》,李昕等译,重庆大学出版社,2008年版,第47-48页。

有任何休闲教育,……由于长期以来重视劳动,轻视休闲,我国不仅公共性休闲供给不足,商业性休闲供给也相对匮乏。无论是休闲设施、文化娱乐设施、体育场馆、高层次文化产品,都与国外有很大的差距。……休闲内容、休闲方式、休闲理念等信息也都很不够。"①

可喜的是,当前我国政府层面的休闲教育意识正在形成。例如《山东省国民休闲发展纲要(2011—2015)》在"总体要求"部分中就曾明确提出"着力培育国民休闲意识"的指导思想,并制定发展目标为:"到2015年,我省国民休闲意识进一步增强,参与休闲人数和有效休闲时间明显增加,追求健康生活成为时尚。"文件还提出:

> 广泛开展各类群众性休闲活动。……举办"国民休闲大汇"活动,……形成浓厚的休闲氛围。
>
> 培育国民休闲意识。教育和引导全省各级摆脱传统观念束缚,牢固树立发展休闲就是发展生产力的现代国民休闲观。……激发全民参与休闲的兴趣和热情。加强国民休闲教育,把国民休闲纳入素质教育的重要内容,……引导群众积极参与休闲产业发展。

在此背景下,每年在8—10月份举办的"好客山东休闲汇"应运而生。它是认真贯彻《山东省国民休闲发展纲要》,呼应当代民生事业而举办的全民大休闲活动,对于转变群众休闲观念,提升全社会幸福指数具有重大意义。以"健康休闲、幸福人生"为主题的首届国民休闲汇于2011年8月在山东济南启动,17市分会场同时启动。该活动由国家旅游局和山东省人民政府共同主办,全省32个省直部门和17市政府共同承办,中国旅游协会休闲分会作为指导单位。它营造了"我休闲,我快乐"的氛围,让民众在吃喝玩乐中了解了"会休闲才会成功"的休闲理念,启迪国民以更加积极的态度迎接休闲时代的到来。第二届好客山东休闲汇,于

---

① 叶敏主编:《中国休闲引领力》,中国书籍出版社,2014年版,第111-112页。

2012年8月在聊城启动。本次活动旨在向全省人民传递"劳动是生产力,休闲也是生产力""劳动光荣,休闲也光荣"的理念,努力在全省营造出浓郁热烈的休闲环境和氛围。

为更好地总结"好客山东休闲汇"的成果,由山东省旅游局主办的"好客山东休闲汇创新实践与发展论坛"于2011年10月底在青岛举行。专家们从理论和实践的层面对该系列活动进行了评价、总结。当时的山东省旅游局局长于冲指出,"好客山东休闲汇"对山东省的贡献之一就是转变了人们的思想观念。山东旅游规划设计研究院院长陈国忠也认为,"休闲汇"的主要功能之一就是对民众巨大的引导价值。这种集全省之力,以生动的形式在潜移默化中对民众实施休闲教育的思路,颇值得各地推广。

顺带指出,行政领导在培育市民休闲意识的同时,自身也应具备相关的素养。如果缺乏对休闲的正确认识,缺乏一定的"游戏精神",那么就会导致工作缺乏柔性技巧,不易于创意氛围的培养。我们不妨以业内知名人士佛罗里达的经历为例。在他看来,美国的奥斯汀市是一个创意城市的典范。在他的创意指数中,奥斯汀排名第二,在创意方面排名第六,在创意阶层所占比例方面排名第七。佛罗里达认为,奥斯汀成功的一个重要原因就是,当地人(尤其是当地官员)具有较高的"游戏精神"。他举了这样一个例子:在2000年春天,他在奥斯汀进行了一次演讲。演讲过后,当地的一些商业和政治领袖邀请他到一家俱乐部参加他们的"嬉皮时间"(Hippie Hour)。他当时高兴地回答说很愿意加入他们的"快乐时间"(Happy Hour),但是他们更正他说:"不是'快乐时间',我们说的是'嬉皮时间'。"活动的地点在当地的大陆俱乐部,是南议会街上的一座破旧的建筑,参加的人包括嬉皮士、音乐家、拉美人、政客以及高科技商业人士等,可以说是个真正的熔炉,各种各样的人都可以在这里彻底放松自己。

第二节　文化参与和互动:培育审美市民

1998年英国的国会报告指出:"想象力主要来源于文学熏陶。文艺可以使数学、科学与技术更加多彩,而不会取代它。兴旺繁荣也因此应运而生。"①这里的"文学"或"文艺",其实就是审美,它对形成创意思维(尤其是艺术创意思维)有着最为直接的作用。2014年7月,首届"长江文化创意设计与相关产业融合发展学术研讨会"在武汉大学召开。有学者在会上发言:"强调每个人都是美的创造者,都是创意家、设计师。建立以生活美学为基本原则的审美规范,一是要避免审美的过度意识形态化;二是要从官本位转到审美本位;三是要从物以稀为贵到物以美为贵,提出创意设计为美的理念。"②而为了使每个人都成为美的创造者,从而贡献于创意产业,就要积极进行市民的审美教育,培养具有审美能力的市民。

我们不妨把具有审美能力的市民称为"审美市民",他们是创意产业理想的潜在力量。在培养审美市民方面,城市的行政管理者有着不可推卸的责任。目前,我们有不少的城市管理者,行政思维还停留在解决温饱问题上,忽视了人民日益增长的文化、审美需求已经达到了相当的阶段,只注重发展物质,而忽视审美教育。在这方面,国外一些国家或地区的做法可以给我们很好的启示。

首先值得一提的是,为了保护高雅艺术的生存,保证其能够对市民起到长期熏陶作用,西方发达国家对以提高民族文化素质为目标的公益文化事业,代表国家民族文化水准的高雅文化、优秀民族文化等加以保护和支持。一般由政府直接投入,或在税收上给予优惠或免税,并引导社会赞助。例如美国联邦税务局的《免税组织指南》列出了文化方面可以免税的几种组织,其中非常明显地突出了对缺乏市场竞争力的高雅严肃艺术、民族民间艺术的保护和支持。意大利、阿根廷政府也都有类

---

① 向勇、周城雄编著:《中国创意城市(上):创意城市发展研究》,新世界出版社,2008年版,第98页。
② 傅才武、许启彤主编:《文化创意、产业融合和城市发展——2014年长江文化创意设计与相关产业融合发展学术研讨会文集》,中国社会科学出版社,2015年版,第58页。

似措施。这就为培育审美氛围,实施审美教育提供了坚实的土壤。

拿具体地域来说,2006年12月,美国华盛顿特区规划局所完成的《华盛顿特区综合规划修正版》(*2006 Revised Comprehensive Plan*),增加了"艺术与文化"的内容,明确指出艺术社团在哥伦比亚特区的经济共同体中占据了坚实的地位,并且制定了操作性强的对策措施。他们在创意城市环境建设方面提出:改进全市的艺术设施的分布;在新建的或修建后的建筑物中增加公共艺术;保留现有的艺术建筑群,鼓励新艺术区的设计与建造。此外,英国伦敦向一些黑人和亚洲文化组织提供资金和业务上的支持;计划支持一些经常性的文化活动;开发伦敦的绿色空间和水路的艺术潜力,使所有公众都能够充分享用这些文化空间。"伦敦市政府为培育公民的创意生活和创意氛围采取了非常全面而具体的措施,使伦敦成为世界最富于创意性的城市之一。"[①]法国每个城市都有自己的歌剧院、音乐厅,全国每天有100多场各种各样的音乐会,而许多音乐会对音乐学院的学生是免费的。这些都是政府增加城市艺术氛围,培育市民审美意识的很好举措。

我国有些城市也能注意培育市民的休闲和审美意识。例如"世界休闲之都"杭州,很多社区都请人绘制了图文并茂的墙壁漫画,内容是传统文化(经典、诗词为主)、旅游文化、历史掌故、休闲理念等,使市民在潜移默化中得到熏陶。我们期待这样的城市越来越多,也期待政府各级部门更加广泛深入地从人力、物力、制度、机制等各层面深入对市民休闲审美意识的培养。

还须顺带指出的是:在引导市民的审美意识这一工作上,行政领导自身也应具备相关的素养。如果管理者自身都是"五音不全"缺乏"艺术细胞"的人群,那么他们对艺术教育的重视程度和领导水平,就岌岌可危了。伦敦政府有专门的委员会专事评估伦敦的创意产业。它由伦敦发展局挂帅,聚集了来自创意产业的企业执行官、政府官员和文化艺术组织的领袖人物,共同评价城市创意产业的经济潜力,以及可能阻碍其未来发展的主要障碍。伦敦艺术界、商界、高等教育机构和政府部门的所有与创意产业相关的最高层人士都共同参与、协调、支持创意产业的工作。

---

① 易华:《创意人才和创意产业、创意城市发展》,中国物资出版社,2011年版,第99页。

在这方面,我国深圳市也已经为我们开了个好头。例如业内人士指出:

> 深圳市的主管领导、相关机构负责人往往是具有一定学术素养的"学者型官员",其文联、文体旅游局部分领导甚至还拥有博士学位或者本身就是艺术家、设计师出身,他们很多时候对于艺术、设计问题的判断并不陌生,甚至具备专家水准。因此,我们必须看到的一个现实是,创意产业作为一个独立的行业具有很强的专业性,如果没有政府对于设计和创意产业的支持和全社会的参与,深圳市创意产业园区的建设不可能产生如此巨大的影响。①

除了城市管理者之外,创意产业单位自身也可在培育市民审美意识方面起到相当的作用。例如一些大型创意产业集群(园区)具有宽敞的开放空间和休闲设施,无疑可为市民提供审美场所,熏陶他们的艺术素质和创意思维。在这方面,广州红专厂创意园是一个典型代表。作为广州第一家真正意义的创意园区,红专厂内的所有艺术文化展都是免费向市民开放的。艺术家们把作品奉献展示出来,供市民任意观赏,让市民有机会接近艺术创作。展览是艺术创意生产环节里最能产生互动的一个部分,红专厂的此种做法容易形成良性循环,推动艺术与市民的融合,并带动整个社会的参与。表面上看,如此操远不如商业开发产生的财富明显和迅速,但红专厂的这些举措令城市对艺术的关注度增强。既为市民提供艺术休闲场所,又能提高市民的审美水平,提高整座城市的人口素质。回顾20世纪,许多欧美国家无不以政府的力量在民众中推广现代艺术与设计,才使得他们今天走在"创造大国"的道路上。而广州目前的艺术机构,远远无法满足现有人口规模的需求。红专厂从开始规划就考虑到这个问题——园区内不能全部进驻商业企业,必须划分出普通市民的休闲交流场所,必须实现艺术与民众的零距离和零等级交流,从而

---

① 何其聪主编:《融汇创意的力量——中国文化产业精选案例研究》,中国书籍出版社,2012年版,第135页。

带动厂区周边人文氛围的涵养。如果创意单位都能像红专厂这样富有责任感和使命感,那么潜藏在市民中的创意人才就会绵绵不绝,甚至滚滚而来。

不过,市民的审美意识之熏陶,不能局限于创意园区的局部空间,也不能仅限于静态的参观、欣赏,而应动态地体现在广阔城市的每一个角落。换句话说,要通过全体市民在全市范围内对艺术活动的广泛参与、体验和互动来实现。正如某学者所言:"一个有利于文化参与的环境,能促使新思想的诞生,从而提高社会的创造力。"①"香港创意指数"就十分重视公共部门对市民参与艺术活动的支持。该指数共分为结构/制度资本、人力资本、社会资本和文化资本四大块,其中文化资本的具体内容为:

广州红专厂创意园

> 承付给艺术和文学发展的公共部门和法人的资源;
> 对创意、艺术、艺术教育和知识产权保护上的文化标准和价值;
> 一个社会参与文化活动的广度和水准;
> 在艺术和文化方面的公共开支,对艺术和文化的总体态度,或者特殊艺术教育与普通人口在不同文化活动中的参与率。

由此可见,民众参与文化艺术活动的程度,对创意环境的形成来说至关重要。一个创意城市,应能够向市民提供各种层次的表演和展出,满足市民审美体验和文化参与的需求,通过品位培育,推动都市文化活力的迸发。创意城市应尽可能地不

---

① 易华:《创意人才和创意产业、创意城市发展》,中国物资出版社,2011年版,第128页。

断承接各类文化活动：奥运会、世博会、电影节、设计展、节事游行、街头表演以及各种民间文化活动，提高日常生活中社区的文化参与程度，使城市成为全方位的艺术审美空间。例如，柏林每天都有大量熏陶市民的文化事件。"设计五月""柏林摄影节""时尚漫步""柏林AGI大会""内部动机设计研讨会"等都是该市每年举行的活动。在巴黎，各种文化艺术活动长盛不衰，在市内许多广场都能见到青年学生和市民自发组织的小型音乐会。新加坡则通过设立新加坡双年展、新加坡艺术节、新加坡作家艺术节、新加坡电影节、新加坡季等各种大型艺术节事，为民众提供参与文化活动的机会。

我国的深圳在2008年被联合国授予全球创意城市网络项目中的"设计之都"称号。不过有人认为，深圳的艺术审美氛围，还远远没有渗透到广大市民的生活空间之中：

> 城市的文化创意发展，不能仅仅为了经济上的创收而空喊口号，还要考察当地的生活环境，真正将创意、设计落地于当地的居民素养。一座城市能不能被称为"设计之都""创意之都"，不应该是由联合国这样的国际组织通过"申办报告"或者短短几天的"实地考察"就能够认证得了的，相反，只有身在这座城市中的人们，才能"冷暖自知"。好的创意园区应该提倡的是一种生活态度、价值理念，而不仅仅是办公地点；它们通过与当地民众和社会环境有机互动，从而提升整座城市的创新意识和人文品位。但现状是，即便在深圳这座被评为"设计之都"的城市里，市民也难奢望在日常生活场景中看到令人振奋的设计。为什么OCT文化园区内有那么多街灯、公共座椅和超小住宅展等既有艺术感又具实用性的创意只局限在店铺中、展厅内，而在深圳公园里、公交站台旁、蚁族集聚区中却不见踪影？笔者在深圳短居的考察中明显感知，民众之于设计园区的关系很大程度上是旅游者和景点的关系，持"走马观花，看看就走"心态的观者远远多于抱有想感悟、学习、融入之念头者。当然，园内公司、企业都是逐利而来，无此高度也无可厚非，但相关政府部门应该具有如此远见和担当。毕

竟,"设计之都"的终极目标不是成为一座仅仅具有创意园区的都市。真正的"设计之都"应让身在其中的每个人于润物无声中切实感受到创意与生活的碰撞、融合、升华。或许,纽约SOHO和百老汇能给中国的创意园区建设一些启发。它们的独特之处在于不是摆出一副孤芳自赏或是高高在上的出世之态,而是积极良好融入世俗。因此,它们在起到激发人们艺术体悟作用之时,也为拓展艺术商机创造了优良的人文环境。试想,不懂得感悟、欣赏创意的都市人如何愿意花钱消费创意聚集地里生产出来的商品?这道理就好像一名画对懂行的人来说是块宝,对于外行人来说是根草一样。所以,不论是从城市人文环境积累的精神层面来看,还是从培育创意商业土壤的物质层面来看,"与民同乐"对于创意产业园区而言,都是有百利而无一害的。[1]

另一个"设计之都"上海(2010年获批)的情况也不容乐观。有人指出:"目前上海创意园区与市民的互动性较差,难以对城市整体形象的提升起到较大促进作用。若在集群旁开辟一定空间作为艺术家设计作品的公共展示场所,……不仅可以提高本地艺术家名气,更可带来经济效益和人文气息。"[2]"设计之都"的艺术氛围尚且如此,其他城市就更可想而知了。因此,我们要切实加强城市审美教育,积极营造审美空间,培育市民的审美意识和审美思维。英国政府认为,艺术教育是启发人的思维的教育,是提高个人综合素质和创造力的教育。他们注重培养公民的创意生活和创意环境,支持和鼓励社会公众特别是青少年开展创新实践和文化艺术活动,并为其提供良好的外部环境。伦敦西区针对不同艺术形式所拥有的不同观众进行广泛调查,制定相应的引导和培育受众群体的措施,形成话剧、歌剧、音乐剧和芭蕾舞等不同演出形式的固定观众。——这些都可谓是在市民参与、互动方面的精心措施,非常值得我们学习。

---

[1] 何其聪主编:《融汇创意的力量——中国文化产业精选案例研究》,中国书籍出版社,2012年版,第141-142页。

[2] 易华:《创意人才和创意产业、创意城市发展》,中国物资出版社,2011年版,第202-203页。

如果我们将城市居民分为创意阶层和普通市民两大类的话,那么还会有一类人介于此二者之间,他们就是学习与创意相关的课程的在校大学生。从身份上看,他们还不是创意产业的从业者,只是普通市民;但从未来发展看,他们已经瞄准了创意职业生涯。对这一特殊市民人群,予以有针对性的审美教育,更为关键。

1998年,爱德华·格拉泽(Edward L. Glaeser)提出"人力资本理论"的假设,指出了受过高等教育的劳动力、创新和经济增长之间的正相关关系。显然,艺术高等教育对于创意阶层的培育作用是不言而喻的。政府只有重视艺术教育的投入,大力发展高校艺术教育和艺术职业培训,才能提高创意人才的产出能力。以法国为代表的西方发达国家在此方面多有明智之举。概括说来,他们的主要措施有:提高政府文化预算,尤其是用于艺术高等教育的预算;大力提高文化艺术教育对外开放的力度,加强艺术领域的国际交流与合作,促进创意人才的国际化;完善职业教育和多元化的教育体系,设立针对性较强的教育培训机构,加强高级技师的培养和深造;在艺术团体与大学的毕业生之间建立联系,等等。此外,不少西方国家在大学里成立专门针对创意产业的二级学院,并在学位课程中使艺术设计类课程占有很大比例。例如澳大利亚的昆士兰科技大学成立创意产业学院,开设音乐、传媒、电视、时装设计等涉及审美教育的专业。限于篇幅,以上内容无法细述。

目前,我国高校直接开设的创意设计、创意产业类专业和课程并不多。大多数创意人才往往从传统学科、传统产业转移而来,缺乏专门的创意技能和实践训练,缺乏经验,缺少较深的文化艺术功底,整体素质偏低。一些地方政府已经认识到这一问题,例如《杭州富阳文化创意产业发展规划(2100—2015)》提出,"重点培养高端文化教育、工业设计培训、创意旅游培训、运动休闲培训、工艺美术技术培训等领域,……注重引进优秀培训机构,积极推行市内外的学术交流活动,促进学识水平的不断更新换代,保持新的活力。重点开拓艺术培训教育领域,由单一的职业技能的培训向表演、工艺品制作、美术绘画等多专业方面的发展",需要注意的是,在高校审美教育、艺术教育和相关培训中,必须改革教学方法,要把学生培养成富于创造性思维和能力的艺术家,而不是只能模仿的工匠。比如,我国艺术设计教育主要还是美术型教育,是以"绘图代设计",而不是现代型的艺术设计教育。许多大学艺术设计专业考试试题主要考察的还是20世纪30年代以前徐悲鸿时代的内容,只注意考察绘画技巧,忽略了学生接受新事物的能力、创造性思维能力。大多数院校艺术设计专业的课程设置仍以培养绘画能力为主,而培养创意、综合素质、动手实践课程的比例偏少,导致学生模仿能力强,创造能力差。这种现状,从目前的广告设计中就能看出来。因此,相关课程亟待改革。

第三节 "它是一处灵感源":博物馆建设

在培育市民的创意思维方面,我们要特别提到博物馆的作用。这是因为,一方面,创意环境必须是包容性的,必须具有多元文化的存在,而博物馆恰恰是展示多样性的窗口。另一方面,创意环境必须是富于休闲和审美意味的。而参观博物馆本身就是一种市民休闲活动,它可以在轻松的氛围中使人的审美意识得到很好的熏陶。故而,博物馆建设对于创意城市来说非常重要。它可以为市民提供源源不断的精神食粮,扩大他们所从事专业工作的视野,激发他们的创意灵感,丰富他们的生活内容,从根本上提高劳动素质。我国伟大的教育家蔡元培说过:"如美术馆、博物院、展览会……,均足以增进普通人之智德,而所费亦皆不甚巨。愿希望研究通俗教育者,设法提倡此种有益之举,则获益尤非浅鲜也。"(《在北京通俗教育研究会演说词》)芒福德则这样评价博物馆在城市中的作用:

(博物馆)把各种各样的特殊文化集中到比较窄小的范围之内:各种族的人民和文化都可以在这里看到,至少可以看到少量的,同时可听到他们各种的语言,看到他们的风俗习惯、他们的服装,他们特有的风味食品。在这里,人类的各族代表第一次在中立的场所面对面地相会。大都市错综复杂,它的文化包罗万象,这体现了整个世界的复杂性和多样化。世界上一些大的首都不知不觉地为人类准备着更广泛的联系和统一,现代对时间和空间的征服使这种联系和统一成为可能。

一个形式和规模合理的博物馆，不仅是相当于一个实实在在的图书馆，而且可以通过有选择的标本和样品，用作了解世界的一种方法，这个世界是如此庞大而复杂，不这样的话人类的力量将远远不能了解它。这样一个合理的博物馆，作为了解的一种工具手段，将是对城市文化的不可缺少的贡献；当我们开始考虑城市的有机的重新组建时，我们将看到博物馆不比图书馆、医院、大学差，它也将在区域经济方面起新作用。①

此外，兰德利在《创意城市指南》一书中也说过："当我们仔细地检视博物馆的特质时，会发现它是一处灵感源，让我们想起自己已然造就的视野、理想与抱负，并持续下去。"由此可见，博物馆本身就是让人领悟什么是包容、什么是多元化的场所，是尊重个性，尊重不同文化和亚文化样式存在的场所。这对于熏陶市民的人文精神，开阔他们的心胸和思维，有着重要的作用。更不用说博物馆里大量的艺术性展览，可以使市民在轻松愉悦的休闲中，得到一份艺术欣赏的美味佳肴，在潜移默化中提高审美品位。向勇等更明确指出博物馆对于创意产业的作用：

> 博物馆是创意城市核心文化的载体之一和城市定位的重要标志⋯⋯确定一座城市是否为创意城市，博物馆是其标志之一。⋯⋯博物馆是培养创意阶级的孵化器⋯⋯博物馆启则发创意阶级的成员拓展开发，以此提供机会，尝试、邂逅、发现，以及创新，成为培养创意阶级的孵化器。⋯⋯博物馆是激发创意人才工作创意的灵感源⋯⋯一个形式与规模合理的博物馆，就成了市民学习的课堂和提高社会群体文化素质的重要载体之一。博物馆把各种各样的特殊文化集中到比较窄小的范围之内，不仅是相当于一个实实在在的图书馆，而且可以通过有选择的标本和样品，使社会群体用作了解世界的一种方法、一种手段。⋯⋯博物馆是创意城市经济繁荣的助推器⋯⋯对于打造一个创意城市而言，博物馆的缺

---

① [美]刘易斯·芒福德：《城市发展史》，中国建筑工业出版社，2005年版，第572页。

席将是不可估量的遗憾。博物馆是创意城市的象征,也是理想生活的特征,它对历史和珍品的保持力,是创意城市的最大价值之一。①

因此,难怪相关学者在制定"上海创意人才聚集环境评价指标"时,文化基础设施状况是其主要考察的重点之一,包括博物馆和纪念馆每百万人拥有数、人均参观博物馆的次数等典型指标。② 下面让我们来粗略浏览一下世界各国的博物馆建设。

1990年,美国未来学家约·奈斯比特和帕·阿博顿妮合著的《2000年大趋势——90年代的十大趋向》一书出版,它提供了20世纪60年代以后美国博物馆事业的发展状况:从1965年开始,美国博物馆的参观人数从1亿人次逐年递增到5亿人次。纽约是美国的文化中心,有在美国占有重要地位的博物馆。其中,纽约大都会博物馆是美国规模最为宏大的博物馆,藏品十分丰富,全世界各个历史时期和各个地区的艺术品都可以在这里找到,被称为"世界艺术品的宝库"。在纽约,平均每万人拥有博物馆0.5座(一说0.3座),比例相当之高。美国的老工业城市克利夫兰,在20世纪70年代末经济衰落的情况下,提出了以文化为中心的"明天的克利夫兰"计划,修建了包括博物馆在内的集大学、剧院、音乐厅、体育场为一体的文化圈,有效地克服了城市病,获得了重新振兴。

北京奥运博物馆开放接待部主任刘秉鸿还这样指出了美国博物馆对"小市民"的艺术熏陶作用(限于篇幅,仅能摘要),对我们不无启发:

> 美国是一个移民国家,自身文化遗产并不多,但博物馆中艺术教育、对美的理解随处可见。……本来只是属于专家学者研究的高深范畴,却可以吸引那么多的青少年。例如大都会艺术博物馆的少儿教育项目,……不是讲授高深的艺术史与艺术理论,而是注重启蒙性、通识性和基础性——

---

① 向勇、周城雄编著:《中国创意城市(上):创意城市发展研究》,新世界出版社,2008年版,第178-186页。

② 参见易华:《创意人才和创意产业、创意城市发展》,中国物资出版社,2011年版,第128页。

根据少年儿童在不同的年龄阶段中不同的心理、兴趣与接受能力,提供藏品与展览的背景资料,挖掘藏品与展览之中趣味性、故事性的东西,使少年儿童对艺术、历史产生兴趣,留下一个初步的印象,为日后真正理解艺术、历史的内涵奠定基础。我感觉美国的艺术博物馆对青少年的审美教育并不是单纯的技能训练,……而主要是一种文化意义上的美术学习。这种学习,让青少年在博物馆中接近一流的艺术作品,引导他们学会体会、鉴赏艺术与生活中的美与丑,培养青少年审美的修养,增进他们人格的完善。①

伦敦的大英博物馆建于1753年,据说是世界上最大的博物馆。它是一座规模庞大的古罗马柱式建筑,气魄雄伟,十分壮观。馆内藏着不计其数的世界各地的文物,从埃及的木乃伊到中国商代的青铜器,应有尽有。迄今共藏有展品400多万件。该馆内容之丰富,文物之精粹,来源之广泛,种类之繁多,是其他博物馆所望尘莫及的。大英博物馆整日免费开放,任凭参观,这里无愧是认识人类社会的良好课堂。此外,伦敦的维多利亚与艾伯特博物馆所收藏的上万件织品,几十年来也不知启发了多少年轻一代的设计师。

巴黎有法国人引以为自豪的卢浮宫。它是欧洲最宏大的宫殿建筑群之一,与圣彼得堡博物馆、梵蒂冈博物馆并称为世界三大博物馆,是举世闻名的艺术宫殿和万宝之宫。迄今为止,它收藏有40多万件国内外主要的艺术珍品。现在的卢浮宫博物馆共分为六个部分:古代埃及艺术、古代东方艺术、古希腊罗马艺术、中世纪文艺复兴和现代雕塑艺术、绘画艺术、装饰艺术。每部分都是一个独立的博物馆。在这里,人们可以看到从古至今许多艺术大师的作品,从古埃及、古希腊、古罗马以及波斯帝国等东方文明古国的艺术品,到中世纪文艺复兴时期的代表作,特别是法国古典主义、浪漫主义、印象主义和现代派所有著名大师的作品,几乎全部收藏于此。卢浮宫的收藏就是一部活化的艺术史。每月的第一个星期日,卢浮宫都免费对外

---

① 刘秉鸿:《关于博物馆文化创意活动的几点认识》,载《北京文博文丛》,2015年第1期。

开放。每年9月的第二个周末,通过举办"文化遗产日"活动,法国的许多博物馆都可供免费参观。这些都为创意阶层和普通市民提供了丰富多元的闲暇方式,激发了他们的参与热情,进而繁荣了城市的文化,增强了社会凝聚力。

柏林墙倒塌后,东西柏林合二为一,德国人民期待一个全新的首都。但是在过去10多年的大兴土木中,人们还是不满意,怎样才能创造出一个真正崭新的柏林呢?答案不在市政建设,而在于文化魅力。一个城市的文化底蕴可以充分反映城市的品位。不论是从前的东柏林还是西柏林,都留下了宝贵的艺术遗产,至少包括3座歌剧院、17座戏剧院、17个国家博物馆和8个交响乐团。国家博物馆的总负责人舒斯特表示:博物馆是国家的遗产,柏林斥资修缮博物馆,就是将城市定位为艺术之都。柏林在两德统一后,真正掀起了一阵博物馆热潮。首先是将因城市分隔分散在东西柏林的收藏品聚集在一起。20世纪90年代,大约改建、扩建或兴建了20个博物馆。以往到柏林的人,是为了看柏林墙;今天,大部分则是为了参观博物馆。包豪斯博物馆、维特拉设计博物馆,尤其吸引着各个领域的创意人群。过去10年间,到柏林参观博物馆的人数由500万增加到大约1 000万,浓厚的休闲审美氛围使人深刻感受到文化的价值和力量,国民素质由此得到提高。

近年国内城市的博物馆建设,成绩也是令人骄傲的。北京、上海、南京、杭州等大城市都拥有了数量众多、质量较高的博物馆,并且大多实现了免费对市民开放。不过,随着民众需求的日益提高,大都市的博物馆建设仍需继续提高数量并提高质量。以上海为例,有学者指出:"目前,文化要素集聚还不够,尚未为文化创意产业项目的推进和实施营造出良好的市场环境和产业氛围。从文化公共设施占有数量上看,柏林人口是上海的1/5,拥有的电影院、剧院以及公共图书馆的数量却与上海持平,拥有的博物馆是上海的2倍。"[1]此外,"调查发现,公众对上海文化产品的多元化、创新性有较大的需求。如在文化遗产方面,公众提出博物馆的展陈形式保

---

[1] 范周、吕学武主编:《文化创意产业前沿——韬略:变革的力量》,中国传媒大学出版社,2008年版,第116页。

守、展览线路不精致、内容不够丰富,影响了博物馆的吸引力"①。

值得一提的是,不少中小城市在博物馆建设方面,倒是取得了令人刮目相看的成绩。例如江苏南通,是一座文化艺术灵气浓郁的历史文化名城。城市虽然不大,却建有不少特色鲜明的博物馆。在濠河之畔,有中国人创办的第一座公共博物馆——南通博物苑,它与南通中国珠算博物馆、张謇纪念馆、南通纺织博物馆、蓝印花布博物馆、南通风筝博物馆、南通城市博物馆、沈寿艺术馆、个簃艺术馆等十多家博物馆组成了"环濠河文博馆群"。按南通市区人口75万计算,平均每5万人就拥有1家博物馆。19世纪20年代,来访的外国友人就给南通留下了"中国的乐土""理想的文化城市"等文字记录。熠熠生辉的环濠河文博馆群,彰显出南通独特的文化魅力与风采,使之成为名副其实的"文博之乡"。又如四川省大邑县的安仁镇,有樊建川发起建设的"建川博物馆聚落"。它占地500亩,建筑面积近10万平方米,拥有藏品800余万件,其中国家一级文物425件,是目前国内民间资本投入最多,建设规模和展览面积最大,收藏内容最丰富的民间博物馆。难能可贵的是,聚落中还具有丰富的审美元素。例如,各馆均延请全球范围的著名设计师进行建筑设计,使场馆本身成为艺术品。博物馆周边环境优雅,绿化宜人,富于田园气息,各种富于视觉冲击力的雕塑遍布其中。不过今年笔者慕名实地走访建川博物馆聚落时发现,参观游客寥寥可数,而紧邻的刘氏庄园却终日宾客盈门,车水马龙。这也更说明了市民的文化生活和审美品位需要引导。

此外还需一提的是大学博物馆建设。西方不少大学都拥有世界一流的博物馆,而且对社会开放。这无论对创意阶层还是普通市民来说,无论对工作还是业余生活来说,都是求之不得的。比如美国加州大学伯克利分校,它的艺术博物馆包括11座展览大厅、一个雕塑园、一家书店和太平洋电影档案馆等,每年吸引大约25万人来参观这里展出的3 000多件绘画、摄影和印刷艺术品等。该馆有不少世界名画,此外有关挂轴、屏风、扇子等的亚洲艺术收藏也是全美最好的同类藏品之一。

---

① 王慧敏、王兴全主编:《上海文化创意产业发展报告(2015—2016)》,社会科学文献出版社,第205页。

太平洋电影档案馆收藏 6 000 多部影片（其中相当大的比例是外国电影），是电影展览及研究的世界性资源库。目前我国大学博物馆也有数十家，如清华大学艺术博物馆、中国传媒大学广告博物馆、中央民族大学民族博物馆、首都师范大学书法文化博物馆、沈阳理工大学兵器博物馆、辽宁中医药大学博物馆、山东大学博物馆、四川大学博物馆、苏州大学博物馆、上海交通大学董浩云航运博物馆、上海师范大学博物馆、上海戏剧学院戏曲博物馆、厦门大学海洋博物馆，等等。其中不少都是近年开始着力建设打造的，这是非常可喜的事情。不过，有些校园博物馆某种程度上还停留在"装点门面"的阶段，没有充分发挥其社会作用。例如中国药科大学江宁校区的药学博物馆，笔者想要参观时，却被告知平时不开门，仅供上级检查时开放，这就大大削弱了其服务社会、熏陶民众的功能。

第四节　博览业改变未来：创意与体验

最后要单独提及的，是博览业对市民在休闲与审美方面的作用。博览业应看作展览业中的一种形态，即规模庞大、内容广泛、展出者和参观者众多的展览业态。它在提升市民的休闲方式与审美素养方面，可以起到积极而独特的作用。博览业对于市民而言，在本质上是一种学习和教育，但它又不同于一般的正规教育。"博览业既存在学习的属性，又存在休闲的属性。……博览业与正规的教育业的主要差别在于……一般说来，没有学习成绩考核的要求与压力；……一般说来，没有必须聚精会神接收知识与信息的要求与压力，所以心情比较放松；……博览活动属于一种文化知识型休闲。"① 因此，作为一种非正规教育，博览业对于开启民智、开阔视野、激发创意，有着重要作用。

博览业涵盖甚广，其内容不但与文化艺术有关，还广泛涉及农业、工业、生物、医药、建筑、军事、航空等各个行业；其展示空间不但包括博物馆，还包括会展、主题

---

① 振中、陈运发、李乃治：《博览业，改变未来》，西南财经大学出版社，2013 年版，第 39 - 41 页。

公园、植物园、动物园、水族馆、科学馆、博览园,等等。博览业借助产品的陈列,将原属于不同历史时期、不同地域空间的物品汇集起来,呈现了一个具有魔力的审美时空。"博览会……提供了一个绝佳的视觉化空间,……尤其是一些国际化的展会,……不同的文化从物质的汇集中展现出来,并强调其'异域'的特质,从而呈现出多样化的、丰盛的壮观场景。"①在全球各地举办的世界博览会上,观众动辄上百万、上千万人次,故而是培养民众休闲、审美品位的绝佳方式。

博览活动和参观博物馆相比,主要差别就在"体验"二字。"体验"一词看似简单,实则大有深意。在西方哲学史上,"体验"是作为理性的对立面出现的。它是一种新的思维方式,是对理性主义哲学惯用的逻辑思维方式的一种反抗。它不以逻辑的观点看世界,而以内在的心灵体悟世界。体验本身就是目的,而不像理性方式那样主要是谋取外在目的的工具和手段。审美体验作为一种诗化的生活方式,它的神圣使命就是要改变人们的生活态度、生活信仰和生活情感,不断拓宽人类精神生活的领域,以抑制工具理性和经济理性过度泛滥所导致的生命体验的萎缩,把人类从狭隘的功利主义、放纵的物欲中解放出来。正如周膺先生所言:

> 体验经济和体验城市便成为后现代的必然选择。②
> 也可说,后现代城市是体验城市、审美城市。体验城市能激发城市人的情感认同和文化想象,丰富其创造性感受。③

参观博物馆多半是隔着玻璃橱柜的视觉欣赏,是一种参与性和体验性较弱的静态活动。而博览业在体验上则更加直观丰富,除了"看"以外还可以"听""闻""尝""触摸""制作",乃至全方位地尝试、参与和体验。正如有学者所指出的,博览

---

① 向勇、周城雄编著:《中国创意城市(下):中国创意城市理论与实践》,新世界出版社,2008年版,第181页。
② 周膺:《后现代城市美学》,当代中国出版社,2009年版,第81页。
③ 周膺:《后现代城市美学》,当代中国出版社,2009年版,第83页。

会"通过多样的消费刺激方式,人们体验到了娱乐和休闲的快感"①。显而易见,发展以博览业为代表的体验项目,可以为文化创意产业提供良好的外部环境。当博览业发展成熟时,民众能通过它轻松愉快地学到许多新的知识,增加许多全方位的审美经验。熏陶日久,这些不同的体验会形成对大脑的有力冲击,有利于带来新的思考。正如美国学者阿尔弗雷德·海勒(Alfred Heller)所言:"博览会最珍贵的遗产是留在人们脑海中的记忆以及这些记忆中闪现的智慧,它们是难以磨灭的。"②也正如当代业内学者所言:"新事物往往能给人强烈的刺激,这种新的冲击又往往会启发人们去思考,并且影响着感受者的人生态度。举例说,关于服装的博览项目能给服装设计师新的灵感;工业设计博览项目如各种博览会能给工业设计师新的灵感;科技主题的博览项目往往会让博览者更加关注和信仰科学(尤其是小孩子们);医药养生方面的博览项目能指导人们做好保健养生,……文化体验项目往往会增加人们对美的思考和对自己生存状态的反思。"③

1851年,英国维多利亚女王的丈夫阿尔伯特公爵亲自督办了世界上首次公开的国际性的博览会——万国工业博览会,该会被认为是现代博览业的开始。展览期间,宏伟壮观的会场"水晶宫"内挂满万国彩旗,参观人流摩肩接踵,各种工艺品、艺术雕塑琳琅满目、目不暇接。人们惊奇地观看来自不同国家的发明、珍奇和不同产品。据统计,当年共有超过600万人次参观了首届世博会,这也极大地刺激了人们的创意思维。此后,世博会每隔几年就在世界各地召开一次,我国昆明和上海也在分别在1999年和2010年承办过世博会。

事实上,我国在1929年民国时期就举办过举世闻名的杭州西湖博览会,并一直延续至今。"西湖博览会……将杭州城市中的重要标志'西湖'作为品牌和象征,极其有效地突出了杭州的文化特色,同时,通过艺术、农业、丝绸等主题展览,西湖

---

① 向勇、周城雄编著:《中国创意城市(下):中国创意城市理论与实践》,新世界出版社,2008年版,第182页。

② 阿尔弗雷德·海勒:《文明的进程:世博会的发展与思考》,吴惠族等译,上海科学技术文献出版社,2003年版,第24页。

③ 振中、陈运发、李乃治:《博览业,改变未来》,西南财经大学出版社,2013年版,第89-90页。

博览会充分展示了精致、温婉的江南文化。"[1]可见其在休闲、审美方面对大众所起到的熏陶作用。此外,苏州举办过丝绸国际博览会,杭州举办过世界休闲博览会,上海举办过国际服装服饰博览会,昆明举办过国际石博会,泸州举办过酒业博览会,等等。以上博览项目,都具有较强的休闲与审美特质,对开启民众的创意思维帮助极大。此外,北京的世界公园、昆明的世博园、深圳的世界之窗、长沙的世界之窗等,都是我国当代博览业的成功范例,参观者终年络绎不绝,证明了其受欢迎的程度。这些常设的博览空间,无疑很好地助推了当地创意产业的发展,形成了创意思维的良好环境。因此,大力发展博览业,是营造创意城市,改变未来面貌的一条可行途径。

---

[1] 向勇、周城雄编著:《中国创意城市(下):中国创意城市理论与实践》,新世界出版社,2008年版,第183页。

结　语
休闲、审美的创意之境

最后，在本书即将结束之前，为方便读者抓住要领，笔者对全书做一总结。主要是浓缩各章大意，提炼出一些核心观点。此外，每章均有一些重要而零散的内容，因章节结构设置的限制而未能纳入正文中，也于此一并补充论述。

首先，我们要再次明确：在创意时代，创意产业就是最有发展前景的产业。城市的发展应该抓住机遇，为创意产业提供发展的广阔空间，以吸引创意阶级，从而促进一个地区和城市的经济繁荣与增长。关于创意环境的研究，早期强调信息的有效传递、源于市场的竞争能力，后来开始强调多样化的环境因素，以及人在创意环境中所需要的便利性；近些年来则是系统地强调创意环境需要人与自然环境的和谐共处，以及营造具有包容性的社区环境，等等。故而，这是一个开放性的研究课题。不过从上述总体趋势也可以看出，人文优先、以人为本、包容开放的理念得到越来越多的重视。杭州市社科院的周膺先生说得好："创意蕴含很深的人文精神，它们赋予商品观念价值，以文化引导消费，追求人的创造性和消费需求的独特性，具有智能化、特色化、个性化、艺术化和人性化的特征，本质上是一种精神生产。这种属性和特征决定了其发展必须依赖于人文环境的建设。"[①] 也正如北京师范大学文化创意产业研究院肖永亮教授所言："文化创意产业成长要素除了艺术天分和技术实力，还需要包容的环境。汇集艺术天分的创意阶层，他们成长的环境必须是

---

① 周膺：《后现代城市美学》，当代中国出版社出版，2009年版，第203页。

人文茂盛的环境……发展文化创意产业的先决条件是,如何去营造一个充满人文关怀的文化创意环境。"[①]

关于人文环境的塑造,本书具体从休闲与审美两大角度进行了讨论。本书第一章所要表达的就是:休闲自在的状态可以使人更好地激发创意灵感,而创意者能否自由自在地工作和生活,体现了社会的包容性。佛罗里达认为,创意阶层培育与社会宽容度紧密相关。创意人才是否选择某个地区来创意,与这个地区的社会宽容度有很大的关系。自由的氛围是孕育创意的基础,没有一个自由思维、自由表达和自由讨论的环境,创意思维就会被压抑,就没有发展的机会。根据佛罗里达的理论,创意阶层往往喜欢到具有科技、人才和包容性的创意城市里聚集、生活;一个国家或地区越包容或开放,对人才就越有吸引力,往该处流动的创意人才就越多。而且随着物质生活的日益丰富,人们对工资等经济条件的关注度降低,但对城市的音乐、艺术等人文环境,气候、湿度以及绿化等各种城市生活便利条件的需求会越来越高。一个城市在交通、餐饮、娱乐、休闲、艺术和体育等方面得到这些,高素质的劳动力也会紧跟而来,在城市里聚集。无论是纽约、巴黎,还是伦敦、米兰、东京、悉尼、墨尔本等国际知名的创意城市,都具备创意人才所喜欢的多样性程度高、宽容度强、富于国际化、休闲设施齐备的都市环境。我国要想发展创意产业,就必须积极营造适宜创意人才工作和生活的城市环境,进一步提高城市的多样性和宽容包容能力,并加强城市便利性设施建设,从而吸引和留住创意人才,催生更多的创意企业,实现我国文化创意产业的跨越式发展。

我国学者易华从具体方面提出,创业型大学是创意城市的基础设施,是培养创意人才的摇篮,它也需要包容的文化。他呼吁给予大学"制度建设上的包容":

> 要形成学者化的制度。在制度建设上,大学制度应该是学者化、学术化、网络化的制度,而不是行政化、官本位、科层制的制度。为此,大学应

[①] 肖永亮:《创意环境与"人文北京"》,载《论北京文化产业发展——2009北京文化论坛文集》,2009年,第33页。

该制定有利于创造性活动的政策,而不是有利于重复性活动的政策;对知识分子成绩的规划、实施与评估应该是质量导向的,而不是数量导向的;应该是有时间弹性的,而不是时间刚性的。国内的大学制度,当前是有利于当官而不是做学问的,在当官作为价值取向的情况下是不可能期望学者们在学术上全力以赴的。[1]

本书第二章重点讨论了与包容有关的多元文化问题。多元文化主义(Multiculturalism)是20世纪50—60年代出现的一个术语,因不同领域的不同用途而有着不同的内涵,它"既是一种教育思想、一种历史观、一种文艺批评理论,也是一种政治态度、一种意识形态的混合体"。正如兰德利的"城市创新资源构成矩阵"图里所描述的那样:社会文化的多样性可以促进人与人之间的交流和学习,而社会人口的条件也会影响城市的创新能量。多元化社会往往有忍让的传统,善于抓住机会,促进城市的创新活力。从城市发展的历史来看,外来移民(其他城市和外国的移民)在创新城市的形成过程中可发挥重要作用。他们的技能、智慧和文化价值都可以给城市带来新的想法和机会。佛罗里达也认为:创意城市是富于多样性,市民态度宽容、开放且有多种生活方式可供选择的城市。他通过研究证明了包容和多样性有利于一个地区高科技的集中和成长。有才干的人喜欢到开放和具有容忍度以及能提供生活质量的地方去。一个地方越是多样性和多元化,对他们越具有吸引力。能吸引这些创意人的地方可以吸引公司和产生更多的创新,从而实现当地经济的良性循环。正是城市人口流动的开放性和人群的多元性,才保持了这些城市的勃勃生机和创新精神。

的确,试想如果美国没有多元文化,如果没有对中国文化的吸纳,怎么能创造出像电影《花木兰》《功夫熊猫》这样风靡世界的创意产品?从《哈利·波特》到《指环王》,再到《阿凡达》,许多国外畅销的文化产品,都有个共同性,那就是创意人才利用各种不同的传统文化资源,重新建构或者再造一个新的文化样式,推动了当地

---

[1] 易华:《创意人才和创意产业、创意城市发展》,中国物资出版社,2011年版,第207页。

产业和经济的发展。多元文化对于创意产业来说，可说是至关重要的。《孟菲斯宣言·纲领》的第六条简洁有力地宣称要"抵制单一文化与同一性"。易华在《创意人才和创意产业、创意城市发展》一书中，呈现了一套适用于上海创意城市发展的评估指标。其中，"包容环境"位列该指标体系的三大方面之一，"城市开放"则是"包容环境"的两指标之一。反映城市包容性的两个硬件指标，分别是"国际旅游入境人数"和"外籍人口与常住人口比例"。这些都反映了宽容与多元文化对于创意产业的关键影响。

总之，宽容的社会、文化环境等非正式制度代表了一种正能量的外部性，它给创意和创新活动提供了平台。"文化上的包容性体现了国际大都市在价值观、体制上的宽松，兼容的文化追求和文化环境的良好氛围，是吸引各种文化思潮、各类人才的重要条件。"[1]钱志中指出，从1995年新加坡政府明确表达要将新加坡建设成为"全球艺术之都"至今已经二十多年，新加坡远未获得与纽约、巴黎、伦敦这些国际文化大都会平起平坐的声名。他不否认文化基础设施的投入为新加坡文化创意产业的发展营造了良好的外部环境，新加坡的艺术教育与艺术培训、人才引进与国际交流等方面也做得很好。"然而，新加坡自身的资源劣势、多元文化政策对艺术表达的戕害以及软集权政治统治对艺术创作环境的束缚都构成'全球艺术之都'的制约瓶颈。……新加坡的软集权治理模式某种意义上则对文化创意产业的发展套上了紧箍咒。政府对宗教、族群以及激进主义的政治过敏有意无意地延伸至艺术的创意表达……戏剧导演、剧艺工作坊艺术总监王景生在谈及他为什么大部分时间不在新加坡居住时说，'这块土壤还缺乏足够的活力去激励艺术的、创意的敏感性'。"[2]倘若诚如所言，则当今世界呼唤创意产业的宽容、多元环境仍有很大的现实意义。

第三章探究了城市休闲空间的设想、打造问题。汤姆·坎农在"首届世界大城市带发展高层论坛"上说过：为了发挥每个人的才能，就要提供好的生活条件，包括

---

[1] 范周、吕学武主编：《文化创意产业前沿——韬略：变革的力量》，中国传媒大学出版社，2008年版，第104页。

[2] 钱志中：《"全球艺术之都"：新加坡创意产业发展战略检讨》，载《江苏社会科学》，2016年第6期。

便利的交通,以及摇滚乐、足球等娱乐。在这方面,加拿大的例子尚可补充。早在20世纪50年代,温哥华和维多利亚就将原本以工业用地为主的规划改为以居住、休憩和混合用地占主导地位的规划新格局。从20世纪70年代始到80年代末,加拿大滨水地区往日的工业区都改造为公共休闲娱乐区。如多伦多的当斯维尔空军基地,撤销后建成了新型城市公园,公园中原有的巨大飞机库和储藏室被改造成供文化和娱乐休闲之用,命名为"文化校园"。建于1832年的古德汉—沃兹酿酒厂改建成多伦多艺术、文化和娱乐中心。故而,有人将"城市的社区建设以人们的舒适休闲为宗旨"列为"加拿大创意城市建设的特色与经验"之一。[①]

目前,城市休闲空间打造还存在两大问题。一是将休闲空间做狭隘化理解。一些行政管理者简单地认为休闲就是消费和购物,因此目前众多城市争相打造大型休闲购物场所。但对于创意城市来说,休闲消费决不能简单地等同于购物,而应当注意能够在某种程度上激发人们的意志、知识、责任感和创造能力的自由发挥。因此,休闲设施绝非建设几个大型"购物广场"所能了事,而应多打造类似南锣鼓巷文化社区这样的具有文化氛围的休闲微空间。二是城市中一些低价位的休闲场所,环境差、服务质量差、治安条件差、服务内容低俗,不能给创意阶层以舒畅和美的享受。因此,整治低俗、脏乱的休闲空间,也是创意城市所必须做到的。

第四章涉及自然审美对形成创意环境的作用。这里需要强调的是,改善创意城市生态基础设施状况,提高人均公共绿地面积等都是吸引创意人才的重要举措。不少城市虽然在这方面有所行动,但水平和境界仍有高下之分。例如四川省社会科学院研究员万本根等指出这样的现象:"杭州的房屋建设营造了很好的环境,很值得借鉴。新建的向西延伸的天目山路两旁绿化极好,前是灌木花草,后是高树浓荫;树木花草的品种、色彩多样组合,错落搭配,极富艺术性、观赏性,而高楼隐蔽在花木扶疏的后面,楼与楼之间又有较大的绿化空间,可称得上是住下就不想走的地方。再看成都,在公路、街道边常常简简单单地栽几棵树就了事,对比杭州真叫人

[①] 参见王克婴:《多元文化视角的加拿大创意城市的形成及发展》,载《北京城市学院学报》,2011年第2期。

望尘莫及!"[1]

彼得·霍尔认为,21世纪真正的创意城市是多方面领先的,且建立在艺术和技术的融合之中。[2] 基于此,第五章主要讨论了艺术审美与创意环境的关系,首先涉及建筑艺术。佛罗里达指出创意阶层具有的特征之一是:对城市生活的便利条件(Urban Amenities)需求较高。而爱德华·格里则认为城市便利性所包括的条件之一便是:由优美的建筑和城市规划等形成的良好城市外观。建筑是城市的主体,城市中各种造型的建筑是构成城市个性的重要因素。它是一定时期文化的特征,代表一定地域的民风习俗和审美情趣。随着历史前进的步伐,我们越来越认识到,建筑除居住之外,还必须满足民众审美的精神需要。正如曹诺在《建筑与艺术文化和美学》一文中所指出的:"实用"和"经济"是建筑的物质首要条件和实质内容,而"美观"则是通过基础实质表达出来的建筑艺术形式。城市建筑是城市外观形象的直接展示,不能千人一面。

表演艺术的氛围对于创意也同样重要。2004年"全球创意城市网络"项目共设立了七种类型供申请,其中"设计之都"相关要求(共6条)中的一条就是:"城市在历史上和现在拥有较有影响力的音乐流派、音乐学校、音乐专业的学术机构以及音乐方面的高校研究所。"在伦敦,创意产业的艺术设施占了全国的40%,由此集中了全国90%的音乐商业活动,堪称此方面的一个很好例证。此外,文学艺术情调亦不可或缺。全球创意城市网络的"文学之都"相关要求(共7条)中的一条就是:"有一个可以让文学、戏剧和诗歌发挥完整作用的城市环境。"因此,要打造创意城市,必须大力保护、传承既有的城市艺术传统,并使其在当下生活中发挥作用,让缪斯的琴声洒满城市的角落。

第六章从创意产业集群(园区)的角度来看创意环境。创意产业的发展并不仅是个人和单个企业的行为,而是需要企业的地理集聚和集体的互动,这就是集群的环境。在创意园区中,文化企业、非营利机构和个体艺术家要实现频繁的互动,就

---

[1] 万本根、钱玉趾:《成都:劳作与生活相统一的"休闲之都"》,载《中华文化论坛》,2009年第2期。
[2] 褚劲风等著:《创意城市:国际比较与路径选择》,北京大学出版社,2014年版,第36页。

有赖于一种稳定的社会关系网络,即一个让大家互相信任、互相开放、宽松自由的社会空间。这样的精神空间,也被称为"硅谷氛围",即在集群范围内人们之间可以自由地交谈,可以边喝茶边工作。构建这种愉悦的氛围,可以激发创作灵感和工作热情,提升整个集群的素质。此外对创意阶层而言,园区常常既是工作的地方,又是生活的地方。因此既需要有文化生产和展示的工作环境,又不可缺乏娱乐体验与消费的生活情调。考虑到这种特殊性,园区需要有一定数量的酒吧、咖啡厅等休闲娱乐设施。此外,创意产业不是一个只要花费时间就能成功的产业,它需要人与人之间通过互相交流自己的想法,从而产生能付诸实施的"创意"。而室外环境能给人无所束缚的感觉,这点是室内环境无法替代的。因此,在创意产业园的整体设计中,室外休闲交流区是一个不能忽视的因素。这种室外休憩、娱乐空间可以是多种形式和规模的,小到建筑周边空间的麻将桌、露天茶座、露天卡拉OK,大到园区中的中心广场、运动场、露天舞池等都在其列。

  程颖尤其指出:在街道空间的边界塑造可坐的设施意味着为园区外部空间活动创造更多的可能,当坐的可能存在时,空间将会有更持续的行为发生,这里的行为主要指带有休闲性质的自发性行为。可坐的边界对于旧厂区街道空间的魅力提升有着很大的帮助,相关的失败案例有:北京798园区街道周边的若干建筑边缘领域空间缺乏坐的设计,难以促成使用者的逗留。上海M50创意园区,其街道空间中橱窗丰富,界面多样,但也没有休憩的设施。上海同乐坊中的建筑周边空间因为无坐具而无法吸引人群休憩娱乐。上海老码头艺术区的某处绿地空间,草坪中无可参与的铺地或设施,空间周边也缺乏坐具的布局,使得绿地空间只可观赏而无法进一步逗留。南京创意东8区的空间设计营造了强烈的亲和力,不足的是缺乏一些座椅设施的布置。① 程颖还指出其他一些细节问题:

  在空间的更新布局中,还应当注重桌椅、雕塑、遮阳伞、垃圾桶等设施

---

① 参见程颖:《依托旧厂区的创意园区外部活动空间营造研究》,北京建筑大学硕士学位论文,2014年,第64-84页。

的布局,为园区使用者提供适宜休憩交流的人性化空间。同时建筑边缘空间最好能位于园区中能看到丰富多彩的活动的位置,增加空间在园区中的易达性,带动空间的人气,同时满足使用者对"人看人"的心理需求。

建筑边缘领域空间经过优化布局可以增加旧工业建筑的亲和性,使原本严肃沧桑的工业氛围人性亲和化,缓解街道空间与建筑的过渡,同时也可以使得建筑内部功能得到外延,展现园区的消费文化与休闲功能。同时,若在边缘领域空间中加入音乐的播放以及灯光的照射,则更能带动空间的氛围,增添艺术气息与空间活力,突出创意园区的城市开放性特色。①

顺带指出,创意园区中的自然景观设计,也应是本书所讨论的内容。但限于时间、篇幅和结构体例,本书无法详细讨论,这不能不说是个遗憾。不过一些相关论文(如王紫茜的《南京创意产业园工业遗产地景观保护与再利用研究——以三个实例为例》、程颖的《依托旧厂区的创意园区外部活动空间营造研究》等)中涉及此内容,读者可以参看。

第七章讨论了工业遗产与创意园区的关系,指出利用工业遗产打造创意园区这一可行途径,并简述了相关案例。这里首先需要补充的是,旧工业建筑的保护问题主要是认识不到位,保护不得力的问题。例如耿创不无忧虑地指出:"旧工业建筑几乎在全国各城市均被大量地拆除。但工业建筑拥有很强的使用价值、历史价值、艺术价值等,同时对节约能源和维护城市的多样性与城市活力具有不可替代的作用。"②他还以成都为例指出:

成都地区无论是官方还是民间在对旧工业建筑的认识水平上还和国

---

① 程颖:《依托旧厂区的创意园区外部活动空间营造研究》,北京建筑大学硕士学位论文,2014年,第80页。
② 耿创:《基于旧工业建筑改造的创意产业园的设计研究》,西南交通大学硕士学位论文,2010年,第112页。

内外发达城市存在着较大的差距。成都首先需要在官方层面上提高对旧工业建筑的认识,……

成都东郊工业区工业建筑拥有丰富的空间形态类型,各个历史时期的工业建筑及其空间特色有着明显的多样性,特别是在新中国成立后的"一五""二五"期间的旧工业建筑,具有重要的遗产和文化价值。因此,在许多具有重要意义的旧工业建筑被拆除的今天,对现有或今后出现的旧工业建筑加强保护显得尤为重要。[①]

此外,第七章正文中未能对打造中的技术性审美问题进行深入分析,此处亦稍加补充。将工业遗产改造为创意园区,会出现两种审美类型。一种是采用修旧如旧的方式,尽量与原有形式相协调,以保存老建筑的美学风格;另一种是在改扩建中造成新旧形式的对比,反映出不同时期建筑设计理念和审美趣味的变迁。一般来说,若原有旧工业建筑具有很高的历史价值和美学价值,其改造多采用第一种类型。例如有人曾明确主张:"作为政府或开发商整体性开发的创意产业园,首先要从城市设计的角度考虑相关因素……对于历史价值或美学价值等较高的建筑,应限定在改造中挖掘建筑的历史价值,而不应随便改动建筑的造型。"[②]若原有建筑美学价值一般,缺乏明显特色,其改造多采用第二种方式。前者的例子有温哥华市中心的固兰湖岛园区,它保留了原有工业建筑,新建造的建筑也依然延续原有工业建筑的风格,使人感觉一脉相承。后者的实例更多,典型如瑞士伯尔尼三角巧克力厂房改造项目、上海"新天地"南里中的新建筑设计。这种改造方式既突出了旧建筑的原真性,又能形成不同时代审美特征的对话。

而在第二种方式的具体操作中,建筑师会选用一些新材料来区分过去与现在的关系,强调审美趣味和工艺技术的时代性,这样又会形成造型、质感、色彩等多个

[①] 耿创:《基于旧工业建筑改造的创意产业园的设计研究》,西南交通大学硕士学位论文,2010年,第105-107页。

[②] 耿创:《基于旧工业建筑改造的创意产业园的设计研究》,西南交通大学硕士学位论文,2010年,第109页。

层次的对比。建筑师在改造中扩建新空间,并将其形态故意与原建筑形成强烈对比,从而激发旧建筑成为一种活跃的生命状态。而在冷暖、虚实、明暗、粗细等方面与原先不同的新材料被运用后,也会产生极为丰富的造型语言。新材料的肌理和质感又会使人产生不一样的审美体验,形成质感对比。工业建筑的外观通常以红砖墙、砖墙抹灰等呈现,整体上是一种比较厚重、粗糙的质感。在改造中,建筑师会有意使用一些新的建筑材料(如钢材和玻璃等),营造轻盈、精致的质感,与原建筑形成鲜明的对比,以体现老房子重获新生的过程感。改造中还常用一些鲜艳的颜色与旧建筑的单一色调形成明显的色彩对比,为空间注入生命力。新材料的醒目色彩在外观灰暗的旧建筑环境中通常会显得格外突出,让乏味的旧工业建筑重新焕发出灿烂的光彩。这种"局部点彩"的视觉刺激所造成的心理感知,会大大改变人们对旧建筑破败的印象。如上海"8号桥"一期中,在入口广场处几栋建筑的处理上,建筑师用青砖墙面和玻璃体为素材进行立面重组,以加强虚实对比、新与旧的对比,使初入广场的人既能体会到老建筑的形式又能体会到新时代的气息。又如上海同乐坊艺术区,在更新设计中引入了大量的彩色钢材与玻璃,利用新旧对比的思维,结合多样化的旧厂房灰空间营造,打造了一片对比度极高的新园区。

此外有学者认为,"场所精神是一个旧工业区最重要的美学特质,应当予以保持,因此,其场所精神的连续性及其发展是城市旧工业区改造设计时最重要的着眼点"[①]。笔者对此颇为赞同。因此需要注意的是,无论是第一种还是第二种改造方式,作为一个更高的美学要求,园区都要努力做到延续原有工业文明的场所精神,以使得基于旧工业建筑改造而成的创意园能产生独特的、不同于新建园区的魅力,从而吸引更多创意人士的入驻和消费者的光临。

第八章从市民的角度,讨论了休闲观念与审美品位的提升问题。《孟菲斯宣言》宣称:"创意驻足于每个人的身边,无处不在。"发展创意产业,就是要动员全民

---

① 耿创:《基于旧工业建筑改造的创意产业园的设计研究》,西南交通大学硕士学位论文,2010年,第71页。

创意。培育普通民众的创意思维和意识，不但可以提高民众生活品质并赋予城市新的生命力，而更重要的是，可以直接壮大创意阶层，加快发展创意产业。而民众的创意思维在某种程度上依赖于休闲与审美的环境之熏陶。芒福德这样描绘中世纪城镇之休闲与审美对市民的熏陶作用：

> 中世纪城镇绝大多数都比19世纪建设的城市要好不知道多少倍。在中世纪城镇里，早晨你醒来会听到公鸡啼鸣报晓，屋檐下巢穴里小鸟在啁啾，或者郊外修道院里每个时辰传出的钟鸣，或者是城市广场上新落成的钟楼发出的钟声。①

芒福德暗示，在这种环境下创意也就很容易发生了："人们随意哼唱起歌曲，有修道士发出的单调的咏唱，也有街面上市场里民歌手们吟咏的歌词的回荡和声……还有学徒工和女佣边工作边唱出的小曲。"②因此，城市的管理者要尤其注意运用"街头文化"，培养市民的文化素养，让一个城市随处洋溢着艺术的气息。

从技术角度上来说，要提高城市基础设施和公共空间的艺术化、审美化。在公共服务设施和旅游设施的设计上，如高铁、地铁、轻轨、机场、车站、码头、街道墙壁、地下通道、旅游厕所、垃圾桶等，注重艺术元素的融入，使之成为审美熏陶的载体。上海在此方面走在了前面。如已经开展了数年的上海市"地铁文化周"活动，通过演艺、美术展览、群文活动、橱窗布置等多种多样的展示形式，将地铁空间艺术化、人文化。单是2014年，就相继有"印象莫奈专列""毕加索和张大千""大美中国——京昆折子戏戏曲人物画""列支敦士登特展"等10列文化列车上线，受到市民的好评。

段杰等也从技术手段角度提出："政府可实施'创意社区'计划，在公共场合利

---

① [美]刘易斯·芒福德：《城市文化》，宋俊岭、李翔宇、周鸣浩译，中国建筑工业出版社，2009年版，第56页。
② [美]刘易斯·芒福德：《城市文化》，宋俊岭、李翔宇、周鸣浩译，中国建筑工业出版社，2009年版，第56页。

用雕塑、绘画等艺术产品进行装饰，对市民社会文化进行引导。"[1]而就雕塑问题说开去，雕塑是城市艺术的一部分。好的城市雕塑既给市民以美感，也诱人深思，对创意氛围不无帮助。一个城市光有建筑美还远远不能达到所需要的效果，用雕塑来加以充实颇有必要。建筑可以表现宏伟、壮丽的气势，却无法直接表达思想；而雕塑却可以通过自身的造型艺术，把外部空间环境从一般的概念升华到具体和更深、更远的思想境界，从而激发市民反思生活和超越生活。目前，国内不少城市建设偏重于建筑而忽略了雕塑。甚至有人认为，"中国是一个没有城市雕塑传统的国家"[2]。西方的城市雕塑中有大量的经典性作品，如纽约的自由女神像、纽约联合国总部的打结手枪、新加坡的鱼尾狮、布鲁塞尔的小尿童、哥本哈根的小美人鱼日本长崎的和平祈祷像，等等。而我国目前的城市雕塑不太发达，很多城市要么没有雕塑，要么是政治性雕塑较多，艺术性雕塑较少。很多城市的雕塑式样雷同，堪称经典的雕塑屈指可数（其中笔者比较欣赏的有兰州的黄河母亲雕塑、三亚的鹿回头雕塑等），大型城市雕塑更是少而又少。目前比较知名的有哈尔滨市松花江畔的雕塑长廊、青岛市东海岸25华里的雕塑长廊，以及长春世界雕塑公园等。我们要从提高市民审美教育的高度出发，多为城市增添更多的优秀雕塑作品。

总之，"发展创意产业和创意经济不仅离不开创意者的创新意识和创新行为，更需要营造适合创新意识萌动和创新行为实现的良好环境"[3]。只有坚持"以人为本"，创造宜人、宜居、宜发展的良好环境，促进人才的创新发展，才能为文化产业带来巨大的效益。佛罗里达提出要为创意人才提供舒适、安全、生态的人居环境，丰富的文化设施和城市公共生活，富有特色而又精致的城市建筑和空间，自由畅通的信息网络等。我国某业内人士也总结指出："创意阶层的生长需要创意环境，真正

---

[1] 段杰、朱丽萍：《城市创意产业园区空间演化与集聚特征及其影响因素分析》，载《现代城市研究》，2015年第10期。

[2] 向勇、周城雄编著：《中国创意城市（上）：创意城市发展研究》，新世界出版社，2008年版，第74页。

[3] 邓文君：《数字时代法国文化创意产业的创意环境构建研究》，载《深圳大学学报·人文社会科学版》，2014年第6期。

能够孕育出创意人才的是一个整体的创意文化环境,是发达的经济体系、便利的生活条件、顺畅的交流网络、开放多元的文化氛围、悠久的历史文化传统或现代的独特文化风格等一系列因素的组合。"[①]简言之,主要就是休闲与审美两大问题。而"创意环境的培育要注意关心和解决那些深入人心的细节问题"[②]。基于以上宏观性考虑,本书正是一部探讨如何为创意产业营造良好环境的著作,尤其旨在从休闲与审美两大方面,针对具体细节来探寻可行之途径。愿它能为方兴未艾的创意事业贡献绵薄之力。

[①] 于霞:《从创意环境谈我国创意阶层的形成》,载《广东社会主义学院学报》,2010年第4期。
[②] 肖永亮:《创意环境与"人文北京"》,载《论北京文化产业发展——2009北京文化论坛文集》,2009年,第34页。

后　记

从接受写作任务到最终完成书稿，差不多两年时间下来了。首先得感谢本套丛书的主编、我的博士生导师潘立勇教授。潘老师是美学界的前辈，又是我国当代休闲学的较早开拓者。这套丛书由潘老师主编，对他来说真是恰如其分、胜任愉快的事情。

我虽然在博士阶段攻读美学，但由于老师的原因，对休闲学也加以了充分的关注，并在毕业后继续从事相关研究。迄今为止，我发表了与休闲学、休闲美学相关的论文40余篇，主编了论文集《云南省第八届社会科学学术年会文集·休闲美学与"美丽云南"建设》《休闲评论·第八辑》《民国休闲原理文萃》《民国休闲实践文萃》《民国休闲教育文萃》，出版了专著学术专著《陆游休闲哲学研究》。

潘老师是性情中人，他倡导"曾点之乐""舞雩风流"的境界，反对虚伪和僵死无趣的作风，赞赏庄子、王阳明那样的真率和洒落。故而在生活中，我们这些弟子所感受到的是他和蔼可亲、充满情趣的一面。但同时，潘老师对学术又是非常严谨的。组织本套丛书以来，潘老师一直不辞辛劳地关注着每位作者的写作动态，并在深圳召开了两次统稿会，对出书的每一环节都严格把关。我在本书一开始的提纲设置方面做得不尽理想，反反复复修改了六次。而潘老师也详细认真地给我改了六次，每次都提出重要而中肯的意见。

潘老师对我的学业、工作一向提携有加，这次又将如此重要的任务交给我，使我必须以"君子耻其言而过其行"的态度认真完成。为此，除了搜寻并参考大量的文献资料之外，我还特意实地走访了一些国内城市的创意产业园，亲身感受、体验、比较国内相关情况的高下得失,由此避免了闭门造车的主观想象和臆断,形成了较为真实可靠的论述和一些独到的想法,希望这些见解能对读者有所启发。

本书最终得以完成,还要感谢我的妻子宋丽娟女士。她也是高校老师,身担着教学和科研的重任。但为了能将宝贵的时间留给我写作书稿,她主动负担了绝大部分家务和照顾孩子学习生活的重任。对此,怎一个"谢"字了得!本书在写作过程中,还不时和《中国社会科学》编辑部的俞武松编辑、杭州师范大学的朱璟师弟当面或通过邮件、电话一起讨论,获益匪浅。在此也向两位同仁致谢!

创意产业是目前全球的朝阳产业,潜力和效益巨大。创意产业与其他产业不同,它反对教条、成规的灌输,而崇尚自由的思想与创造。尽管我目前并不直接从事创意产业,但我希望能以本书加强民众对它的正确认识。愿我们的思维都能够自由无拘地翱翔,而不是在地面上爬行。

不知不觉,春节又即将来临。"及时当勉励,岁月不待人。"愿我国的创意产业迅速迎来突飞猛进的春天!

章　辉

2020年2月1日于沱江畔

参考文献

【中文著作类】

[1] 向勇,周城雄.中国创意城市(上):创意城市与发展研究[M].北京:新世界出版社,2008.

[2] 莫健伟,崔德炜.文化创意空间:艺术与商业的集聚与融合[M].北京:社会科学文献出版社,2012.

[3] 马谊妮,姜芹春.休闲旅游与休闲型旅游目的地研究[M].昆明:云南大学出版社,2013.

[4] 聂聆.中国创意产业贸易发展研究[M].北京:人民出版社,2015.

[5] 中国标准化综合研究所.中国标准行业分类[M].4版.北京:商务印书馆.2002.

[6] 王颖.城市社会学[M].上海:三联书店,2005.

[7] 傅才武,徐启彤.文化创意、产业融合和城市发展:2014年长江文化创意设计与相关产业融合发展学术研讨会文集[M].北京:中国社会科学出版社,2015.

[8] 王慧敏,王兴全.上海文化创意产业发展报告(2015—2016)[M].北京:社会科学文献出版社,2016.

[9] 楼嘉军.休闲新论[M].上海:立信会计出版社,2005.

[10] 罗伟.闲雅与人生:休闲的伦理学考察[M].北京:经济日报出版社,2008.

[11] 胡适.中国文化的反省[M].上海:华东师范大学出版社,2013.

[12] 易华. 创意人才和创意产业、创意城市发展[M]. 北京：中国物资出版社，2011.

[13] 向勇. 中国创意城市（下）：中国创意城市理论与实践[M]. 北京：新世纪出版社，2008.

[14] 鲁迅. 中国小说史略.[M]. 南宁：广西人民出版社，2017.

[15] 何其聪. 融汇创意的力量：中国文化产业精选案例研究[M]. 北京：中国书籍出版社，2012.

[16]《百家讲坛》栏目组. 建筑不是房子[M]. 北京：中国人民大学出版社，2006.

[17] 叶敏. 中国休闲引领力[M]. 北京：中国书籍出版社，2014.

[18] 汪广松. 非物质文化遗产的创意价值[M]. 北京：中国社会科学出版社，2015.

[19] 苑利，顾军. 非物质文化遗产学[M]. 北京：高等教育出版社，2009.

[20] 黄永林. 从资源到产业的文化创意：中国文化产业发展现状评述[M]. 武汉：华中师范大学出版社，2012.

[21] 李仲广，卢崇昌. 基础休闲学[M]. 北京：社会科学文献出版社，2004.

[22] 宗白华. 宗白华全集（第3卷）[M]. 合肥：安徽教育出版社，1994.

[23] 李庆本，陈小龙，臧晓雯，等. 文化创意产业："北京模式"与"昆士兰模式"比较研究[M]. 北京：北京大学出版社，2015.

[24] 褚劲风等. 创意城市：国际比较与路径选择[M]. 北京：北京大学出版社，2014.

[25] 周膺. 后现代城市美学[M]. 北京：当代中国出版社，2009.

[26] 马惠娣，张景安. 中国公众休闲状况调查[M]. 北京：中国经济出版社，2004.

[27] 章辉，陆庆祥. 民国休闲教育文萃[M]. 昆明：云南大学出版社，2018.

[28] 范周，吕学武. 文化创意产业前沿——韬略：变革的力量[M]. 北京：中国传媒大学出版社，2008.

[29] 振中，陈运发，李乃治. 博览业，改变未来[M]. 成都：西南财经大学出版社，2013.

【中文论文类】

[1] 丁道韧,陈万明.创意环境差异与区域经济发展:以江苏省三大区域发展为例[J].华东经济管理,2013(6).

[2] 潘立勇,陆庆祥.中国传统休闲审美哲学的现代解读[J].社会科学辑刊,2011(4).

[3] 王娟,楼嘉军.城市居民休闲活动满意度的性别差异研究[J].华东经济管理,2007(11).

[4] 肖怀德.从"多元文化"到"创意台湾":台湾文化创意产业考察透视与案例研究[J].现代传播,2012(4).

[5] 钟志东.论宽容的社会治理[J].湖北广播电视大学学报,2008(1).

[6] 唐志学.宽容的社会环境对中国城市创意产业发展的影响研究[D].湖南大学硕士学位论文,2012.

[7] 李水山.宽容是文明的唯一考核[J].法制资讯,2008(9).

[8] 季羡林.放眼宇宙识文化[J].读书,1990(8).

[9] 王克婴.多元文化视角的加拿大创意城市的形成及发展[J].北京城市学院学报,2011(2).

[10] 邓文君.数字时代法国文化创意产业的创意环境构建研究[J].深圳大学学报·人文社会科学版,2014(6).

[11] 河流.英国馆:6万颗种子的想象力[J].中国报道,2010(4).

[12] 蒋小杰.列奥·施特劳斯的现代性理论探析[D].复旦大学博士学位论文,2013.

[13] 于霞.从创意环境谈我国创意阶层的形成[J].广东社会主义学院学报,2010(4).

[14] 王国华.文化创意产业集聚区经营理念探析:以北京宋庄原创艺术与卡通产业集聚区为例[J].北京联合大学学报·人文社会科学版,2009(2).

[15] 诸大建,黄晓芬.创意城市与大学在城市中的作用[J].城市规划学刊,2006(1).

[16] 郭谌达,焦胜.两宋都城东京和临安城市布局比较[J].中国科技论文,2015(19).

[17] 刘兰宇.唐代长安旅游文化研究[D].华中师范大学硕士学位论文,2014.

[18] 吴树波.宗教休闲的审美分析[J].社会科学辑刊,2011(4).

[19] 欧阳超英,魏丽.试析广告创意的游戏精神[J].民营科技,2010(4).

[20] 张纯等.地方创意环境和实体空间对城市文化创意活动的影响:以北京市南锣鼓巷为例[J].地理研究,2008(2).

[21] 程相占,阿诺德·柏林特.从环境美学到城市美学[J].学术研究,2009(5).

[22] 刘学,张敏,汪飞.南京市文化集群的特征与模式[J].现代城市研究,2007(11).

[23] 张志.中国十大休闲城市出炉:首届中国休闲产业经济论坛纪实[J].小康,2008(1).

[24] 鄂璠.十城市捧得休闲大奖[J].小康,2014(1).

[25] 郑丹华等.成都创意产业发展现状、问题及对策建议[J].北方经济,2011(5).

[26] 田骁祎.成都市文化创意产业园外部公共空间适应性研究[D].西南交通大学硕士学位论文,2017.

[27] 程颖.依托旧厂区的创意园区外部活动空间营造研究[D].北京建筑大学硕士学位论文,2014.

[28] 王紫茜.南京创意产业园工业遗产地景观保护与再利用研究:以三个实例为例[D].南京艺术学院硕士学位论文,2010.

[29] 彼得·拉茨.废弃场地的质变[J].孙晓春译,风景园林,2005(1).

[30] 潘瑾,李釜,陈媛.创意产业集群的知识溢出探析[J].科学管理研究,2007(4).

[31] 褚劲风,高峰.上海苏州河沿岸创意活动的地理空间及其集聚研究[J].经济地理,2011(10).

[32] 刘秉鸿.关于博物馆文化创意活动的几点认识[J].北京文博文丛,2015(1).

[33] 肖永亮.创意环境与"人文北京"[J].论北京文化产业发展——2009北京文化论坛文集,2009.

[34] 钱志中."全球艺术之都":新加坡创意产业发展战略检讨[J].江苏社会科学,

2016(6).

[35] 王克婴.多元文化视角的加拿大创意城市的形成及发展[J].北京城市学院学报,2011(2).

[36] 万本根,钱玉趾.成都:劳作与生活相统一的"休闲之都"[J].中华文化论坛,2009(2).

[37] 耿创.基于旧工业建筑改造的创意产业园的设计研究[D].西南交通大学硕士学位论文,2010.

[38] 段杰、朱丽萍.城市创意产业园区空间演化与集聚特征及其影响因素分析[J].现代城市研究,2015(10).

【外文译著类】

[1] 理查德·佛罗里达.创意阶层的崛起[M].司徒爱勤译.北京:中信出版社,2010.

[2] 柏拉图.柏拉图全集(第2卷)[M].王晓朝译.北京:人民出版社,2003.

[3] 亚里士多德.政治学[M].颜一,秦典华,译.北京:中国人民大学出版社,2003.

[4] 亚里士多德.形而上学[M].苗力田译.北京:中国人民大学出版社,2000.

[5] 马克思,恩格斯.马克思恩格斯全集(第46卷上册)[M].北京:人民文学出版社,1974.缺译者

[6] 刘易斯·芒福德.城市文化[M].宋俊岭,李翔宇,周鸣浩,译.北京:中国建筑工业出版社,2009.

[7] 黑格尔.美学(第1卷)[M].朱光潜译.北京:商务印书馆,1949.

[8] 马克思,恩格斯.马克思恩格斯全集(第3卷)[M].北京:人民出版社,1960.缺译者

[9] 房龙.宽容[M].张蕾芳译.南京:译林出版社,2013.

[10] 贝淡宁,艾维纳.城市的精神[M].吴万伟译.重庆:重庆出版社,2012.

[11] 霍尔巴赫.自然的体系或论物理世界和精神世界的法则(上卷)[M].管士滨译.北京:商务印书馆,1977.

[12] 罗素.罗素论幸福[M].傅雷译.北京:团结出版社,2005.

[13] 亚莉珊卓·史达德尔.简单生活[M].李佩昧译.哈尔滨:哈尔滨出版社,2005.

[14] 弗兰克·莫特.消费文化:20世纪后期英国男性气质和社会空间[M].余宁平译.南京:南京大学出版社,2001.

[15] 赫伊津哈.游戏的人[M].何道宽译.广州:花城出版社,2007.

[16] 安妮法迪曼.闲话大小事[M].杨传纬译.上海:上海人民出版社,2009.

[17] 尼采.悲剧的诞生[M].周国平译.北京:三联书店,1986.

[18] 埃比尼泽·霍华德.明日的田园城市[M].金经元译.北京:商务印书馆,2010.

[19] 肯·罗伯茨.休闲产业[M].李昕译.重庆:重庆大学出版社,2008.

[20] 拉马丁,布封,等.法国散文选[M].程依荣译.长沙:湖南人民出版社,1987.

[21] 杰弗瑞·戈比.你生命中的休闲[M].康筝译.昆明:云南人民出版社,2000.

[22] 刘易斯·芒福德.城市发展史[M].宋俊岭,倪文彦,译.北京:中国建筑工业出版社,2005.

[23] 阿尔弗雷德·海勒.文明的进程:世博会的发展与思考[M].吴惠族等译.上海:上海科学技术文献出版社,2003.

【外文原著类】

[1] Richard Florida. The rise of the creative class[M]. New York:Basic Books,2002.

[2] Gerhard Fischer. Social creativity, symmetry of ignorance and meta-design, in proceedings of the conference Creativity & cognition[M]. New York:ACM Press,1999.

[3] Charles Landry. The creative city:a toolkit for urban innovators[M]. London:Earthscan Publications,2000.

[4] Geoffrey Godbey. Leisure in your life:an exploration[M]. Philadelphia:

Venture Publishing, Inc., 1985.

[5] Thomas Goodale & Geoffery Godbey. The evolution of leisure: historical and philosophical perspectives[M]. Philadelphia: Venture Publishing, Inc., 1988.

[6] John R. Kelly. Freedom to be: a new sociology of leisure[M]. New York: Macmillan Publishing Company, 1987.

[7] Walter Isaacson. Steve jobs[M]. New York: Simon & Schuster, 2011.

【外文论文类】

[1] GERTLER M S. Creative cities: what are they for? how do they work, and how do we build them? [J]. Ottawa: canadian policy research networks, 2004.

[2] Kanazawa M. A Creative and sustainable city[J]. policy science, 2003, 5(2).

[3] Mokhtarlan, Iian Salomon, Susan. The impacts of ICT on leisure activities and travel: a conceptual exploration[J]. transportation, 2006, (33).

[4] Howard E. A. Tinsley, Barbara D. Eldredge. Psychological benefits of leisure participation: a taxonomy of leisure activities based on their need-gratifying properties[J]. Journal of counseling psychology, 1995, 42(2).

[5] Andersson, a. e. Creativity and regional development[D]. papers of the regional science association, 1985: 56.

[6] Peter Hall. Creative and economic development[J]. urban studies, 2000, 37(4).

【其他文献类】

[1] 刘波. 倡导宽容政治与和解精神[N]. 经济观察报, 2007-10-15.

[2] 左学金. 宽容是城市的基本品格[N]. 文汇报, 2007-5-18.

[3] 杨青.深圳文化活动愈加多元发出的信号[N].深圳商报,2007-12-19.

[4] 黄文.思想碰撞+文化交融=创意[N].音乐周报,2012-5-30(14).

[5] 冯骥才.历史的拾遗[N].文汇报,1998-3-2.

[6] UNCTAD. Creative Economy, Report 2010, UNCTAD/DITC/2010, www.unctad.org.

[7] 世界十大休闲城市[EB/OL].http://www.china-10.com/top/406323.html.

[8] 全球十大休闲之都[EB/OL].http://n.cztv.com/news/12128855.html.

[9] 案例解析全球十大休闲范例城市发展经验[EB/OL].http://www.doc88.com/p-1186987052647.html.

[10] 2010中国十大休闲城市[EB/OL].https://wenku.baidu.com/view/b70ad3260722192e4536f61a.html.

[11] "2017中国十大品质休闲城市"榜单发布[EB/OL].http://www.hagnzhou.gov.cn/art/2017/11/13/art_812268_12984096.html.

[12] 下塔吉尔宪章[EB/OL].http://www.docin.com/p-1013645682.html.